JIYU XIANGYING DE
DIANWANG JINJI KONGZHI

基于响应的
电网 紧急控制

宋云亭　陈得治　张保会　黄长杰　王　青　汤　伟
王怀远　王　波　舒　展　楼伯良　张　林　郑　春　著
王京景　张　爽　杨　铖　刘柏私　罗亚洲　柯贤波

中国电力出版社
CHINA ELECTRIC POWER PRESS

内 容 提 要

本书全面阐述了基于响应的电网紧急控制技术，全书共分为 8 章。第 1 章和第 2 章分别介绍了电网安全控制和紧急控制技术的基本概念；第 3 章阐述了基于响应的电网紧急控制基础理论；第 4 章讨论了基于响应的电网动态特征提取技术；第 5 章探讨了基于响应的电网安全稳定判别方法；第 6 章阐述了基于响应的电网安全稳定紧急控制技术；第 7 章讨论了基于响应的电网追加控制技术；第 8 章提出了基于响应的电网紧急控制系统总体方案。

本书可供从事电力系统运行控制、规划设计及相关的工程技术人员学习使用，也可供高校相关专业的师生阅读和参考。

图书在版编目（CIP）数据

基于响应的电网紧急控制/宋云亭等著 . —北京：中国电力出版社，2019.9
ISBN 978-7-5198-3238-4

Ⅰ．①基…　Ⅱ．①宋…　Ⅲ．①电网－安全控制技术　Ⅳ．①TM727

中国版本图书馆 CIP 数据核字（2019）第 106367 号

出版发行：中国电力出版社
地　　址：北京市东城区北京站西街 19 号（邮政编码 100005）
网　　址：http://www.cepp.sgcc.com.cn
责任编辑：刘丽平（010-63412342）
责任校对：黄　蓓　王海南
装帧设计：张俊霞　郝晓燕
责任印制：石　雷

印　　刷：三河市万龙印装有限公司
版　　次：2019 年 12 月第一版
印　　次：2019 年 12 月北京第一次印刷
开　　本：787 毫米×1092 毫米　16 开本
印　　张：13.5
字　　数：317 千字
印　　数：0001—1000 册
定　　价：68.00 元

前　言

　　随着以特高压交直流输电、电力电子化设备高比例接入、风电及光伏等波动性新能源大规模集中送出为特征的电网格局形成,大型互联电网在提高电力系统运行经济性的同时,系统的动态特性变得更为复杂和难以把握,导致系统的安全稳定裕度变小;越来越严格的环境和生态要求使建造新的发电和输电系统受到限制,新建的大容量电源基地一般远离负荷中心,形成不利于安全稳定运行的远距离大容量输电系统;开放、竞争的电力市场化运行机制的逐步实施,在提高电力系统运行效率的同时使得电力系统的运行点更接近于其稳定极限,也增加了电力系统规划和运行的不确定因素和不安全因素。面对大规模互联电力系统安全稳定运行压力的日益增加,研发先进的稳定控制技术和装置是当前世界各国电力工业发展中迫切需要解决的热点和难点问题。

　　在中国电力系统暂态稳定紧急控制实践中,通常构建安全稳定紧急控制系统,一般采用"事故前制定策略表、事故时实时匹配"的方式来实施安全控制。实时测量某些反映稳定性的电气特征量,通过离线或在线的预想故障集仿真计算,提取这些特征量的变化,并形成相应的不稳定控制启动判据及控制措施的决策表,故障发生后,根据实测的特征量从预先计算确定的控制策略表中选择适当的对策。然而,传统策略表存在以下不足之处:一是故障集的样本巨大,策略表分得越细仿真计算的工作量越大,有时策略表的制定速度慢于电网的发展速度,导致预定的策略表与实际发生的故障可能匹配失效,对于历史上极少出现的复杂事故更是难以应对;二是仿真计算依赖于模型、参数,特别是各种调节器、负荷模型参数很难准确,即使以上模型参数准确了,当实际的网络拓扑、运行状态及故障条件等与仿真计算不完全一致时,难以保证控制策略的必要性和准确性。因此,"事故前制定策略表、事故时实时匹配"的控制方法,有其无法避免的局限性。

　　近年来,随着广域测量系统在电力系统中的不断构建,不仅使系统中主要发电机的状态信息采集成为可能,而且还组成了高速的实时通信网络,这为大规模复杂电力系统的基于响应的安全稳定控制技术提供了现实条件。基于响应的安全稳定控制技术的主要思想是:在故障发生后进行快速的稳定分析来确定电力系统是否稳定,若判断系统失稳,则制定相应的响应控制措施以保证系统的安全稳定运行。这要求稳定分析计算、控制命令传输及控制执行过程在极短的时间内完成,通常是在故障发生后大约数百毫秒内完成。这种实现方式可以对任何工况下导致系统失稳的任何故障都给出相应的稳定控制措施，达到对系统运行工况与故障的完全自适应，其核心问题在于如何基于系统的量测状态信息进行实时的稳定性分析和控制。

本书基于国家电网公司重大科技专项课题"基于响应的大电网安全稳定控制技术研究"相关成果进行编撰，以暂态稳定和电压稳定两个问题为切入点，从动态特征提取、稳定性判别、控制等方面，论述了基于响应的电网安全稳定紧急控制技术，基于典型算例及实际大型同步电网仿真验证了相关理论、技术与方法的有效性。本书所呈现的研究成果可进一步丰富电网安全防线的功能，为电网安全防御提供技术支撑。

本书由宋云亭负责主编工作。本书共 8 章，其中宋云亭负责第 1、2 章内容的编写；张保会、王怀远、陈得治负责第 4、5、6 章中基于相轨迹的暂稳动态特征提取技术、判别方法、控制技术以及基于负荷动态响应的暂态电压稳定控制技术的编写（4.1、5.1、6.1、6.3 节）；王波、陈得治负责第 4、5 章中基于响应的数据驱动型的电压稳定、功角稳定动态特征提取技术、判别方法的编写（4.1、4.2、5.2、5.3 节）；陈得治、宋云亭负责第 4、5 章中基于动态戴维南等值的特征提取及电压稳定判别方法（4.2、5.4 节），第 4、6 章中基于振荡中心响应特征的暂稳解列控制技术内容的编写（4.1、6.2 节）；王青、宋云亭负责第 7 章基于响应的大电网追加控制技术编写；所有作者共同编写了第 3、8 章基于响应的电网紧急控制基础理论和紧急控制系统方案。

囿于作者水平，书中难免存在疏漏和不足之处，恳请广大读者不吝赐教，意见和建议请发至 syt@epri.sgcc.com.cn，谢谢！

作者于中国电力科学研究院

2019 年 9 月

目 录

1 电网安全控制概论

1.1 电力系统可靠性

电力系统可靠性是指电力系统按可接受的质量标准和所需数量不间断地向电力用户供应电力和电能的能力。该性能的好坏通常用停电概率、停电频率、停电风险之类的指标衡量，例如在所考察的时间段内电力系统削减其电力供应的概率越小，则从这一角度看其可靠性越好。电力系统可靠性包括**充裕性**和**安全性**两个方面，其分类如图 1-1 所示。

充裕性（adequacy）是指电力系统维持连续供给用户总的电力需要和总的电能的能力，同时考虑到系统元件的计划停运及合理的期望非计划停运。计算充裕性指标时对于系统元件的状态通常只考虑其处于可用、完全不可用或不完全可用等静止状态对系统的影响，而不考虑其故障对系统暂态稳定的影响。

安全性（security）是指电力系统承受突然发生的扰动，例如突然短路或未预料的失去系统元件等的能力。该性能的好坏可用停电风险衡量，停电风险越小则系统的安全性越好，相

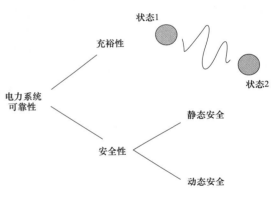

图 1-1　电力系统可靠性分类图

应地可靠性也越好。所谓的"承受突然发生的扰动"表示考虑了系统的暂态和动态过程。安全性也称为动态可靠性，即在动态条件下电力系统经受住突然扰动并不间断向用户提供电力和电能的能力。安全性指标反映在短暂时段内发电和输电系统在动态条件下系统容量满足负荷需求的程度。安全性的另一个方面是指系统的整体性，即电力系统维持联合运行的能力。电力系统的整体性通常与维持电力系统持续运行的能力有关，在遭受突然的大扰动时，一旦整体性遭到破坏，则可能导致稳定破坏，不可控的一连串系统解列，最后造成大面积停电。

安全性通过两个特征表征：

（1）电力系统能承受住故障扰动引起的暂态过程并过渡到一个可接受的运行工况；

（2）在新的运行工况下，各种运行条件得到满足。

提高电力系统安全性的控制有两类：一类是系统稳定运行时安全裕度不够，为防止出现紧急状态而采取的**预防控制**；另一类是系统已出现紧急状态，为防止事故扩大而采取的**紧急控制**。本书主要讨论紧急状态下的紧急控制。

1

1.2 电网的运行状态

电网的运行状态是指电力系统在不同运行条件（系统接线、出力配置、负荷水平、故障情况等）下的运行情况。

电网的正常运行状态必须满足两个条件，即：

①系统中任一节点的有功功率和无功功率应平衡；

②系统中各节点或各元件的某些参数（如系统频率、节点电压、线路电流、发电机出力和功角等）不应超过允许值。

电网的运行控制可以用等式和不等式约束条件的两组代数方程式来描述。等式约束条件是指电力系统发出的有功功率和无功功率应该在任一时刻都与系统中随机变化的总的有功负荷和无功负荷（包括电网损耗）相等。这一特点可用以下数学公式表示：

$$\sum P_{Gi} - \sum P_{Dk} - \sum \Delta P_L = 0$$
$$\sum Q_{Gi} - \sum Q_{Dk} - \sum \Delta Q_L = 0$$

（1-1）

式中　　P_{Gi}、Q_{Gi}——第 i 台发电机或其他电源设备发出的有功功率和无功功率；

　　　　P_{Dk}、Q_{Dk}——第 k 个负荷的有功功率和无功功率；

　　　　ΔP_L、ΔQ_L——电力系统中各种输变电设备的有功功率和无功功率损耗。

不等式约束条件是指供电质量和安全运行的某些参数（如母线电压、线路潮流功率）应该处于系统或设备安全运行的允许范围内（上限及下限）。这可以用以下数学公式表示：

$$U_{i\min} \leqslant U_i \leqslant U_{i\max}$$
$$P_{Gi\min} \leqslant P_{Gi} \leqslant P_{Gi\max}$$
$$Q_{Gi\min} \leqslant Q_{Gi} \leqslant Q_{Gi\max}$$
$$S_{ij\min} \leqslant S_{ij} \leqslant S_{ij\max}$$
$$f_{\min} \leqslant f \leqslant f_{\max}$$

（1-2）

式中　　U_i、$U_{i\min}$、$U_{i\max}$——母线电压及其上、下限值；

　　　　P_{Gi}、$P_{Gi\min}$、$P_{Gi\max}$——发电机有功功率及其上、下限值；

　　　　Q_{Gi}、$Q_{Gi\min}$、$Q_{Gi\max}$——发电机无功功率及其上、下限值；

　　　　S_{ij}、$S_{ij\min}$、$S_{ij\max}$——输电线路和变压器的视在功率及其上、下限值；

　　　　f、$f_{\min}$、$f_{\max}$——系统频率及其上、下限值。

根据电网对上述约束条件的不同满足程度，电网的运行状态可分为**正常状态**和**紧急状态**两大类。正常状态包括**安全状态**和**警戒状态**，紧急状态则包括**故障状态**和**恢复状态**。

随着电力系统运行条件的变化，特别是电网发生故障扰动后，可能从一种状态转变为另一种状态。为了维持系统安全稳定运行，有时需要采取某些控制措施。这些控制措施也可以使系统从一种状态转变为另一种状态。电网运行状态及转换关系如图 1-2 所示。

各种运行状态的详细说明如下。

1.2.1　正常状态

电力系统在正常状态下，应满足等式约束条件和不等式约束条件，这才能保证电力系

统在数量和质量上都满足用户对电能的要求。这些
约束条件包括发电机、变压器和线路，甚至开关和
互感器等发电和输变电设备都应该处于运行容许值
的范围内，各母线电压和系统频率均应处于允许的偏
差范围内。正常状态可细分为安全状态和警戒状态。

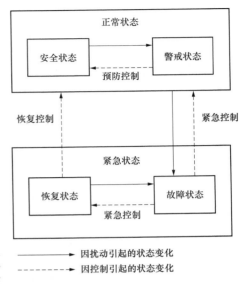

图 1-2　电网运行状态及转变关系图

1.2.1.1　安全状态

在正常运行状态下的电力系统，所有系统变量
都在其额定范围内，设备不过载，系统运行于一种
安全方式下，其发电和输变电设备还保持一定的裕
度，使电力系统具有一定的安全水平并能够承受正
常的干扰（如电力负荷的随机变化和设备的正常操
作等），而不会使电力系统进入紧急状态。

处于正常状态下的系统，如承受一个合理的预
想故障后，仍不违反上述两组约束条件，则该系统
满足安全约束条件，称该系统处于安全正常状态，
简称安全状态。另外，在保证安全的条件下，电力系统可实行各种方式的经济运行，以提
高电网的运行效率。电力系统经常性的小负荷变化属于正常情况，可以认为是电力系统从
一个安全正常状态连续变化到另一个安全正常状态的过程。

1.2.1.2　警戒状态

处于正常状态下的系统，如承受一个合理的预想故障后，不能完全满足上述两组约束
条件，则该系统不满足安全约束条件，称该系统处于不安全正常状态，简称警戒状态。

警戒状态与安全状态的差别在于安全水平的不同，前者是欠安全的，后者是安全的。
从安全状态转入警戒状态的原因是由于发电机、变压器、输电线路的运行环境恶化，或发
电机计划外检修，使电力系统中各电气元件的备用容量减少到安全运行的最低限。处于警
戒状态下的电力系统，尽管可以满足等式约束条件和不等式约束条件，系统也能够提供质
量合格的电能，但是系统的安全性已经下降到很低的水平。这时的系统已经不能承受各种
较为常见的故障扰动，一旦发生故障扰动，就有可能不满足某些不等式约束条件，例如某
些线路和变压器过负荷、某些母线电压低于下限值等。这时，应该采取积极的预防控制措
施，调整负荷的合理配置，切换线路，改变和调整发电机功率，使电力系统尽快恢复到安
全状态。

1.2.2　紧急状态

处于正常状态的电力系统受到较严重的扰动时，则转为紧急状态。紧急状态可细分为
故障状态和恢复状态。

1.2.2.1　故障状态

处于安全状态和警戒状态的电力系统，如果发生了严重的故障，例如，一台重要的大
容量发电机非正常退出运行或一条主要输电线路发生短路故障，系统将进入故障状态。此
时，等式约束条件可能仍然能够满足，即负荷功率仍然可以满足，但是，电能质量（频率

和电压）已无法达到合格的标准；某些不等式约束条件遭到破坏，例如某些母线电压会低于其下限值、某些输电线路或变压器过负荷等。上述不等式约束条件遭到破坏，可能会使还在运行的其他设备承受不了过电压、过负荷、低频、低电压，使事故进一步扩大，甚至导致系统失去稳定。此时，如果采取有效的紧急控制措施，解除一些设备的越限运行状态，系统就可能恢复到警戒状态或安全状态下的正常状态。

1.2.2.2　恢复状态

恢复状态是指电力系统在经历了故障状态并采取紧急控制措施后，事故已被抑制的运行状态。在恢复状态下，系统参数一般尚能符合运行约束条件，但可能已损失部分负荷（如低频、低压减负荷装置动作）或电网某些部分已解列。此时，电力系统中的部分元件（如发电机、线路和负荷）被断开，在严重情况下，系统被解列分解成若干个独立的子系统，部分子系统甚至发生崩溃。所以，要借助一系列操作，使电力系统在最短的时间内恢复到正常状态，尽量减少对社会各方面的不良影响。

1.3　电网安全控制的概念

电网的运行状态直接影响到电网的安全水平，因此，要提高电网的安全稳定运行水平，应特别注意系统安全运行的控制问题。电力系统在各种运行状态下实施的控制分为预防控制、紧急控制和恢复控制。各类控制的定义如下。

1.3.1　预防控制

电力系统正常运行时由于某种原因使系统潜在不充裕或不安全而处于警戒状态。应通过一些必要的控制措施，如发电出力控制、断面功率控制、负荷控制、无功电压控制等，使系统转为安全状态，这种控制称为预防控制（preventive control），也称为正常状态的安全控制或静态安全控制。预防控制一般由电网调度部门的能量管理系统（energy management system，EMS）进行自动实施，也可由电网调度人员手动采取控制措施。

电力系统的预防控制是指在正常运行时调整系统运行的工作点，以增大安全稳定裕度，实现一些功能。例如，保持系统功角稳定性并具有必要的稳定裕度，维持系统频率、电压处于规定的范围并有必要的裕度，防止电网元件过负荷，防止发生低频振荡等。预防控制主要通过有功功率预防控制、无功功率预防控制、发电机励磁附加控制、高压直流输电功率调制等控制手段来实现。

1.3.2　紧急控制

电网由于大扰动进入紧急状态后，为防止电力系统发生稳定破坏、运行参数严重超出规定范围以及事故进一步扩大引起大范围停电而进行的紧急控制（emergency control），也称为紧急状态下的安全控制或动态安全控制。通过采用紧急控制措施可能使系统恢复到正常状态，也可能使系统由故障状态暂时稳定于另一状态，即恢复状态。

电力系统的紧急控制是指在电力系统发生故障后改变系统状态，以提高安全稳定水平，实现一些功能。例如，防止系统功角暂态稳定破坏，消除失步状态，避免频率、电压严重异常，防止电网元件严重过负荷等。紧急控制主要通过切发电机、快关汽轮机汽门、水轮机快速降低或提高功率、集中切负荷、分散减负荷等控制措施来实现。

处于正常状态的电力系统受到较严重的扰动时，可能转为紧急状态。紧急状态可能出现以下两类危机：

①稳定性危机：电力系统暂态过程积蓄的能量可能破坏其运行稳定性，即不能再回到初始状态或不能停留在一个允许的新状态。这一过程历时很短，最多只有几秒。在这种危机中系统面临着失步。

②持久性危机：系统发生故障时虽然不发生稳定性危机，但局部或整个系统发电和负荷功率不平衡，导致运行参数大幅度偏离正常值，可能破坏对用户的持续供电。这一过程历时较长，大约为几秒到几分钟。如果不及时控制，系统就无法维持。

针对稳定性危机的紧急控制称为稳定控制或稳定性控制。稳定控制需要在很短的时间内起作用才能保持系统的稳定运行。通过稳定性控制可能使系统回到正常状态，也可能使系统暂时稳定于恢复状态。

针对持久性危机的紧急控制称为校正控制，如控制电压和无功功率、切机或限制发电机出力、限制负荷和系统解列等，以便使系统恢复到正常状态或转为恢复状态，保持对用户的持续供电。

1.3.3 恢复控制

电力系统由于扰动而导致稳定破坏或系统崩溃，为恢复系统充裕性而进行的控制称为恢复控制（restorative control）。恢复状态下系统的完整性一般受到破坏，如某些发电机或负荷被切除，系统某些部分被解列等，而且安全储备通常也是不足的，因此需要进行恢复控制。

电力系统恢复控制包括两种情况：一种情况是系统某些元件因故障退出运行和某些用户被迫中断供电，为恢复系统完整性和恢复对用户供电而进行的控制；另一种情况是由于严重故障导致大范围停电，为系统全停后恢复而进行的控制。恢复控制通常包括自动控制和人工控制。

对于恢复控制，应注意以下问题：

（1）必须制订全停后恢复系统的计划，并配备必要的全停后启动能力，给出妥善的恢复步骤，做到系统的恢复过程处于事先预定的可控状态下。

（2）检查系统全停后机组启动电源是否具备。

（3）系统全停时，突然有大量信号进入调度中心，为减轻调度中心的压力，同时也减少事故处理过程中可能发生的因信息通道或信息系统失灵带来的困难，可由现场值班人员按照系统恢复处理程序独立操作，以加速系统的恢复。

（4）根据电力网结构，将电网分成几个系统独立地进行恢复。首先各子系统分别恢复，各子系统在某一阶段通过调度联系实现并联，完成全系统的恢复。

（5）研究电源按频率（49.5Hz左右）快速启动的顺序和措施。

（6）研究低频减负荷时被切除的负荷，当频率及电压恢复时自动重合闸恢复供电的条件和协调关系。

电力系统的预防控制、紧急控制和恢复控制总称为安全控制（security control）。电力系统安全控制各阶段示意图如图 1-3 所示。

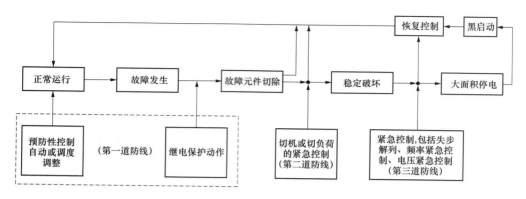

图 1-3　电力系统安全控制各阶段示意图

电力系统安全控制是使电力系统在各运行状态之间转变，有效地控制所造成的转变方向就是力图维持电力系统能在安全正常状态下运行。

预防控制、紧急控制和恢复控制措施之间要协调配合。控制措施不仅需要包括事故前的预防控制、事故时的紧急控制，而且还应包括事故后的恢复控制。在线安全评估与预警为预防控制提供数据信息和指导；如果预防控制来不及或不足以将系统拉回正常状态，需要启动紧急控制；如果第二道防线的紧急控制来不及或不足以将系统拉回正常状态，需要启动第三道防线紧急控制措施。第三道防线失效之后，系统必然处于崩溃后的恢复状态，防灾应急处理和故障恢复控制是防止事故扩大、及时削减灾害影响的终极措施。

1.4　电网的三级安全稳定标准

1.4.1　电网扰动分类

电力系统中的扰动有许多种，如雷电和操作过电压、短路故障、元件开断、负荷波动等。相应的连续或离散的控制措施也有许多，在广义上也可看成是对系统的扰动。

为分析方便，将电网中的扰动分为小扰动和大扰动两类：

（1）小扰动是指由于负荷正常波动、功率及潮流控制、变压器分接头调整和联络线功率自然波动等引起的扰动。

（2）大扰动是指由系统元件短路、断路器切换等引起较大功率或阻抗变化的扰动。大扰动可按扰动严重程度和出现概率分为以下三类：

第 I 类，单一故障（出现概率较高的故障），具体包括：

1）任何线路单相瞬时接地故障重合成功；

2）同级电压的双回线或多回线和环网，任一回单相永久性故障重合不成功或无故障三相断开不重合，任一回线三相故障断开不重合；

3）任一发电机跳闸或失磁；

4）受端系统任一台变压器故障退出运行；

5）任一大负荷突然变化；

6）任一回交流联络线故障或无故障断开不重合；

7）直流输电线路单极故障。

第Ⅱ类，单一严重故障（出现概率较低的故障），具体包括：

1）单回线路单相永久性故障重合不成功及无故障三相断开不重合；

2）任一段母线故障；

3）同杆并架双回线的异名相同时发生单相接地故障重合不成功，双回线三相同时跳开；

4）直流输电线路双极故障；

5）向重要受端系统供电的同一断面且属同一走廊的两回线故障或无故障相继断开。

第Ⅲ类，多重严重故障（出现概率很低的故障），具体包括：

1）故障时开关拒动；

2）故障时继电保护装置、自动装置误动或拒动；

3）自动调节装置失灵；

4）多重故障；

5）失去大容量发电厂；

6）其他偶然因素。

1.4.2　三级安全稳定标准

我国采用的是三级安全稳定防御体系，分别用于保障电网发生单一故障、较严重故障、严重故障后的安全稳定运行。在多年的运行实践中，这套体系被证明是可靠而高效的。

依据 DL 755—2001《电力系统安全稳定导则》，电力系统承受大扰动能力的安全标准分为三级：

第一级标准：电网保持稳定运行和正常供电；

第二级标准：电网保持稳定运行，但允许损失部分负荷；

第三级标准：当电网不能保持稳定运行时，必须防止电网崩溃并尽量减少负荷损失。

三级安全稳定标准的详细内容如下：

（1）第一级安全稳定标准。正常运行方式下的电力系统受到第Ⅰ类扰动后，保护、开关及重合闸正确动作，不采取稳定控制措施能够保持稳定运行和电网正常供电，其他元件不超过规定的事故过负荷能力，不发生连锁跳闸。

对于发电厂的交流送出线路三相故障、发电厂的直流送出线路单极故障、两级电压的电磁环网中单回高一级电压线路故障或无故障断开，必要时可采取切机或快速降低发电机组出力的措施。

（2）第二级安全稳定标准。正常运行方式下的电力系统受到第Ⅱ类扰动后，保护、开关及重合闸正确动作，应能保持稳定运行，必要时允许采取切机、切负荷、直流调制、串联及并联电容器的强行补偿等稳定控制措施。

（3）第三级安全稳定标准。电力系统因第Ⅲ类扰动导致稳定破坏时，必须采取措施，防止系统崩溃，避免造成长时间大面积停电和对重要用户（包括厂用电）的灾害性停电，使负荷损失尽可能减少到最小，电力系统应尽快恢复正常运行。

大故障扰动后的稳定标准是运行部门合理安排运行方式，制定安全稳定措施的依据。按照 DL 755 的要求，安全稳定措施涉及的保护范围内的故障形式主要针对第二级和第三级安全稳定标准对应的故障类型，但在第一级安全稳定标准中发电厂交直流出线、高低压电磁环网做了特殊规定，也可采取稳定措施以保持系统稳定。

为保证电力系统的安全稳定运行，一次系统应建立合理的电网结构、配置完善的电力设施、安排合理的运行方式，二次系统应配备性能完善的继电保护系统和安全稳定控制措施，组成一个完善的防御体系。

1.5　电网安全防御的三道防线

1.5.1　三道防线的定义

电力系统安全稳定三道防线是指电力系统受扰动后尽可能地保持电力系统稳定运行、不发生大面积停电事故的安全稳定控制体系，主要是指保证电力系统受到扰动后的安全性和稳定性的措施，是对电力系统承受大扰动能力的一种形象通俗的说法。

为保证电力系统的安全稳定运行，一次系统应建立合理的电网结构、配置完善的电力设施、安排合理的运行方式，二次系统应配备性能完善的继电保护系统和安全稳定控制措施，组成一个完善的防御系统。为了保证事故扰动情况下电力系统的安全稳定运行，电网安全防御系统通常分为三道防线，具体内容如下：

（1）第一道防线（主要应对第一级安全稳定标准）。在电力系统正常状态下通过预防性控制保持其充裕性和安全性（足够的稳定裕度），当发生短路故障时，由电力系统固有的控制设备及继电保护装置快速、正确地切除电力系统的故障元件。

（2）第二道防线（主要应对第二级安全稳定标准）。由安全稳定控制系统（装置）构成，针对预先考虑的故障形式和运行方式，按预定的控制策略，实施切机、切负荷、局部解列等控制措施，防止系统失去稳定。

（3）第三道防线（主要应对第三级安全稳定标准）。由失步解列、频率及电压紧急控制装置构成，当电力系统发生失步振荡、频率异常、电压异常等事故时，采取解列、切负荷、切机等控制措施，防止系统崩溃。

电网三道防线和安全控制及电网运行状态间的相互关系如图 1-4 所示。

从上述定义可以看出，第一道防线是对系统安全性能的最基本要求，由系统主要元件的自动调节装置或调度自动化系统的预防性控制实现。要达到这一级稳定性标准，就要靠与电网结构相适应的运行方式、合理的运行调度管理以及电力系统中调控设备的自动调节作用等来保证。这些措施包括：在某些运行方式或检修运行方式下，限制机组的出力；配合线路检修，适当安排发电机组陪停检修、抽水蓄能机组降功率运行；配置发电机功角监测系统和功率调制配套装置，以便合理地进行调度管理等。

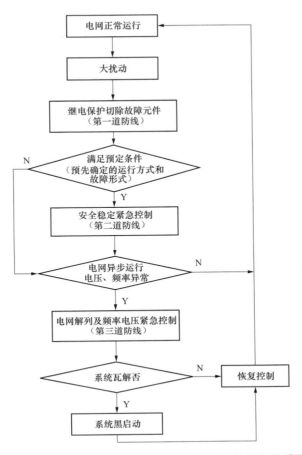

图 1-4 三道防线和安全控制及电网运行状态间的关系图

第二、三道防线是发生严重故障或多重严重故障后，保证系统安全稳定运行、预防发生大面积停电和全网崩溃型事故的安全控制措施。

实际电网的安全控制措施配置还要结合具体电网的特点，并考虑电网结构、送电方式、系统振荡中心、大扰动后系统的恢复要求等因素的影响。安全稳定控制装置控制策略和配置的方案要根据电网的稳定计算结果来确定，要抓住电网中的薄弱环节和主要矛盾，对系统的主要联络线断面和主要通道上发生的严重故障或直流双极闭锁故障等的故障特征、故障后果、控制规律进行总结，以确定合理的安稳控制策略及装置的配置方案。

第一道防线的预防控制是一种前馈式开环控制，在故障发生之前就已经实施，直接影响系统受扰后的动态行为，其控制效果可以充分发挥，但是预防控制增加了电网正常运行的费用，其控制代价与维持该措施的时间成正比。

第二道防线中紧急控制的任务是减少系统在严重故障下的失稳风险，必要时允许牺牲一部分负荷或机组的出力来换取系统的完整性和全局安全稳定。紧急控制一般采用前馈式闭环控制，是面向特定故障后实施的控制，与预防控制相比，紧急控制在无故障时是不启动的，并不增加系统的正常运行费用，但是紧急控制实施的时间滞后，所需要的紧急控制代价较预防控制大。

第三道防线是弥补前两道防线欠控或拒动的有效手段，也是应对小概率特别严重故障的关键措施。第三道防线的紧急控制一般采用反馈式闭环离散控制措施，由于是直接根据系统的响应信息触发，所以控制精度较高，但其实施时间比第二道防线中的紧急控制滞后，需要较强的控制作用，控制代价很大。

1.5.2　三道防线的要求

1.5.2.1　第一道防线的要求

为保证电力系统正常运行及承受第Ⅰ类大扰动时的安全要求，应由一次系统设施、继电保护以及安全稳定预防性控制等，组成保证电力系统安全稳定的第一道防线。系统预防性控制包括发电机功率预防性控制、发电机励磁附加控制、并联和串联电容补偿控制、高压直流输电（HVDC）功率调制以及其他灵活交流输电（FACTS）控制等。第一道防线是对系统安全性能的最基本要求，由系统主要元件的自动调节装置或调度自动化系统的预防性控制实现，按照 DL 755 电力系统安全稳定导则，一般不需要采取稳定控制措施，但对于发电厂出线的交流、直流线路故障和高压电磁环网的高压侧线路故障，必要时可采取切机或快速降低发电机出力的措施以保持系统稳定。

1.5.2.2　第二道防线的要求

为保证电力系统承受第Ⅱ类大扰动时的安全要求，应由防止稳定破坏和参数严重越限的紧急控制等来实现电力系统安全稳定的第二道防线。这种情况下的紧急控制措施包括切除发电机、汽轮机快速控制汽门（简称快控汽门）、发电机励磁紧急控制、动态电阻制动、串联或并联电容强行补偿、HVDC 功率紧急支援和集中切负荷等。第二道防线的故障虽然出现概率较低，但对系统的危害较大，故障后如果不采取有效措施会使系统的故障范围扩大化，甚至导致系统崩溃，需要在系统中配置紧急控制装置并采取切机、计划解列、集中切负荷等措施，以保证系统的稳定。

1.5.2.3　第三道防线的要求

为保证电力系统承受第Ⅲ类大扰动时的安全要求，应配备防止事故扩大避免系统崩溃的紧急控制，如系统解列、再同步、频率和电压紧急控制等，同时应避免线路和机组在系统振荡时的误动作，防止线路及机组连锁跳闸，以实现保证电力系统安全的第三道防线。第三道防线是为防止系统出现大面积停电和全网性崩溃事故的预防性措施，目前一般采用预先设定的薄弱断面或区域电网安装的基于就地响应信息的分散型自动控制装置，包括失步振荡解列装置、低频/低压解列、低压自动减负荷装置、低频自动减负荷装置、高频切机装置等。

三道防线之间是相互衔接，在处理的故障形式上也有相互交叉，如在第一道防线中需要采取的措施可以在紧急控制装置中实现。

1.5.3　三道防线间的时序关系分析

电网防线的设置类似于战场防线的设置，即一个战场从纵深分为多道防线。电力系统的三道防线时序关系如图 1-5 所示。一般来说，故障发生后，首先是第一道防线的继电保护动作，符合预先确定的电网运行方式和故障形式，则第二道防线会接着动作，最后才是第三道防线动作。也就是说在正常情况下，三道防线是依次动作的。但后一道防线的动作并不以前一道防线的动作为依据，例如：若第一道防线的继电保护拒动，则第二道防线可以在第一道防线继电保护未动作的情况下直接动作。另外在一些特殊情况下，故障发生后，若系统运行状况迅速严重恶化，则第三道防线可能最先动作。

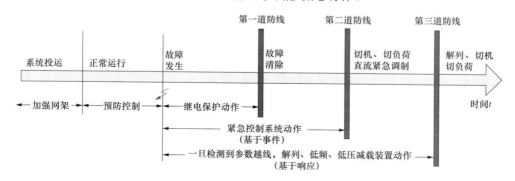

图 1-5   电力系统三道防线时序图

由图 1-5 中可见：故障发生时刻是系统运行状态发生改变的分界点，故障发生时刻也是灾难演化过程中的关键节点。其中继电保护是第一道防线，大部分故障在继电保护正确动作后能够满足第一级安全稳定标准，但对于一些联系相对薄弱的电网在单瞬、单永故障情况下可能仍存在稳定问题，需要进一步采取紧急控制措施才能提高输电断面的送电能力。

第二道防线的紧急控制系统是基于对电力系统的安全稳定分析而配置的，它只针对预想的运行方式、预定的故障类型，如果出现了预想以外的方式或故障，则紧急控制系统难以保证系统的稳定性。第二道防线是基于故障或事件主动采取的措施，凡是由紧急控制系统针对特定的运行方式和故障形态主动采取措施的都属于第二道防线，可解决是功角稳定问题，也可解决电压稳定、频率稳定、设备过负荷等问题。

在三道防线的防御体系中，第三道防线的任务是弥补前两道防线的欠控制或拒动造成的风险，避免系统在极其严重的故障下发生大停电。第三道防线是第二道防线的后备和补充，凡是由于多重故障或"预想"之外的故障而导致系统失去同步或频率、电压出现异常，都由第三道防线的紧急控制装置采取控制措施，以防止事故扩大和系统崩溃。第三道防线是被动应对大事故的手段，由电力系统状态量（功角、频率、电压）的变化超过限定值来触发的，不针对特定的运行方式和故障形态。

电网三道防线与故障严重程度及故障持续时间之间的相互关系如图 1-6 所示。

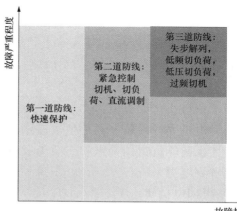

图 1-6   电网三道防线与故障严重程度及故障持续时间的相互关系图

2 电网紧急控制技术

2.1 电网紧急控制的作用

电网发生短路等事故时，首先应由继电保护装置动作切除故障。一般情况下故障切除后系统可继续运行。若事故严重或者事故处理不当，则可能造成事故扩大进而导致严重后果。为此电网中还应配备必要的紧急控制装置。紧急控制在事故处理中主要作用包括以下几方面：

（1）防止系统稳定破坏；

（2）制止系统失步运行；

（3）防止系统频率过低或过高；

（4）防止系统电压过低或过高；

（5）防止设备过负荷。

2.2 电网紧急控制的措施

电网中常用的紧急控制措施包括：

（1）切除发电机组；

（2）切负荷（包括集中切负荷和分散切负荷）；

（3）汽轮机快控汽门；

（4）低频自动减负荷或低压自动减负荷；

（5）直流输电系统紧急功率调制；

（6）水轮机快速调整出力；

（7）发电机强行励磁及高顶值快速励磁；

（8）抽水蓄能机组由抽水状态改为发电状态；

（9）解列电力系统；

（10）投切电抗器；

（11）动态电阻制动；

（12）投运电力系统稳定器；

（13）投入储能（例如超导储能等）装置；

（14）启动燃气机组；

（15）串联及并联电容器的强行补偿；

（16）投运静止无功补偿器或同步调相机。

每次控制可以采用一种措施，也可以同时采用多种措施。

对于送端电网、输电网、受端电网，可以采用如下措施：

（1）送端电网可采用的措施：①切除发电机组；②汽轮机快控汽门；③水轮机快速调整出力；④发电机强行励磁及高顶值快速励磁；⑤动态电阻制动；⑥投运电力系统稳定器；⑦投切电抗器；⑧超导储能装置；⑨启动燃气机组；⑩抽水蓄能机组改变运行方式。其中，最常用且最有效的措施仍是切除发电机组。

（2）输电网可采用的措施：①恰当地选用输电线路的自动重合闸及重合时间；②直流输电系统紧急功率调制；③串联及并联电容器的强行补偿；④解列电力系统（包括解列联络线及高低压环网）用于防止电网稳定破坏或消除电网异步振荡。

（3）受端电网可采用的措施：①集中切负荷（包括某些允许短时停电的大用户）；②分散切负荷；③低频自动减负荷或低压自动减负荷；④投运静止无功补偿器或同步调相机；⑤抽水蓄能机组由抽水改为发电。

2.3　电网紧急控制的类型

电网紧急控制根据控制范围可分为就地型和区域型两类。其中，区域型紧急控制按决策方式可分为分散决策方式和集中决策方式两种。

图 2-1 给出了电网紧急控制的类型图。

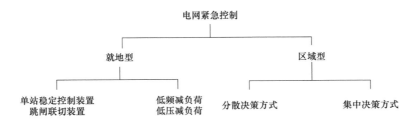

图 2-1　电网紧急控制类型图

2.3.1　就地型紧急控制

就地型紧急控制装置单独安装在各个厂站，相互之间不交换信息、没有通信联系，用于解决本厂站母线、主变压器或出线故障时出现的稳定问题。低频减负荷装置和低压减负荷装置虽然在全网统一配置，按频率、电压值协调动作，但一般相互之间无直接联系，因此仍属于就地型紧急控制装置。

就地型紧急控制一般是指对较小区域范围内的控制。这类控制针对的稳定问题一般集中在电网中的某一点上或其附近很小范围内，当系统中发生有可能破坏稳定的扰动时，只需在这一点或在其附近很小范围内采取简单措施即可保持系统稳定。在早期的安稳控制装置中，由于当时电网结构比较简单，系统的稳定问题不明显突出，加之受当时硬件条件所限，如：模拟型装置没有运算功能，不能对其他点的数据进行并行处理；数字型装置由于CPU 的运算速度和位数的限制而无法进行大量的数据运算；数据传输信息通道的不可靠、信息通道拥挤以及传输速率低等，大多采用简单的就地控制型安稳装置。这类安稳装置大多为就地判别并控制的振荡解列、切机以及切负荷（包括远方切机和切负荷）等。

对于较简单的电力系统，就地型紧急控制装置由于结构简单，运行维护费用较低，控制逻辑简单明了，收效较快。但对于复杂的电力系统，由于无法考虑系统中其他站点的运行状况，因而就地型紧急控制装置难以取得较好的控制效果。

2.3.2 区域型紧急控制

区域型紧急控制指为解决一个区域电网内的稳定问题而安装在多个厂站的紧急控制装置。该装置经信息通道和通信接口设备联系在一起，组成紧急控制系统，站间相互交换运行信息，传送控制命令，可在较大范围内实施稳定控制。区域紧急控制系统一般设有一个主站、多个子站和执行站，主站一般设在枢纽变电站或处于枢纽位置的发电厂。主站负责汇总各站的运行工况信息，识别区域电网的运行方式，并将有关运行方式信息传送到各个子站。

区域型紧急控制的决策方式分分散决策与集中决策两种方式。

分散决策方式：各站都存放自己的控制策略表，当本站出线及站内设备发生故障时，根据故障类型、事故前的运行方式，做出决策，在本站执行就地控制（包括远切本站所属的终端站的机组或负荷），也可将控制命令上送给主站，在主站或其他子站执行。由于控制决策是各站分别做出的，故称这种方式为分散决策方式。这种方式简单可靠、动作快，因而应用普遍。

集中决策方式：控制策略表只存放在主站内，各子站的故障信息要上送到主站，由主站集中决策，控制命令在主站及有关子站执行。集中决策方式下的控制系统只有一个"大脑"进行判断决策，因此对通信的速度和可靠性的要求比分散决策方式更高，技术的难度相对也较大，因而应用较少。

区域型紧急控制系统一般是指对较大区域范围内复杂电网的控制。由于送电规模较大或送电通道集中，电网结构复杂，单一或严重多重故障的概率较高，稳定问题复杂，稳定破坏的后果严重，并且事故有扩大的趋势，这类控制针对的稳定问题很难通过就地措施来解决，通常需要通过综合计算选择合适的控制点进行控制，涉及远方信息量的采集和控制命令的远方传递。计算机技术和现代通信技术的发展，使得区域型紧急控制系统得到了较快发展。区域型集中决策方式的紧急控制系统通常设一个中央主站和若干子站，主站从各子站收集系统信息，并通过主站 CPU 形成控制对策，然后向各子站发布控制对象和控制量的信息，由子站执行切机、切负荷及解列等措施。

区域型紧急控制系统虽然控制范围较广，但它对信息通道的要求很高，而且控制范围越大，所需传递的数据也越多，对信息通道的要求也越高，同时由于采集的信息量庞大，控制策略表查询和运算工作量较大，延长了装置的整组动作时间，不利于稳定问题的解决。有时为了能够有效地进行控制，不得不缩小控制范围。

2.4 电网紧急控制的决策方式

紧急控制需要根据电力系统的拓扑结构及有关发电机、变压器和线路等参数（总称为结构参数）和运行时的潮流和电压等参数（总称为运行参数），以及事故扰动情况，来确定所应采取的控制对策。

如果用 X 表示运行参数的集合，Y 表示结构参数的集合，V 表示事故扰动的集合，U 表示稳定控制策略的集合，则控制决策即是根据结构参数 Y_i、运行参数 X_i 和故障情况 V_i 确定的相应的稳定控制对策 U_i。

电网安全稳定紧急控制系统是保证电网安全稳定运行的重要手段，合理的控制策略是安稳控制系统的基础。

紧急控制的决策方式按照控制策略生成的方式可以分为以下三类：

（1）离线决策，在线匹配方式；

（2）在线决策，在线匹配方式；

（3）实时决策，实时控制方式。

复杂系统的紧急控制决策方式与采用的控制系统的结构有关，就地型紧急控制系统，一般采用离线决策方式（数据采集系统及 CPU 计算速度满足要求情况下）；集中控制型紧急控制装置目前大多采用离线决策方式或在线决策方式。

2.4.1 离线决策，在线匹配

这种方式是将电力系统的结构参数集合、运行参数集合及预想事故集合的各种可能的组合，在控制装置以外（如计算分析中心）离线算出各种组合方式维持稳定所需的控制对策，从而形成一个控制策略表，将控制对策表输入并存于控制装置的存储器中。实际运行时，控制装置收集并确定实时的结构参数和运行参数，如果检测到某种故障 V_i，再立即从控制策略表中查出相应的控制措施 $U_i = f(X_i, Y_i, V_i)$。

控制过程中查询控制策略表流程如图 2-2 所示。

在控制决策时，信息采集的速度是很重要的问题。上述决策方式中，正常运行时结构参数和运行参数变化较慢，远方的结构参数和运行参数可由低速信号传送装置循环送入控制装置中，若干秒或几分钟更新一次即可满足要求。另一类故障信息则要求用快速信息通道传送，一般应在几十毫秒内送到控制装置中。

这种决策方法在技术上易于实现，因此这是目前国内外广泛采用的一种决策方式。它是通过事先预想运行方式和事故来生成决策表，因此决策表的制定需要大量的离线计算。控制装置实时检测当前的运行工况和所发生的事故，然后从决策表中查找相应的控制措施并执行。

这种决策方式对计算机的计算时间没有特殊要求，稳定分析可采用一般算法。其优点是运行人员较熟悉并容易掌握，但是需要计算的运行方式和故障方式很多，特别是对于复杂电力系统的集中控制型紧急控制装置，离线计算的工作量和相应建立的控制策略表的规模非常大。由于离线策略表的确定需考虑运行方式、失稳故障、稳控措施三个维度上的组合，因而组合数目庞大，计算工作量很大。离线策略表的更新周期较长，一般只在系统运行方式有大的调整时（例如从冬小方式调整至冬大方式）才做更新。

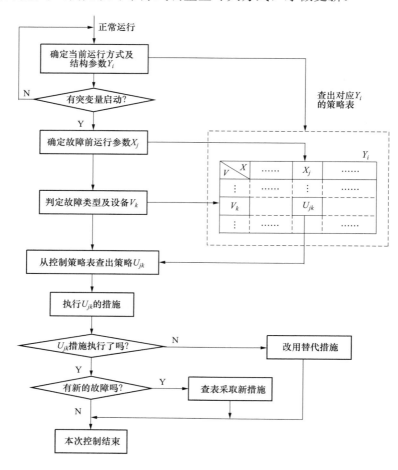

图 2-2　控制策略表查询过程图

由于电力系统运行方式多变，事故发生具有不确定性，对于一个大规模的电网来说，若考虑每一种运行方式，离线生产的策略表将相当庞大和费时，实际只考虑几种典型运行方式。而离线计算时预计的运行方式和运行参数与实际运行的情况很难完全相符。因此，当电网运行工况发生较大变化时，需要重新计算策略表，当系统变化，尤其是发生工况失配问题时，这种决策方式适应性较差。

2.4.2　在线决策，在线匹配

这种方式是事故前在线计算，实时检测出故障后实施控制。它假设当前的运行方式在几分钟内是不变的，预想几种可能发生的事故，快速确定事故控制对策，然后再刷新运行方式—预想事故—确定事故对策，如此不断循环。它在控制装置内根据在线获得的系统结构参数和运行参数，按设定的故障集合，在线算出每种故障扰动后维持稳定所需的控制对策，并制成对策表存于控制装置的存储器中。这种计算每隔一定时间（周期为数十秒至十几分钟，目前多数控制装置采用 15min）进行一次，这些控制策略也周期性地进行更新。当控制装置检测到故障信息（就地检测或用快速信息通道从远方送来）而启动时，即可从存储器的对策表中选取与实际扰动最接近的情况相对应的控制对策，执行对策措施。这种方案又称为"在线预决策，在线匹配"。

这种决策方法能够跟踪电网运行工况，由于考虑了系统运行方式，提高了控制系统的适应性。但是由于事故集是从预想事故获得的，考虑可能发生的每一种事故是不现实的，而且也不可能，不可避免会出现失配和控制过量的问题。特别是在电网发生连锁故障的过程中，运行方式瞬息变化，该决策方法无法在刷新周期内及时更新策略表，从而可能导致控制不够精确，甚至控制失误导致电网状态恶化。

在线策略表的确定只需进行失稳故障和稳控措施两个维度上的组合，因此与离线策略表的确定相比，计算量大幅度减小。另外，借助超实时在线仿真技术，可提高仿真速度，缩短计算时间，从而缩短刷新周期，能支持小于等于 5min 的策略表刷新周期。

这种方式控制策略表中只有实时的结构参数 Y_i 和运行参数 X_i，控制策略表的规模和计算工作量大大减少，计算结果也更接近实际（只有故障是假定的）。由于在故障前计算，计算时间比较容易满足要求。但现阶段的实际应用中，在计算模型和方法上还是采取了一些简化或缩短计算时间的措施，如确定一定的边界条件，并对系统进行适当的等值化简，以适应在线信息采集和可能的计算速度。

计算控制对策的装置与存储控制策略表的装置可以在一起，也可以在不同地点。后者可以将控制对策存储于控制对象的附近，有利于形成分层控制系统。

基于电网的实时数据，一旦运行方式变化，监测环节监测出系统运行方式发生较大变化，如果在线稳定控制系统已经积累了一些典型的历史数据上出现过的运行方式和相应的历史策略表，那么首先通过方式比较来判断历史数据中是否存在与当前运行方式类似的历史运行方式。若存在，则控制中心抽取该历史运行方式对应的策略表和预防控制方案并下发区域子站，而不再启动在线稳定分析控制软件，否则从离线策略中按近似匹配的原则搜索离线策略做控制，本书称之为离线策略控制方式。其中，离线策略通过两种方式生成：①运行人员应用在线稳控系统的分析工作站提前计算的策略；②以追忆方式和统计方式扫描历史策略形成的后备策略。同时，启动在线稳定分析控制软件，一方面，进行小干扰稳定、静态电压稳定和第一类扰动下的预想故障筛选和暂态稳定评估，若发现系统存在潜在的安全问题，则基于灵敏度分析形成预防控制方案，为运行人员提供决策支持，预防控制方案计算时间间隔为 10~15min；另一方面，对 1.4.1 所述的第二类扰动，进行故障筛选，自动评估电力系统稳定水平，自动搜索代价最小的控制措施生成最佳控制策略表，控制策略表计算时间间隔为 10~15min。当在线策略表生成后，在线稳定分析控制软件通知控制中心，控制中心由离线策略控制方式切换为在线策略控制方式，区域子站接受控制中心下发的在线策略表，并切换为在线策略控制方式。上述设计思路如下图 2-3 所示。

当电网发生故障时，由控制中心依据在线、离线或历史策略表进行集中决策，区域子站和执行站配合完成紧急控制。

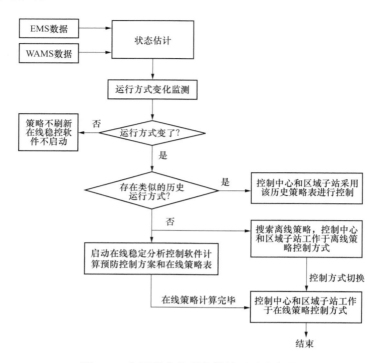

图 2-3　在线预决策系统设计思路流程图

2.4.3　实时决策，实时控制

实时决策方式与在线预决策方式的区别是：这种方式中确定控制对策的计算是事故发生后在控制装置中实时进行的。送入控制装置的信息包括慢速（事故前信息，可循环传送）和快速信息（事故扰动信息）两种。装置检测到事故扰动信息后，实时计算出与当时实际状态对应的控制策略，并付诸实施。这种方式的计算速度要求非常高，收集信息和计算得出结果用时不超过 100～150ms。

目前这种决策方式只能用于一些简单系统或可以等值化简成简单系统的电网中。

2.5　电网紧急控制系统

2.5.1　离线决策紧急控制系统

离线决策紧急控制系统一般由一个主站和若干个子站组成，主站和子站均由计算机组成。为提高可靠性，有些系统采用双机控制系统，有的部分还采用更可靠的三取二冗余方式。

控制所需的远方信息由电力系统载波、微波和光纤信息通道传送。对于传送速度要求不高的信息，如网络接线方式、故障前潮流和负荷等，一般采用循环传送信息通道；对于速度要求高的故障、启动信息和控制命令信息，则经专用的快速信息通道传送。

离线决策紧急控制系统的主要功能如下：

（1）根据检测到的设备运行状态和电网结构信息，以及必要的人为设置信号，自动识别电网当前的结构及运行方式。

（2）根据检测到的系统状态量ΔU、ΔI、ΔP的变化，继电保护动作信号，有关断路器位置变化信号及事故信号，自动判别系统发生故障的位置（或元件）及故障类型。

（3）系统发生故障时，按照事前的运行方式、故障位置和故障类型、预定的控制策略表的内容，判定系统的稳定情况及应采取的稳定控制措施，向子站或终端发出控制命令。

（4）进行事件顺序记录及故障前后状态量的数据记录，包括故障前后的事件和数据记录。

控制对策是由离线计算确定的。根据调度运行部门规定的各种接线方式，考虑各种负荷潮流，假定各种可能的故障，通过大量的离线计算，求出各种情况下的对策，制定策略表。将策略表存于控制装置的计算机中。当系统发生故障时，由计算机自动查询各种条件，并在策略表中找出相应的对策。

离线决策紧急控制系统具有简单、明确、直观、查找快速等优点，但是仅仅依靠离线计算来形成控制策略表，调度运行人员工作量太大，电网发生变化时，又需要重新计算和整定，否则就难以适应。

2.5.2 在线预决策紧急控制系统

采用在线准实时分析计算，自动刷新策略表的方案就可以克服离线决策的缺点，保持与系统的良好匹配。

在线预决策紧急控制系统需要快速的分析算法、高速的计算硬件，以及尽可能多的系统运行信息。

基于"在线预决策"方式的在线紧急控制系统相对"离线决策，在线匹配"的控制方式而言，控制策略在线生成，只针对当前运行方式下的预想严重故障形式，能够较好地适应运行方式的变化。更重要的是，计算机技术、通信技术、仿真技术和在线稳定分析算法的发展使得在线紧急控制系统的实现成为可能。其中，计算机信息技术、通信技术、并行计算和仿真技术为在线紧急控制系统的开发提供必要的技术基础；广域测量系统及EMS系统的实时信息为在线紧急控制系统的实现提供了完备的数据信息；预想故障筛选、最优控制策略搜索技术的发展为在线紧急控制系统的实现提供了核心的算法基础。

基于实时仿真的在线预决策紧急控制系统架构如图2-4所示，整个系统由数据处理单元、在线决策子系统、稳定控制装置（包括稳控子站和多个执行站）以及三者之间互联或自身内部所需的通信接口组成。其中数据处理单元、在线决策子系统一般装于调度中心；稳定控制装置一般装在变电站或发电厂。

数据处理单元采用数据处理器，将从EMS（能量管理系统）、WAMS（广域测量系统）和稳定控制装置中的稳控子站获取的电网状态信息进行多数据源整合后得到电网运行数据，并将电网运行数据发送给在线决策子系统。目前数据处理单元的数据刷新周期小于1min。

在线决策子系统用于对电网运行状态进行跟踪，定周期地基于预想故障集扫描判断电网薄弱环节，进行紧急控制决策，生成紧急控制策略下发给稳定控制装置，并将全局电网实时信息下发给稳定控制装置。在线决策子系统可在5min内实现30000节点级电网的定量分析计算和电网紧急控制决策分析计算。

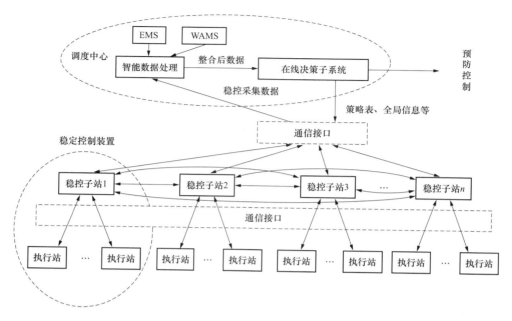

图 2-4   基于实时仿真的在线预决策紧急控制系统架构

稳定控制装置采集电网当前电气量和状态，依据在线决策子系统下发的控制策略表或者全局电网实时信息，进行计算分析、故障判断和控制决策输出，并执行相应控制措施。稳定控制装置一般包括稳控子站和稳控执行站两部分，其中稳控子站又下含子站主机和子站工控机，具体架构如图 2-5 所示。其中稳控子站用于将稳控执行站的遥信、遥测信息上传给数据处理单元，同时接收在线决策子系统下发的控制策略表和全局电网实时信息；当系统发生故障时，稳控子站根据其判断出的故障信息和事故前电网的运行状态，确定对应的控制措施，并下发给稳控执行站。稳控执行站用于采集就地信息并上传至稳控子站，同时接收并执行稳控子站下发的稳定控制命令。

通信接口连接在在线决策子系统与稳定控制装置之间、以及稳定控制装置内部，用于在线决策子系统与稳定控制装置之间以及稳定控制装置内部的数据通信。

2.5.3   实时决策紧急控制系统

由于基于事件的"离线决策，在线匹配"和"在线决策，在线匹配"构成的电力系统安全稳定第二道防线措施和基于就地信息的电力系统安全稳定第三道防线措施存在失效的风险，已经难以满足大电网安全稳定运行的要求。因此，需要研究电力系统安全稳定控制"实时决策、实时控制"的基础理论和控制原理，充分利用广域测量技术和高速通信技术，构建电网实时决策紧急控制系统，实现"实时决策，实时控制"。

电网实时决策紧急控制系统总体框架示意图如图 2-6 所示。控制系统通过连续的实时广域信息监测，实时评估电力系统的安全稳定性，及时采取必要的控制措施。所采取的控制措施是按照系统的实时运行状态来确定，采取控制措施后，还继续监视系统的运行过程，及时判断系统是否需要继续采取控制措施。基于受扰轨迹的实时紧急控制采用的决策方式就是一种基于响应的"实时决策、实时控制"策略。

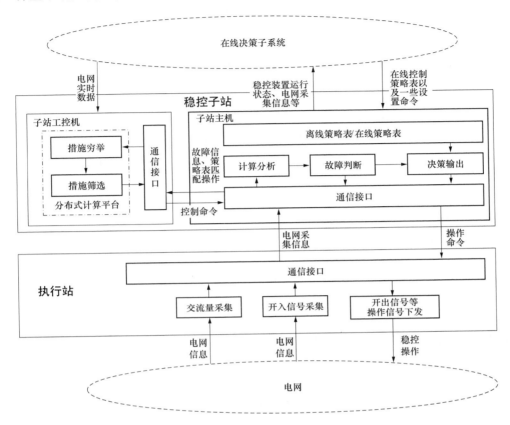

图 2-5 稳定控制装置架构图

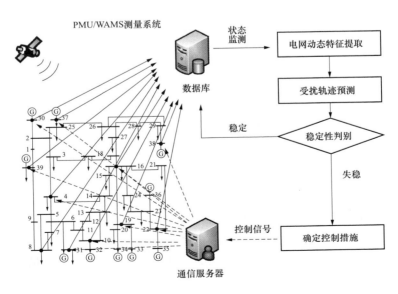

图 2-6 实时决策紧急控制系统总体框架示意图

上述的电网实时紧急控制不依赖于离线或在线仿真计算，无需预想运行方式和故障集合，不局限于就地信息，可有效避免安全稳定控制措施失效的风险，确保电力系统安全稳定运行和防止大面积停电。

2.5.4　对电网紧急控制系统的技术要求

现代电网对紧急控制系统的技术要求如下：

（1）系统应满足可靠性、选择性、灵敏性和速动性的要求。系统的启动元件和测量元件在故障和异常运行时，能可靠启动和进行正确的判断。紧急控制系统的拒动将导致电力系统稳定性的破坏，而其误动作将会损失部分电源或负荷，影响电网的正常运行。

（2）系统应具有足够的快速性，动作速度越快，所需控制量就越小，获得的控制效果越佳。

（3）系统应具有良好的选择性，要求能区分故障的元件、类型、严重程度，并根据当时电网的运行方式，正确选择控制措施和控制量，以避免不必要的损失。

（4）系统应易于整定，便于运行维护，且要求有自检、闭锁、复归及打印功能。系统有对电网发展变化的适应性，控制系统的硬件和软件应能灵活地扩充和改变，以适应电网不断发展变化的需求。

（5）系统要求有较高的冗余容错能力。应尽量考虑不同原理的后备控制装置，如只有一种控制方式的装置，则应在软件和硬件上考虑冗余容错能力，并采用双套系统做到互为备用。

2.6　基于响应的电网紧急控制关键技术及方案

本书提出的基于响应的电网紧急控制不同于传统安控，可将此控制定位于一种"闭环控制"模式。在电力系统故障后的动态演化过程中，通过 WAMS、EMS 等多信息源实时获取响应信息，对多源响应信息进行动态特征提取，执行基于动态特征的响应判别电网的稳定性。如果判定电力系统失稳，则制定响应控制策略并下发执行，通过多信息源继续监视控制策略执行后的电力系统稳定情况；如电力系统仍失稳，再重复上述的基于响应的紧急控制过程，不断进行循环滚动控制，直至电力系统稳定。

2.6.1　基于响应的电网紧急控制关键技术

基于电力系统动态响应轨迹的"在线测量—预测—控制"的电网闭环广域紧急控制（简称基于响应的电网紧急控制）主要是研究电力系统受扰后，利用 WAMS 的一段实测数据，预测电力系统未来一段时间的运行轨迹，并利用实测轨迹和预测轨迹进行稳定性评估。若系统失稳则依据相应的失稳指标确定控制地点和计算相应的控制量（可考虑经济性），对电力系统实施紧急控制措施后，重复前面的工作，直至电力系统稳定。这样就完全实现了"实时决策，实时控制"，既可考虑电网运行工况，又可考虑故障类型。另外，由于利用了全网信息，可实现电网紧急控制装置间的协调、经济运行，该方案将是最理想的电网稳定控制方式。

基于响应的电网紧急控制的关键技术主要包括以下几方面：

（1）广域动态特征信息提取。广域测量信息具有全局性、实时性和连续性的特点，其信息量十分巨大。基于响应的电力系统广域安全稳定控制要从海量的测量数据中选取能够表征系统安全稳定特性的信息，进行快速安全稳定判断。所以，需要根据系统的安全稳定特点和快速安全稳定判断的要求，提取必要的广域动态特征信息，如功角稳定判断时的功率–功角特性曲线、发电机动能–功角曲线、角速度–功角相轨迹等，电压稳定判断时的母线电压、功率–电流曲线等，频率稳定判断时的频率轨迹曲线等。

（2）受扰轨迹预测。系统受扰动后的轨迹预测，能够预知系统受扰轨迹的变化趋势，从而可以尽可能早地判断系统的安全稳定情况，为紧急控制系统提供足够的决策时间。基于广域测量信息的安全稳定受扰轨迹预测，一般可分为无系统数学模型的预测方法和有系统模型的预测方法两大类。

（3）系统稳定性判别。基于响应的电网紧急控制技术的关键是快速、可靠、不依赖于全系统仿真计算的安全稳定判别方法。要求能够基于广域实时测量信息，对电力系统的暂态功角稳定、动态功角稳定、电压稳定、频率稳定以及振荡中心等电力系统安全稳定特征进行实时判别，并能够给出主导失稳模式。因此，需要根据不同的安全稳定分析方法，形成有效的安全稳定判据，直接使用广域实时测量数据进行稳定性判别，为电力系统安全稳定控制的"实时决策，实时控制"奠定基础。

（4）紧急控制。基于响应的电网紧急控制是建立在稳定预测的基础上，当预测到系统即将失稳时，及时采取适当的电网安全稳定紧急控制措施，以保持电力系统稳定。基于广域测量信息的电网安全稳定控制，涉及电网稳定控制措施的量化分析及稳定控制措施的优化两方面。基于响应的广域电网控制，要做到实时连续监视、判断和控制。电网控制措施实施后，如果控制量不足，或稳定性质发生变化，要能够随时追加控制，或采取新的控制措施。

（5）失步解列。电力系统发生功角稳定破坏后，要尽快采取措施进行快速紧急控制，避免局部故障扩散到整个电网。基于响应的电网紧急控制措施中的广域解列措施需要利用广域实时信息，及时判定振荡中心位置，然后利用高速通信手段和失步解列装置进行解列控制，要求能够实时、主动、准确地完成电网解列控制。基于响应的广域电网解列紧急控制措施还可以达到保证以最小的负荷损失代价，使电网解列后各孤岛能稳定运行，从而获得最优解列控制效果。

2.6.2　基于响应的暂稳紧急控制方案

应用于第二道防线的稳定控制系统是基于对电网的稳定分析而配置的，其稳控策略表只针对预想的运行方式和预定的故障类型。如果出现了预想以外的方式或故障，则稳控系统不能保证电网的稳定性，即第二道防线是一种主动的控制措施，也被称为由事件触发的稳控措施。

系统运行方式和故障形式复杂多变，使得根据策略表设置的第二道防线总是存在失配的风险，一旦这种失配发生，系统失稳将不可避免。因此，如果能够设置响应控制，在第三道防线动作之前将系统挽回到稳定状态，那么既可以减轻第二道防线的压力，进一步简化其配置并提高动作可靠性，又可以增加电网运行调度的灵活性，创造更大的经济效益。

由于快速响应的第二道防线紧急控制与在检测到不稳定状态后才启动的第三道防线校正控制之间有一定的时间间隔，而且系统连锁故障演化为电力灾难也往往需经历一系列元件相继开断的过程，因此，在第二道防线与第三道防线之间再实施基于响应的紧急控制，可防止失稳现象发生，避免或者减少大范围停电损失。

传统安控主要包括二道防线的切机、切负荷控制以及三道防线的失步解列、低压/低频减载控制。二道防线的控制模式是基于仿真的预案式控制，即"离线或者在线仿真分析得到预案，将预案写入策略表，在线匹配工况执行预案"的模式，但由于如下原因，可能造成控制失配或者漏配：①仿真模型不准确，基于此得到的预案存在失效的可能性；②安控拒动或者误动，预案下发后没有得到预期效果；③大电网工况越来越复杂，实际发生的故障模式在策略表中不存在。这种"匹配后执行"的模式本质上来说还是一种"开环控制"，对于上述失配或者漏配，二道防线失守，系统故障将蔓延，可能造成严重的后果。

第三道防线应对的是各种极其复杂的严重故障，一旦发生，即使控制装置正确动作，电网也有可能损失巨大。那么，在第三道防线之前实施响应控制，即使只挽救了一部分将要失步的系统扰动情况，其获得的经济和社会效益也是不可估量的。

经过研究，本书提出的基于响应的暂稳紧急控制方案如图 2-7 所示。

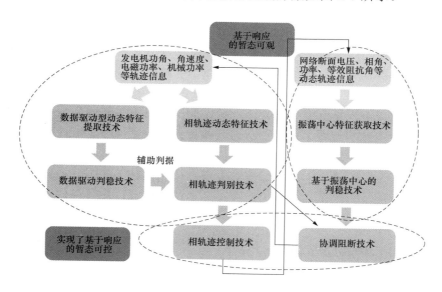

图 2-7　基于响应的暂稳紧急控制方案

（1）在动态演化过程中，实时获取发电机功角、角速度、电磁功率以及机械功率等响应信息，基于响应信息进行相轨迹动态特征提取，基于相轨迹特征的暂稳判别，如判定系统失稳后，则进行基于相轨迹特征的暂稳响应控制策略的制定，并下发执行。重复此过程直至系统稳定。

（2）实时获取发电机功角、角速度、电磁功率以及机械功率等响应信息，基于响应信息进行数据驱动型动态特征提取，建立数据驱动型判稳模型并进行稳定判别。此判据可作为相轨迹控制的辅助判据。

（3）有些严重故障，若要遏制系统的失稳演化，则施加的响应控制代价过大，此时可实施基于振荡中心的故障解列控制来进行故障的阻断。获取严重故障发生后动态演化的网络断面电压、相角、功率、等效阻抗角等响应轨迹信息，基于响应信息进行振荡中心特征提取、基于振荡中心特征的判稳并实施解列控制，实现阻断故障的控制目标。

上述（1）、（2）、（3）三部分构成了完整的基于响应的暂稳紧急控制方案。

2.6.3　基于响应的低压减负荷控制方案

第三道防线是"兜底"的，凡是多重故障、预想之外的事故导致系统失去同步或频率、电压异常，由第三道防线的装置采取控制措施，防止事故扩大以及系统崩溃。由系统状态或其变化量触发的第三道防线稳控措施是被动应对大事故的手段，也被称为由参数变化触发的稳控措施。

第三道防线的控制是"就地触发式"的控制模式，触发的条件不是"第二道防线"所涉及的某一具体工况，而是表征功角、电压、频率失稳的较直观的特征量，如电压失稳，以母线电压低于某阈值（一般取 0.8p.u.）持续一定时间等，触发后实施的控制策略。其中控制策略是结合某电网的实际情况，提前进行大量的离线仿真并整定出来的策略，控制策略的整定没有充分、有效地利用系统实时的信息，因此经过控制后，系统仍存在失稳的风险。

各国发生的多起大停电事故表明，大停电往往与一系列相继开断联系在一起，由偶然故障引发相继开断，并演化为电力灾难。美国"8·14"大停电就是一个典型的案例，此次事故从第一回线路跳开至系统崩溃历时 1 个多小时，由于无相应的紧急控制措施而导致了事故扩大。

经过研究，本书提出的基于响应的电压稳定紧急控制方案如图 2-8 所示。

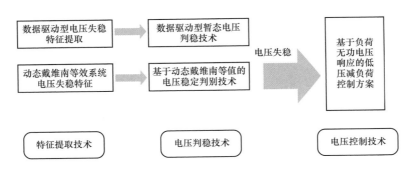

图 2-8　基于响应的电压稳定紧急控制方案

（1）基于 WAMS、EMS 系统获取无功电压、有功相角等响应信息。

（2）基于多源响应信息，进行两种特征提取及判稳技术：①数据驱动型电压失稳特征提取、数据驱动型暂态电压判稳技术；②动态戴维南等值系统的电压失稳特征、基于动态戴维南等值的电压稳定判别技术；两种技术特点不一，适用场景不同，互为补充，构成较为完整的特征提取及判稳技术，其中数据驱动型特征提取及判稳技术速度较快；基于动态戴维南等值系统的特征提取及判稳技术物理含义更清晰。

（3）如电压失稳，本书利用实时的响应信息，对传统的低压减负荷方案进行了改进，提出了基于负荷无功电压响应的低压减负荷控制方案。

3 基于响应的电网紧急控制基础理论

3.1 电网多源响应量测

随着电网自动化、信息化等技术的发展与应用，与大电网一次系统相对应，电网自动化系统、信息化系统、通信系统也已经或者正在完善，形成了自动化、信息化程度高、上传下达效率快、可靠性优的大电网二次系统网络，为大电网可观、可控提供了更为优良的物质平台，大电网安全稳定响应控制也是以此为前提条件的。从 WAMS 系统、SCADA 系统、电网网络结构及参数信息等方面论述大电网多源响应量测现状。

3.1.1 电网 WAMS 量测系统及响应信息

广域测量系统（Wide Area Measurement System，WAMS）是以同步相量测量单元 PMU 为基本组成元件的新一代全网监测系统，主要源自电力系统时间上同步和空间上广域测量的要求，利用全球定位系统 GPS（Global Position System，GPS）时钟同步，进行广域电力系统状态测量。由于互联电力系统地域宽广、设备众多，其运行变量的变化也十分迅速，仅靠局部控制已越来越难以确保其良好的动态性能。因此，开展基于 WAMS 的广域电力系统稳定控制研究具有重大的理论和实际意义。

WAMS 由 PMU 子站、调度中心站和国家电力数据通信网组成，系统结构如图 3-1 所示。PMU 子站主要包括 GPS、测量、监控和通信 4 个模块。

（1）GPS 模块：接收 GPS 授时信号，为测量和监控模块提供高精度时间信息。

（2）测量模块：采集和处理模拟量和开关信号，生成带时标的同步向量数据。

（3）监控模块：对 PMU 子站各功能模块进行监视和管理，就地计算提供交互人机界面，便于运行和调试时修改有关配置参数。

（4）通信模块：PMU 子站经过通信模块接入数据网，与主站进行通信。

调度中心站主站设在调度中心，包括通信前置机、服务器和应用工作站，构成相对独立的 WAMS 主站应用系统。电力数据网络联络 WAMS 的各 PMU 子站和主站。

基于远程终端单元（RTU）的数据采集与监控（SCADA）系统只能采集稳态量、记录稳态或准稳态过程，相对比 SCADA 系统，WAMS 系统有如下特点：

（1）带有统一时标的高速采样（以毫秒级的周期实时采样并上送至 WAMS 主站，而 SCADA 数据秒级的采集周期不能完全满足应用需求）；

（2）高速的数据传输；

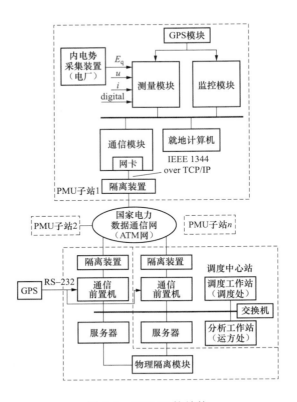

图 3-1　WAMS 的结构

（3）可提供瞬时值以及相位值；

（4）可提供暂态或者动态响应。

WAMS 将各广域量的时间断面对齐，可得到完整的系统动态曲线，既可以校核模型和参数，也可从中提取关于电能动态质量和系统动态安全的各种信息。

3.1.2　电网 SCADA 量测系统及响应信息

数据采集与监视控制（supervisory control and data acquisition，SCADA）系统是以计算机为基础的 DCS 与电力自动化监控系统，应用领域很广，包括电力、冶金、石油、化工、燃气、铁路等领域的数据采集与监视控制及其过程控制等诸多领域。在电力系统中，SCADA 系统应用最为广泛，技术发展也最为成熟。它在远动系统中占重要地位，可以对现场的运行设备进行监视和控制，以实现数据采集、设备控制、测量、参数调节以及各类信号报警等功能，即"四遥"功能。远程终端单元（RTU）和馈线终端单元（FTU）是它的重要组成部分，在现今的变电站综合自动化建设中起了相当重要的作用。

SCADA 系统的结构包括上机位和下机位，其中上机位有监控功能，下机位有直接控制功能。而通信网络是实现上、下机数据交换的基础。其采集量为稳态量，主站数据刷新时间一般长达 3～5s，且只能记录稳态或准稳态数据。

3.1.3 电网结构及参数信息

3.1.3.1 电网结构

电网结构是指输送和分配电能（包括电压变换）的各类电压等级电力线路、变压器和相应的配电装置的连接或接线方式。由于现代电网的结构越来越复杂，电网结构多种多样，从不同角度来看电网结构分类也不尽相同，不能一概而论，电网的结构只能非常近似地加以描述和分类。可从拓扑结构、可靠性、网络繁简性、电力流向四个不同的角度来对典型的电网结构进行分类。

（1）从拓扑结构角度分，电网结构可分为放射形、链形、环形三大类。

（2）从可靠性角度分，电网结构可分为无备用和有备用两种。无备用网络结构又可分为单回路放射形和单回路链形；有备用网络结构又可分为双回路放射形、双回路链形、环网和混合型。

（3）从网络繁简性来看，电网结构可分为简单结构和复杂结构。若可以归结为等值两机系统的电力系统则属于简单结构；若只能用 3 台或更多台等值发电机来表示的电力系统则属于复杂结构。

（4）从电力流向角度来看，电网结构可分为电源接入系统结构、输电网结构和受端电网结构三种类型。其中，电源接入系统结构又可详细划分为点对网、打捆外送、放射式和混合式；输电网结构可详细划分为单通道式、通道互联式、网对网式、密集式和大区电网互联式；受端电网结构可详细划分为松散式、环式和网格式。

对于一个实际的电网来说，其电网结构可能具有多个类型电网结构的特点，也可能介于两类典型电网结构之间，也有可能是多种类典型电网结构的混合体。另外，电网结构并非静止的，随着运行状态改变，网架结构也有所改变。

3.1.3.2 参数信息

系统参数是指系统各元件或其组合在运行中反映其物理特性的参数。如下列举了一些发电机相关的参数。随着一个扰动，在转子电路中会感应电流，某些感应的转子电流比其他的分量衰减得更迅速。影响迅速衰减分量的电机参数定义为次暂态参数，影响缓慢衰减分量的定义为暂态参数，而影响持续分量的定义为同步参数。我们关注的参数是与持续、暂态和次暂态期间的基频分量有关的电感（或电抗）。这些电感和确定电流、电压衰减速率的相应时间常数等构成了影响同步电机电特性的标准参数，工程上的发电机参数通常由 11 个稳态、暂态和次暂态参数组成，分别为定子绕组的电阻（R_a），交、直轴同步电抗（X_d、X_q），交、直轴暂态电抗（X_d'、X_q'）和交、直轴次暂态电抗（X_d''、X_q''）以及 4 个时间常数（T_{d0}'、T_{q0}'、T_{d0}''、T_{q0}''），如表 3-1 所示。

表 3-1   发电机参数的正常范围列表

参　　数		水电机组	火电机组
同步电抗	X_d	0.6~1.5	1.0~2.3
	X_q	0.4~1.0	1.0~2.3
暂态电抗	X_d'	0.2~0.5	0.15~0.4

参 数		水电机组	火电机组
暂态电抗	X'_q	—	0.3～1.0
次暂态电抗	X''_d	0.15～0.35	0.12～0.25
	X''_q	0.2～0.45	0.12～0.25
暂态开路时间常数（s）	T'_{d0}	1.5～9.0	3.0～10.0
	T'_{q0}	—	0.5～2.0
次暂态开路时间常数（s）	T''_{d0}	0.01～0.05	0.02～0.05
	T''_{q0}	0.01～0.09	0.02～0.05
定子电阻	R_a	0.002～0.02	0.0015～0.005

注 电抗值为标幺值，其定子基值等于相应电机的额定值。

发电机转子运动方程描述的是发电机的转子角 δ、角速度 ω 和角加速度 $\frac{d\omega}{dt}$ 与作用在转子上的不平衡转矩或功率之间的关系。

$$\begin{cases} \dfrac{d\delta}{dt} = (\omega-1)\omega_0 \\ T_J \dfrac{d\omega}{dt} = P_T - P_e = \Delta P \end{cases} \tag{3-1}$$

式中：ω_0 为额定角速度；P_T、P_e 为机械功率和电磁功率。

惯性时间常数 T_J：其物理意义为发电机在单位转矩的作用下，转子从静止状态（$\Omega^*=0$）加速到额定状态（$\Omega^*=1$）所需要的时间，单位符号为 s。

转动惯量：转动惯量是表征刚体转动惯性大小的物理量，它与刚体的质量、质量相对于转轴的分布有关。

3.1.4 响应量测的可观配置

以 WAMS 系统的 PMU 配置为例，当 PMU 等量测装置的配置还不足以满足系统的可观测性时，应该优化其布点，基于 WAMS 及 SCADA 等多信息源的量测系统广泛使用为电力系统可观测性带来了新的改变。以 WAMS 量测数据为例，目前国家电网公司 500kV 及以上电压等级厂站的 PMU 覆盖率基本达到了 100%，其可观测性的要求为在可靠捕捉系统的功角振荡、失稳模式和电压动态模式（保稳性）的前提下，尽量减少 PMU 的数目（经济性和判别快速型），也就是说需要从动态监测的保稳性角度来进行基于响应的大电网可观性分析。

对于基于响应的电压稳定可观而言，选择配置 PMU 母线的前提是需要确保电压保稳性，是指在具有相同或相似电压变化动态轨迹的母线组成的同调区域内选择母线节点进行 PMU 等的配置，以反映该区域的电压变化动态特征。如果在所有考察的方式和扰动场景下，某个暂态电压同调区内的所有母线的电压安全裕度都很大，则不必在此区域配置。因此，寻找电压薄弱点是基于响应的电压保稳可观的关键，在找出所有电压薄弱点的基础上，再利用母线同调性，选择有代表性的母线，例如选择中枢母线电压节点进行配置。

对于基于响应的暂态功角稳定可观而言，功角保稳性是指在任何指定工况和指定故障的组合下，系统的临界机群中至少有一个节点配置 PMU；判别快速性则要求临界机群有交集的那些动态过程尽可能地用同一台 PMU 来反映。换句话说，每台 PMU 都可能在特定情况下，成为反映振荡或失稳动态所不可或缺的信息源。应用同调群识别和临界群识别的观点来处理响应信息的最小保稳可观问题是一个思路，识别机组功角的同调群，并从中识别出具有危险动态者，然后在每个危险的同调群内选择有代表性的机组节点进行配置，实现暂态功角稳定性保全条件下的可观。由于系统的失稳模式和主导不稳定平衡点随着系统工况和扰动场景而变，当 PMU 的配置不足以满足系统的可观性时，应该预先优化其布点。可在指定的工况和指定故障的组合下，实现暂态安全稳定模式信息保全下的 PMU 最优配置。

3.2　基于响应的电网动态特征及判稳技术

3.2.1　数据驱动型的特征提取及判稳技术

数据驱动型方法能够不依赖具体的电网物理模型，同时避开复杂的失稳机理，只需通过大量的离线训练，挖掘响应数据和系统状态之间的关系，方便地处理非线性问题。该方法耗时短，在线实时应用性强，尤其适合于在线判别。随着大数据技术的兴起，基于数据驱动的方法扩展了传统的模式识别类方法，得到了更加广泛的应用。研究重点也从最开始简单的方法应用扩展到输入特征的选择、压缩降维以及算法泛化性和鲁棒性的提升，应用的算例系统从最开始的简单标准系统逐渐扩展到大规模互联实际电力系统。

数据驱动的电力系统判稳及评估通过对一个蕴含电力系统稳定信息的数据库进行知识提取，形成一个"输入—输出"模型。其中，"输入"一般是电力系统可观测的变量，如潮流工况或故障后的轨迹等；"输出"是与之对应的稳定状态，其数学模型可以简略地表示为 $y=f(X)$，其框架结构描述如图 3-2 所示。

数据驱动型方法将电力系统的稳定判别视为一个二分类问题，将故障后系统的一些实时响应量输入到离线训练的模型中，实时测量的 PMU 等响应数据可以迅速转化为系统稳定与否的状态信息以及紧急状态下的决策支持信息。这些信息可以实现系统告警，最终自动触发合适的控制动作，降低或避免系统失稳带来的损失。数据驱动的方法在保证一定精度的同时具有明显的判稳时间优势，因此具有较好的应用前景。

数据驱动的暂态稳定判别原理示意图如图 3-3 所示。判别过程主要包括以下四个步骤：

（1）特征量选择。通过分析动态过程中系统响应数据中电气状态特征量的变化，选取能代表暂态发展过程的特征量。

（2）产生模型学习数据集。通过设定不同的系统运行方式和不同的故障形式，进行离线暂态稳定仿真，得到系统在不同的场景下的响应数据和稳定状态数据，形成数据集。

（3）离线训练。从数据集中，构造对应特征量的训练样本，使用数据驱动型模型进行模型训练，得到精度和泛化性最好的分类器。

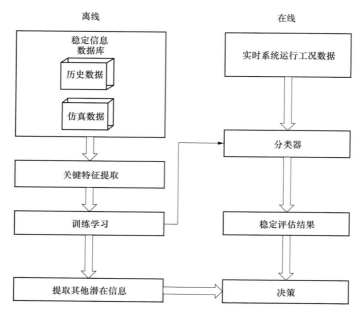

图 3-2　数据驱动型稳定判别框架结构

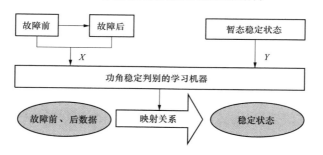

图 3-3　数据驱动的暂态稳定判别原理示意图

（4）在线应用。从实测 PMU 中提取相应的特征量，输入到训练好的模型中，得到当前系统的稳定状态信息。

暂态电压稳定的判别与功角稳定判别有较大的区别，由于电压稳定是一个区域性的问题，有必要对其进行分区监控、决策和控制，有必要将数据驱动型方法与电压分区方法相结合，进行基于分区和数据驱动的暂态电压稳定判别，从而快速地判断出区域性的暂态电压失稳，并及时采取预防控制措施。这将有利于遏制暂态电压失稳事故中部分节点所引起的大范围连锁性电压失稳或崩溃，提高区域整体稳定性。

基于分区和数据驱动的电压判稳模型包括大电网监控分区、构建电压稳定数据集、在线特征提取、基于分类器的暂态电压判稳和评价指标计算五个部分，基于离线仿真得到海量数据样本训练一个完整的电压判稳模型，在以后的每一个数据采集节点，利用该模型对系统实时获取的数据完成一次电压稳定评估过程。

数据驱动型判稳技术的难点如下：

（1）海量响应数据的实时处理问题。实际运行时，每个 PMU 每隔 20ms 采集一组数据，对于一个拥有成千上万节点的大电网互联系统，这将形成海量的数据，而直接利用采集的数据是不现实的。数据驱动模型可分为直接和间接两种类型，直接建模方法是利用已有的数据建立输入—输出映射；相反，间接建模方法从已有的数据中提取特征量，再利用提取后的数据建立输入—输出映射。然而，传统的特征提取方法的提取过程缺乏明确的物理解释，对于海量的特征向量的预处理手段也不够丰富。

（2）小样本问题。目前，用于稳定判别的数据驱动模型均通过离线仿真获取数据集，其失稳样本的数量可以得到保证。但在实际情况下，由于电力系统运行方式复杂多变，且大规模区域互联电网比较坚强，因此实际系统的失稳样本具有数量小、属性多的特点。而对于大部分数据驱动算法来说，对它们进行训练需要系统运行和故障状态下的大量历史数据，否则会导致算法的准确率较低，不能满足稳定评估的需要。因此，必须考虑小样本数据的特点，采用适用于小样本数据的方法对失稳样本进行处理。

（3）判稳结果可靠性问题。数据驱动型稳定评估方法大多为"离线仿真、在线匹配"的模式，而数据驱动型判别方法类似于一个"黑箱"，没有物理过程的分析，因此面对实际电网中复杂多变的运行场景，理想情况下得到的模型是否能够适用、判稳结果是否可靠，这些还需深入研究。

3.2.2　物理响应型的动态特征及判稳技术

响应信息具有全局性、实时性和连续性的特点，其信息量十分巨大。基于响应的电力系统安全稳定控制要从海量的测量数据中选取能够表征系统安全稳定特性的信息，进行快速安全稳定的判断。所以，需要紧密结合电力系统功角、电压稳定等物理问题的特点和快速安全稳定判断的要求，进行动态特征提取和稳定判断，如功角稳定判断的功率—功角特性曲线、发电机动能—功角曲线、角速度—功角轨迹等。电压稳定判断的是母线电压、元件的电流和功率等。相对于数据驱动型的特征提取及判稳方法，这类方法没有将系统处理为基于响应数据的"黑匣子"，而是采取"数据驱动—物理模型"相结合的方法来进行系统动态过程的判断与评估，可定义为物理响应型的动态特征提取及判稳技术。对于暂态功角稳定，本书介绍一种基于角速度—功角相平面轨迹特征的判稳方法；对于电压稳定，本书介绍一种动态戴维南等值判稳方法。下面分别以两种方法为例来进行物理响应型的动态特征及判稳技术的论述。

1. 基于相轨迹的暂态功角判稳方法

（1）相平面和相轨迹。简单的单机无穷大电力系统结构如图 3-4 所示，描述图中发电机 G 暂态过程的微分方程式为：

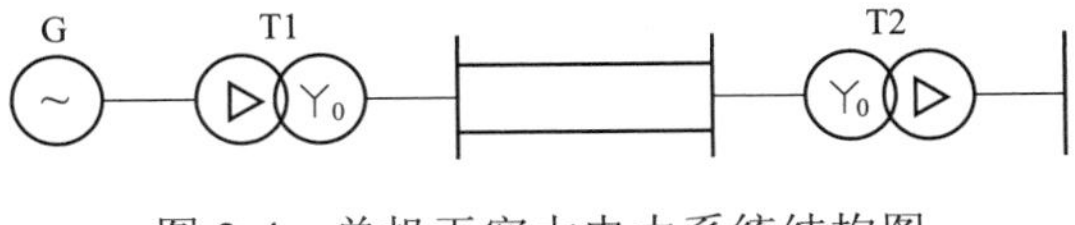

图 3-4　单机无穷大电力系统结构图

$$\begin{cases} \dot{\delta} = \omega_0 \Delta\omega \\ M\Delta\dot{\omega} = P_m - P_e - D\omega_0\Delta\omega \end{cases} \tag{3-2}$$

式中：δ 为发电机功角；ω_0 为同步电角速度，一般 $\omega_0=2\pi f_0=100\pi$，f_0 为发电机频率；M 为发电机转动惯量；$P_{\rm m}$ 为发电机机械功率；$P_{\rm e}$ 为发电机电磁功率；D 为发电机阻尼系数。

在理想的单机无穷大系统中，忽略阻尼，不计调节器和调速器的作用，发电机的电磁功率与功角呈正弦关系：

$$P_{\rm e}=P_{\rm e\,max}\sin\delta \tag{3-3}$$

式中：$P_{\rm e\,max}$ 为电磁功率峰值。

因此，公式（3-2）可以写成：

$$\begin{cases} \dot{\delta} = \omega_0 \Delta\omega \\ M\Delta\dot{\omega} = P_{\rm m} - P_{\rm emax}\sin\delta \end{cases} \tag{3-4}$$

以功角 δ 为横坐标，以角速度 $\Delta\omega$（标幺值）为纵坐标形成二维相空间，将发电机的运动状态按照时间的顺序表现在相平面中以描绘出变化的轨迹曲线，如图 3-5 所示。

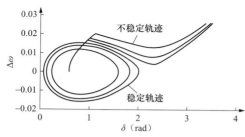

图 3-5 稳定轨迹与不稳定轨迹

系统稳定的定义为：在相平面中，功角和角速度在一定的范围内变化，稳定的轨迹会回摆，而不稳定的轨迹则会发散。观察发现，稳定的轨迹与不稳定的轨迹在相平面上具有明显的差异。

（2）轨迹凹凸性和稳定性。为了寻找电力系统暂态稳定性与轨迹形状的关系，首先研究稳定的轨迹与不稳定轨迹的几何特征。以下将对相平面中轨迹的方向场进行分析。

在相平面中，轨迹的斜率为：

$$k = \frac{{\rm d}\Delta\omega}{{\rm d}\delta} \tag{3-5}$$

斜率为正、值越大，角速度加速越快；斜率为负、值越大，则角速度减速越快。

令斜率随功角的变化率为：

$$l = \frac{{\rm d}k}{{\rm d}\delta} = \frac{{\rm d}^2\Delta\omega}{{\rm d}\delta^2} \tag{3-6}$$

根据数学中对曲线凹凸性的定义，设函数 $F(X)$ 在区间 I 上二阶可导，若 $\forall x \in I$，均有 $F''(x)>0(<0)$，则称 $F(X)$ 在 I 上是严格凹（凸）的。

为了便于分析，可以将相平面中轨迹的凹凸性定义如下。

1）当轨迹位于相平面的上半平面（$\Delta\omega>0$）时，如果 $l<0$，则相轨迹为凹轨迹；当轨迹位于相平面的下半平面（$\Delta\omega<0$）时，如果 $l>0$，则相轨迹为凹轨迹。

2）当轨迹位于相平面的上半平面（$\Delta\omega>0$）时，如果 $l>0$，则轨迹为凸轨迹；当轨迹位于相平面的下半平面（$\Delta\omega<0$）时，如果 $l<0$，则轨迹为凸轨迹。

3）如果 $l=0$，则此时轨迹位于凹凸性变化的拐点。

按照定义，令式（3-6）等于 0，则可以获得轨迹凹凸性变化的拐点，其曲线的表达式为：

$$\Delta\omega = \pm\sqrt{\frac{(P_{\rm m}-P_{\rm emax}\sin\delta)^2}{-P_{\rm emax}M\omega_0\cos\delta}} \tag{3-7}$$

由式（3-7）可以看出，在 $\delta \in (0, 2\pi)$ 区间内，拐点曲线只可能穿越功角 $\delta \in (\pi/2, \pi)$ 区间，因为只有该区段才有实数解，其形状如图 3-6 所示。当角速度偏差为零时，拐点曲线与坐标轴相交，对应的点为 δ_u，即不稳定平衡点，也就是电力系统暂态稳定分析理论中的鞍点。利用轨迹是否穿越拐点曲线，能比功角是否超过不稳定平衡点更快地判别稳定性。

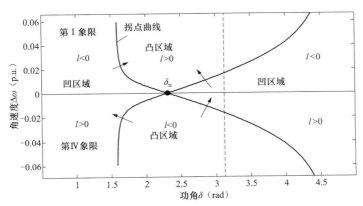

图 3-6　第 I 和 IV 象限内拐点曲线及拐点处的轨迹方向

为了研究轨迹在凹凸性拐点处的变化方向，将凹凸性指标 l 对时间求导，可以获得拐点处凹凸性的变化方向：

$$\left. \frac{\mathrm{d}l}{\mathrm{d}t} \right|_{l=0} = P_{e\max} M (\Delta\omega)^2 \sin\delta \qquad (3\text{-}8)$$

由式（3-8）可知，系统惯性常数 M、电磁功率峰值 $P_{e\max}$、$\Delta\omega^2$ 始终大于 0。当功角处于（0，π）范围时，$\sin\delta > 0$，式（3-8）的值始终大于 0，说明在轨迹随时间增大穿越拐点处时其轨迹凹凸性指标 l 随时间的变化率为正，即 l 的值随时间变化会越来越大。由于拐点处 $l=0$，因此，拐点处凹凸性指标 l 变化方向由负变正。当相轨迹在功角处（0，π）范围内与拐点曲线相交时，即轨迹在拐点处随时间的变化方向是由 $l<0$ 的区域指向 $l>0$ 的区域，形成了图 3-6 所示的由凹区域到凸区域变化的方向场。

根据经典的暂态稳定性理论，在平衡点处系统的机械功率与电磁功率相同，如果系统的功角超过不稳定平衡点 δ_u，即可判别系统不稳定。由式（3-3）可求出理想单机自治系统的不稳定平衡点为：

$$\delta_u = \pi - \arcsin \frac{P_m}{P_{e\max}} \qquad (3\text{-}9)$$

由式（3-9）可知，单机系统的不稳定平衡点 δ_u 在 $(\pi/2, \pi)$ 内。

为了研究第 I、III 象限内轨迹凹凸性与单机自治系统暂态稳定性的关系，提出以下两个定理。

定理 1：稳定的轨迹不会与拐点曲线相交。

定理 2：失稳的轨迹一定与拐点曲线相交。

当轨迹位于第 II、IV 象限时，由于功角和角速度的符号相反，系统处于相对减速的状态，从图 3-6、图 3-7 中看出，拐点曲线附近的方向场是由凸区域指向凹区域，使得轨迹不会进入凸区域，从而使系统轨迹有界，系统稳定。

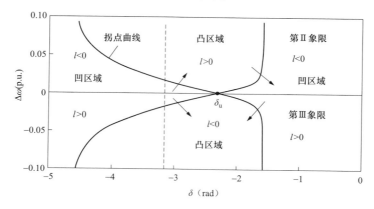

图 3-7 第Ⅱ和Ⅲ象限内的拐点曲线及拐点处的轨迹方向

推论：综合定理 1 与定理 2，当相轨迹在第Ⅰ、Ⅲ象限变化，若轨迹穿越拐点曲线，则系统暂态不稳定。如图 3-8 所示，只要轨迹与拐点曲线相交，即由凹区域进入凸区域，则表明系统失稳，否则可认为系统暂态稳定。

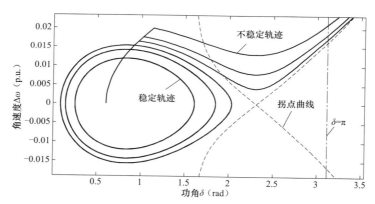

图 3-8 轨迹凹凸性与系统暂态稳定性

上述轨迹的凹凸性和系统稳定性的关系也可以表述如下：

a．$l\Delta\omega<0$ ，轨迹位于凹区域，系统当前暂态稳定；

b．$l\Delta\omega>0$ ，轨迹位于凸区域，系统已经暂态不稳定；

c．$l\Delta\omega=0$ ，轨迹位于拐点处。

特性 b 即 $l\Delta\omega>0$ 可以作为电力系统暂态不稳定性判据，如可实时地获得电力系统发电机角度、角速度信息，然后对当前相点进行判断，只要检测到轨迹为凸特性（或由凹特性变为凸特性），则可判别系统发生暂态失稳，否则认为系统当前暂态稳定，继续监测。

由图 3-8 可以看出，对于失稳的案例，系统失稳越快，轨迹与拐点曲线相交越早，判别出失稳的时刻越早，等值功角也越小，投入闭环控制措施越早，阻止暂态失稳的控制效果越好。这种自适应特性是基于轨迹凹凸性方法的独特优势。

2．基于动态戴维南等值的电压稳定判稳方法

无论电力系统如何复杂，从某一负荷节点处向系统看，在任意瞬间都可以把系统等价为一个等值电动势 $\dot{E}_\mathrm{T}$ 经等值阻抗 Z_T 向负荷供电的等效系统，如图 3-9 所示。

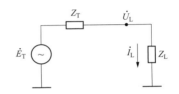

图 3-9　戴维南等值系统

$\dot{E}_\mathrm{T}$—戴维南等值电动势；Z_T—戴维南等值阻抗；

$\dot{U}_\mathrm{L}$—负荷节点端电压；$\dot{I}_\mathrm{L}$—负荷电流；

Z_L—负荷阻抗。

由电路理论和潮流方程有解的条件可知，当负荷节点的等值阻抗等于该节点网络的等值阻抗时，即 $|Z_\mathrm{T}|=|Z_\mathrm{L}|$，则该网络输送功率达到极限，因此可以在负荷节点处监视负荷阻抗以及网络等值阻抗的大小。当两者接近时，表示稳定接近极限。可定义电压稳定指标：

$$k_\mathrm{S}=\left|\frac{Z_\mathrm{T}}{Z_\mathrm{L}}\right| \tag{3-10}$$

当 $k_\mathrm{S}\leqslant1$ 时，系统稳定；当 $k_\mathrm{S}=1$ 时，系统临界稳定；当 $k_\mathrm{S}>1$ 时，系统失稳。

实际运行中戴维南等值参数、节点负荷阻抗都不是固定不变的，它们依赖于网络拓扑、发电状况、系统运行模式和无功源的状况等因素，而这些因素随着系统运行模式、不可预见的扰动和维修方案的变化而变化。因此，跟踪戴维南等值对于电压失稳的判断是非常重要的。为了使此方法不但适用于静态或变化缓慢的中长期过程，还适用于暂态过程，本书介绍一种基于动态戴维南等值的暂态电压稳定判断方法。其基本思想是跟踪计算暂态过程中每一步的戴维南等值参数，然后根据每一步戴维南等值后的简单系统进行电压稳定判断。

PMU 等响应量测为动态戴维南等值判稳方法创造了条件，基于响应的动态戴维南等值电压稳定判稳方法的基本思路是：根据 PMU 等响应量测建立系统的戴维南等值模型，再根据戴维南等值模型建立等值系统，计算系统的电压稳定指标。其优点在于，戴维南等值模型的参数是根据系统对实际扰动的真实物理响应获得的，可以有效避免系统模型参数不准确的问题；在负荷快速变化时，传统 SCADA 系统 RTU 量测可能由于不同步带来较大误差，而 WAMS 系统的 PMU 量测可有效避免这一问题。

3.3　基于响应的轨迹预测及态势感知技术

系统受扰后的轨迹预测能够预知系统受扰轨迹的变化趋势，从而可以尽可能早地感知判断系统的安全稳定情况，为紧急控制提供足够的决策时间。如何基于 PMU 等响应量测数据实现电力系统轨迹的实时预测，进而感知系统态势，一直是电力科技工作者多年来努力寻求的目标。有的研究是通过实测的状态变量实时辨识和刷新预测模型的参数，从而跟踪预测未来一段时间的系统轨迹，其主要包括样条函数插值法、三角函数拟合法、自回归预测法等。此类方法的优点是不依赖于系统的结构和参数，而缺点是使用的预测模型没有建立在符合物理规律的动力学微分方程，属于经验性的预测，缺乏机理性，预测精度及长度不够理想。也有的文献使用计算机进行快速时域仿真，利用广域测量系统提供的信息刷新仿真计算的初始值，使用该方法的前提是已知系统故障后各元件的暂态模型及参数，然

而故障后实际系统的模型和参数是难以全部准确获得的。下面对常用的态势感知技术进行分析。

1. 样条插值方法

三次样条插值（又称 Spline 插值）是通过一系列形值点的一条光滑曲线，数学上通过求解三弯矩方程组得出曲线函数组的过程。

定义：函数 $S(x) \in C_2[a, b]$，且在每个小区间 $[x_j, x_{j+1}]$ 上是三次多项式，其中 $a=x_0 < x_1 < \cdots < x_n = b$ 是给定节点，则称 $S(x)$ 是节点 $x_0, x_1, \cdots, x_n$ 上的三次样条函数。

若在节点 x_j 上给定函数值 $Y_j = f(X_j)$，（$j=0, 1, \cdots, n$），并成立 $S(x_j) = y_j$，（$j=0, 1, \cdots, n$），则称 $S(x)$ 为三次样条插值函数。

由于插值节点有 $n+1$ 个，故得到 n 个小区间，而每个小区间上要求一个三次多项式，每个区间需要 4 个条件，所以要确定样条函数 S，共需要 $4n$ 个条件。

在插值节点上，$S(x_j) = f(x_j)$，$j=0, 1, 2, \cdots, n$，得到 $n+1$ 个条件，在 $j=1, 2, \cdots, n-1$，由 S，S 的一阶导数，S 的二阶导数连续可以得到 $3(n-1)$ 个条件，所以总共得到了 $4n-2$ 个条件。要确定 S 还需要两个条件，就是通常所说的边界条件。边界通常有自然边界（边界点的导数为 0）、夹持边界（边界点导数给定）和非扭结边界（使两端点的三阶导与这两端点的邻近点的三阶导相等）。

2. 三角函数拟合法

此方法适合于有周期性，并且有三角函数变化规律的曲线拟合，其方法是用基本三角函数 $\sin x$、$\cos x$、$\sin 2x$、$\cos 2x$、$\cdots$、$\sin nx$、$\cos nx$ 来构造曲线的函数，如下式所示：

$$y=a+b \sin x+c \cos x+d \sin 2x+e \cos 2x+\cdots \tag{3-11}$$

然后通过最小二乘法拟合参数 $a, b, c, d, e, \cdots$，使得拟合曲线的误差最小。参数拟合的方法如下所示：

$$\begin{bmatrix} y_1 \\ y_2 \\ \vdots \end{bmatrix} = \begin{bmatrix} 1, \sin x_1, & \cos x_1, & \sin 2x_1, & \cos 2x_1, & \cdots \\ 1, \sin x_2, & \cos x_2, & \sin 2x_2, & \cos 2x_2, & \cdots \\ \vdots & & & & \end{bmatrix} \begin{bmatrix} a \\ b \\ c \\ d \\ e \\ \vdots \end{bmatrix} \tag{3-12}$$

式中：$x_1, x_2, \cdots$ 和 $y_1, y_2 \cdots$ 均为已知量，因此未知量的求取方法为：

$$\vec{y} = A \vec{\varsigma} \Rightarrow \vec{\varsigma} = (A^T A)^{-1} A^T \vec{y} \tag{3-13}$$

按照上式，对参数进行最小二乘法的拟合，获得曲线的表达式。

3. 自回归预测法

自回归预测法是指利用预测目标的历史时间数列在不同时期取值之间存在的依存关系（即自身相关），建立起回归方程进行预测。具体来说，就是用一个变量的时间数列作为因变量数列，用同一变量向过去推移若干期的时间数列作自变量数列，分析一个因变量数列和另一个或多个自变量数列之间的相关关系，建立回归方程进行预测。

自回归预测的步骤如下：

（1）确定自相关数列。

根据预测目的和要求，对预测目标的时间数列资料（月、季、年度）加以整理，使之具有可比性，并将这些数列划分为因变量和自变量数列。

因变量数列的期限（即项数），可以根据时间数列所反映周期变动规律确定。自变量数列，可用原时间数列向后逐期推移取得，它的期数必须同因变量数列相同。

（2）确定回归模型。

计算各个自变量数列的自相关系数，自相关系数的计算方法同一般相关系数的计算方法相同。根据自相关系数的大小，确定自变量，即选择自相关系数较大的自变量数列，用以拟合回归模型。自回归模型可以是线性的，也可以是非线性的；如果自回归模型中只有一个自变量，称为一阶（一元）自回归模型；有两个自变量，称为二阶（二元）自回归模型。二阶以上的自身回归计算复杂，提高预测准确度有限。

（3）估计参数，利用模型预测。

模型参数值的求法与其他回归模型的参数求法一样。预测期的自变量就是自变量数列的下一期数值，在原时间数列中可以找到，用于预测。对预测值的可靠性检验，在数列中可以找到，用于预测。对预测值的可靠性检验，也与其他回归模型相同。

自回归预测法的优点是所需数据不多，可用自变量数列来进行预测。但是这种方法受到一定的限制，即必须具有自相关。这种方法只能适用于某些具有时间序列趋势相关的预测。

4. 自记忆方法

自记忆预测是从微分方程出发，通过与一个记忆函数作内积，将历史数据提供的信息反映到微分方程中，在计算中表现出良好的稳定性和精度。它适用于的微分动力系统的形式如式（3-14）所示。

$$\frac{\mathrm{d}x}{\mathrm{d}t} = F(x,t) \qquad x \in R^n \tag{3-14}$$

其离散表达形式为：

$$x_1 = \beta_{-\mathrm{p}}(x_{-\mathrm{p}} - x_{-\mathrm{p}+1} + 2F_{-\mathrm{p}}\Delta t) + \sum_{i=-\mathrm{p}+1}^{-1}(x_{i-1} + x_{i+1} + 2F_i\Delta t)\beta_i \tag{3-15}$$
$$+ \beta_0(x_{-1} + 2F_0\Delta t) + x_0\beta_1$$

式中：p 为预测时刻之前的采样点数；β_i 可以通过最小二乘法辨识获得。

基于对上文态势感知技术的研究，以及对电力系统功角、角速度、不平衡功率本身变化规律的分析，对功角、角速度和功率分别采用自记忆法、三角函数预测法。

将式（3-14）与如下的发电机的转子功角运动方程进行比对：

$$\begin{cases} \dot{\delta}_i = \omega_0 \Delta\omega_i \\ M_i \Delta\dot{\omega}_i = P_{mi} - P_{ei} - D_i\omega_0\Delta\omega_i \end{cases} \qquad i = 1,2,\cdots,n \tag{3-16}$$

可看出，δ 对应 x，$\omega_0\Delta\omega$ 对应 $F(x,t)$，综合考虑预测的快速性和准确性，可以取三阶形式：

$$\begin{aligned}
\delta_{i+1} = &\beta_{-2}(\delta_{i-2} - \delta_{i-1} + 2\omega_{i-2}\Delta t) + \\
&\beta_{-1}(\delta_{i-2} - \delta_i + 2\omega_{i-1}\Delta t) + \\
&\beta_0(\delta_{i-1} + 2\omega_i\Delta t) + \delta_i\beta_1
\end{aligned} \tag{3-17}$$

需要指出的是，在上式中，预测未来时刻的功角时需要用到角速度的值，这并不是已知的，也是经过预测获得的。预测角速度的方法可以采用三角函数来拟合，这符合发电机角速度的物理意义。角速度拟合的公式为：

$$\omega = \omega_c(t) + \lambda_{1\omega}(t)\sin(t) + \lambda_{2\omega}(t)\cos(t) \tag{3-18}$$

式中：λ为最小二乘法识别的拟合参数。

就某一确定时刻的系统运行状态而言，只要系统中不发生大的网络操作或其他大扰动，参数在短时间内可当成定常不变，即只需要用最小二乘法辨识一次参数，之后认为它们保持恒定。后面的仿真表明该方法可以准确预测未来 0.4s 的轨迹。

类似的，不平衡功率曲线也是符合低频拟周期的变化规律，因此预测公式为：

$$\Delta P = P_c(t) + \lambda_{1t}(t)\sin(t) + \lambda_{2t}(t)\cos(t) \tag{3-19}$$

总之，可以根据之前时刻的δ_i和$\Delta\omega_i$来预测下一时刻的δ_{i+1}，然后根据δ_{i+1}预测下一时刻的ΔP_{i+1}，再根据ΔP_i和ΔP_{i+1}预测下一时刻的$\Delta\omega_{i+1}$，于是就可以由δ_{i+1}，$\Delta\omega_{i+1}$返回预测第二个时刻的δ_{i+2}，如此一直滚动预测到所需时刻。

显然，与仅用到功角信息的三角函数预测及自回归预测相比，该预测方法还考虑了其高阶信息—角速度与相当于角加速度的不平衡功率，涉及了更多的信息，比较完整地从动力学角度描述了功角的变化趋势，理论上其预测结果必然更加准确。

本节给出了基于发电机运动方程的三个状态量的滚动自记忆预测公式，该预测方法不仅考虑了自身历史观测数据对其未来的影响，而且计及了其高阶量变化的影响。数值仿真结果表明这种既基于机理上的微分动力学方程，又对历史观测数据具有记忆功能的预测方法，具有精度高、稳定性好、预测时间长的优点。

其他变量的预测方法可以仿照功角的预测方法，从物理意义和传递函数式，通过多个测量变量的有机组合，进行滚动预测。

3.4 基于响应的电网紧急控制技术

开环控制是指控制装置与被控对象之间只有顺向作用而没有反向联系的控制过程，即系统的输出端与输入端之间不存在反馈，也就是控制系统的输出量不对系统的控制产生任何影响，开环控制又称为无反馈控制系统，如图 3-10 所示。

图 3-10　开环控制系统框图

电力系统的预想事故控制系统在一定程度上可以视为开环控制系统，其系统框图如图 3-11 所示。

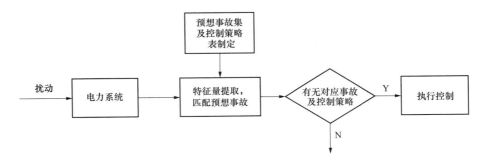

图 3-11　预想事故控制系统框图

　　传统的安全稳定控制装置属于开环控制，开环控制没有反馈环节，开环控制的特点是系统的输出量不会对系统的控制作用发生影响，没有自动修正或补偿的能力。基于事件的"离线决策，在线匹配"和"在线决策，实时匹配"构成的电力系统安全稳定第二道防线措施和基于就地信息的电力系统安全稳定第三道防线措施存在失效的风险。因此，需要研究电力系统安全稳定控制"实时决策、实时控制"的基础理论、控制原理，充分利用广域测量技术和高速通信技术，构建基于响应的电力系统广域安全稳定控制系统，实现闭环控制。

　　闭环控制与开环控制的区别就在于控制系统中有无反馈环节。闭环控制系统也称为反馈控制系统，其通过状态反馈或输出反馈两种方式反馈到输入端，从而修正输入量达到所需的控制目标，如图 3-12 所示。

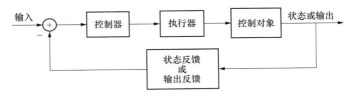

图 3-12　闭环控制系统框图

　　基于相量测量装置（phasor measurement unit，PMU）的广域测量系统（wide-area measurement system，WAMS）已经日趋完善。借助高速通信网络，能够实现测量数据空间上的广域和时间上的实时同步，这为基于响应的电力系统广域安全稳定控制奠定了基础。基于响应的稳定控制系统框图如图 3-13 所示。

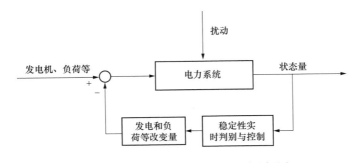

图 3-13　基于响应的稳定控制系统框图

WAMS 能实现广域电网运行状态的实时同步测量，如果系统中每个发电厂和变电站都装有功角相量测量单元（APMU），则在一次动态过程中所采集的信息量相当于一次数字仿真能提供的时间响应曲线，并都具有统一的时标，借助于高速通信网络还可以将得到的相量数据进行汇总，解决了过去很难获取的状态量（如发电机的功角、功率）的测量和传输问题，而这些状态量又是电力系统稳定状况最直接的反映和体现，这自然就产生了基于 WAMS 量测的轨迹信息的电力系统不稳定性实时预测分析的研究。在可以预见的将来，WAMS 系统的发展将使实现全局型的电力系统不稳定性预测与紧急控制成为可能。

当前，一方面，就地控制装置已是以微机为基础的数字控制装置，电力系统的通信条件也有了极大改善，可以为控制系统提供较充裕的高质量通道，因而当前电力系统中已有条件建立集中式的能够综合处理各种问题的数字控制系统；另一方面，基于局部测量信号难以判断某一地区在某一故障情况是否就属于失稳状态，基于局部测量信息预测全系统的不稳定性常常容易导致误判，这也是以往基于分散式局部信号的安全自动装置和失步保护难以适应系统运行方式和故障类型变化的主要原因。广域互联电力系统稳定性预测问题的本质特点和复杂性要求将分散各地的状态信息集中分析，以提高不稳定性预测和控制决策的可靠性。改进的方法是采用集中控制模式，将分散测量的信号集中至控制中心，在全局信息获得的前提下，可靠预测出全系统的稳定性。

基于响应的电力系统广域安全稳定控制（response-based wide area control，RWAC）系统主要由实时广域信息监测、系统关键特征量提取、受扰轨迹预测、系统稳定性判别、主导失稳模式识别、控制措施量化计算、发送控制信号等环节构成。通过实时采集系统的运行状态，监测系统的稳定性，当系统不稳定时，根据系统的响应信息，实时匹配相应的控制措施，有效阻止系统向不稳定发展，达到闭环控制的效果，其控制主站的功能框图如图3-14 所示。

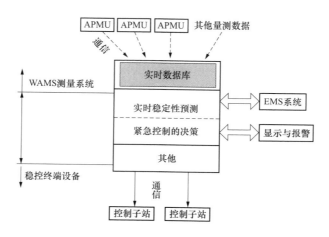

图 3-14　控制主站的功能框图

RWAC 系统通过连续的实时广域信息监测，实时评估电力系统的安全稳定性，及时采取必要的控制措施。所采取的控制措施是按照系统的实时运行状态来确定，采取控制措施后，还继续监视系统的运行过程，及时判断系统是否需要继续采取控制措施。因此，基于响应的稳定控制本质上就是一种闭环控制策略。因此，基于响应的电力系统安全稳定控制不依赖于离线或在线仿真计算、无需预想运行方式和故障集合，不局限于就地信息，可有效避免安全稳定控制措施失效的风险，确保电力系统安全稳定运行和防止大面积停电。

闭环实时控制依赖五个关键技术：

（1）实时同步测量技术和高速的通信网络技术。整个控制系统响应时间中通信造成的延迟占较大比重，高速可靠的数据通信对基于 WAMS 的暂态不稳定性预测与紧急控制系统是非常关键的。当前光纤通信方式由于其在抗干扰、抗气候影响和通信速率等方面的优势，其已成为目前电力系统站间通信的主要方式。

如光纤介质的传播时延约为 6μs/km，按网内较远距离 1000km 计算，传播延时约为 6ms。现有的 WAMS 试验测试结果显示：控制中心—控制子站—控制中心的双向通道延迟可在 10～20ms 之间，而基于 WAMS 的预测与控制系统一次断面内的计算延时可保证在毫秒级，因此，现有的光纤通信条件已能满足在扰动后短时间内（200～400ms）实施紧急控制的需要。

（2）广域动态特征信息提取。广域测量信息具有全局性、实时性和连续性的特点，其信息量十分巨大，需要根据系统的安全稳定特点和快速安全稳定判断的要求，提取必要的广域动态特征信息。

（3）系统受扰动后的轨迹预测。能够预知系统受扰轨迹的变化趋势，从而可以尽可能早地判断系统的安全稳定情况，为紧急控制系统提供足够的决策时间。

（4）可靠、快速地预测出电力系统的稳定性。要求能够基于广域实时测量信息，对电力系统的安全稳定特征进行实时判别，并能够给出主导失稳模式，形成有效的安全稳定判据，为电力系统安全稳定控制的"实时决策，实时控制"奠定基础。

（5）相对准确地确定需采取的控制措施。基于广域测量信息的安全稳定控制，涉及稳定控制措施的量化分析和稳定控制措施的优化两方面。基于响应的广域控制要做到实时连续监视、判断和控制。控制措施实施后，如果控制量不足或稳定性质发生变化，要能够随时实施响应控制或采取新的控制措施。

4 基于响应的电网动态特征提取技术

4.1 基于响应的暂态功角稳定动态特征提取技术

4.1.1 基于相轨迹的暂态稳定动态特征提取技术

电力系统是一类典型的高维强非线性系统,其稳定性分析不仅在电力系统,即便在更为广泛的非线性动力系统领域也处于研究的前沿,电力系统稳定问题本质上是非线性系统的稳定问题。本节分析了用于研究非线性系统问题的一些基本术语的解释,如相空间、轨迹、平衡点和平衡点的类型等,并从响应轨迹特征中提取出反映系统稳定性的特征量。

1. 相空间、轨迹和平衡点

描述电力系统动态的方程通常情况下是一组非线性的微分方程。除极少数情况下,非线性微分方程一般都不存在解析解。当非线性系统动态元件数大于一个时,其一般形式的状态方程为:

$$\frac{\mathrm{d}x_i}{\mathrm{d}t} = f_i(x_1, x_2, \cdots x_n, t), i = 1, 2, \cdots, n \tag{4-1}$$

如果系统是时不变的且不包括随时间变化的激励,式(4-1)右方的函数中的 t 除了在 $\dfrac{\mathrm{d}x}{\mathrm{d}t}$ 中以隐含形式出现外,并不以任何显含形式出现。这种系统称为自治系统(autonomous system),此时有:

$$\frac{\mathrm{d}x_i}{\mathrm{d}t} = f_i(x_1, x_2, \cdots x_n), i = 1, 2, \cdots, n \tag{4-2}$$

若系统是时变的,使得自变量 t 以显含形式出现,如式(4-1)所示,则称为非自治系统(non-autonomous system),以上两式分别称为非自治的和自治的微分方程。本节主要讨论的是自治的微分方程。

式(4-2)的解 $x_i = x_i(t)$,代表系统中 n 个状态变量随时间的运动;当时间 t 为一个确定值时,它代表 n 维空间的一个点,若以时间 t 为参数变量时,在 n 维空间中将描出一条曲线,这种空间曲线称为轨迹;n 维空间称为相空间。所以,相空间中的一条轨迹就是由式(4-2)的解 $x_i = x_i(t)$ 在 n 维空间中确定的一条有向空间曲线。

假设式(4-2)的右边函数连续,且满足初值问题存在唯一解的条件。设由 n 个状态变量组成的 n 维列向量 $x = x(t, t_0, x_0)$ 是式(4-2)满足初值条件 $x(t_0) = x_0$ 的解,因式(4-2)的右边不显示时间 t,对任意的 t_0,$x = x(t-t_0, 0, x_0)$ 仍然是满足初始条件的解。换句话说，式（4-2）在相空间上的轨迹由初始位置 x_0 完全确定，而与时刻 t_0 无关。除此以外，还可以证明相空间中的每一点只有式（4-2）的唯一轨迹通过。相空间中由不同初始值决定的式（4-2）的轨迹永远不相交，或者就是同一条轨迹。但应注意的是，对于非自治的微分方程式，可能有无数条轨迹通过相空间中的同一点。

一个系统的平衡点就是那些相空间中使上式的右边等于零的坐标点。当函数 f_i 为非线性函数时，可能同时存在多个平衡点。微分方程的平衡点位置的分布，以及平衡点邻近轨迹性质和形状的研究，对于全部解的定性和定量分析都能提供极为有用的信息。

2.　二阶非线性自治系统的相平面分析方法

相空间与其上的轨迹总称为相图，对于自治系统由于其相图结构的不变性，可以用几何特征或拓扑结构的方法进行分析和研究。当系统的阶数较高时，相图的几何特征或拓扑结构比较复杂。但如果研究的是二阶自治系统，则相空间将是二维的，因此可以在一个平面上进行分析和研究，这种平面称为相平面。为了记法上的方便，二阶自治系统的状态方程可写为：

$$\begin{cases} \dot{x} = X(x,y) \\ \dot{y} = Y(x,y) \end{cases} \tag{4-3}$$

式（4-3）还可写为：

$$\frac{\mathrm{d}y}{\mathrm{d}x} = \frac{Y(x,y)}{X(x,y)} \tag{4-4}$$

这样相平面的横坐标为 x 轴，纵坐标为 y 轴，(x,y) 是平面上的坐标点。$x=x(t)$ 和 $y=y(t)$ 随时间的变化将在相平面上描述出某些曲线，这些曲线就是前面定义的轨迹，轨迹上的点 (x,y) 则称为相点。轨迹曲线上每一点切线的斜率由上式（4-4）决定。

对于一个单变量的二阶微分方程，即：

$$\ddot{x} + f(x,\dot{x}) = 0 \tag{4-5}$$

当令 $\dot{x} = y$ 时，就可以把它变换成为如下的形式：

$$\begin{cases} \dot{x} = y = X(x,y) \\ \dot{y} = -f(x,y) = Y(x,y) \end{cases} \tag{4-6}$$

因而有：

$$\frac{\mathrm{d}y}{\mathrm{d}x} = -\frac{f(x,y)}{y} = \frac{Y(x,y)}{X(x,y)} \tag{4-7}$$

这时，相平面的纵坐标 y 就是 x 对时间的导数。从几何角度看，式（4-7）在相平面上决定了一个方向场。显然，当 $Y(x,y)=0$，即 $\mathrm{d}y/\mathrm{d}x=0$ 时，相轨迹有水平切线；当 $X(x,y)=0$，即 $\mathrm{d}y/\mathrm{d}x \to \infty$，相轨迹有竖直切线；当 $X(x,y)$、$Y(x,y)$ 同时等于零，即 $\mathrm{d}y/\mathrm{d}x=0/0$，相轨迹在此点斜率不定，此点为奇点或平衡点。在奇点上，由于 x、y 随时间的变化率都等于零，因此奇点代表着一种平衡态。

研究求解轨迹曲线的几何性质可以定性地了解系统动态过程的整个变化情况，而不必直接求解复杂的非线性微分方程。由于非线性微分方程一般不容易用解析方法解出，因此这种定性的研究方法具有很大的实用意义。定性研究不仅具有其本身的意义，而且又是定量研究的基础。相图还可以通过一些图解的方法作出，或者可以利用数值法计算把轨迹描绘出来，所以相平面方法是研究二阶非线性问题的一个重要工具。

对于非线性微分方程，由于讨论整个相平面的相图比较困难，在很多情况下是通过对平衡点邻近的局部性质讨论来得到定性信息的。在平衡点邻近解的性质又可以用线性化的方法研究。非线性方程的线性化方法就是把给定的非线性方程在其平衡点或奇点邻近予以线性化，而用所得线性方程确定非线性方程的轨迹的性状。假设 $X(0, 0)=0$ 和 $Y(0, 0)=0$，函数 $X(x, y)$ 和 $Y(x, y)$ 在（0，0）的某个邻域内连续可微，用泰勒级数展开，得：

$$\begin{cases} X(x,y) = ax + by + r_1(x,y) \\ Y(x,y) = cx + dy + r_2(x,y) \end{cases} \quad (4-8)$$

上式中：

$$a = \left.\frac{\partial X}{\partial x}\right|_{x=0,y=0}, \quad b = \left.\frac{\partial X}{\partial y}\right|_{x=0,y=0}$$

$$c = \left.\frac{\partial Y}{\partial x}\right|_{x=0,y=0}, \quad d = \left.\frac{\partial Y}{\partial y}\right|_{x=0,y=0}$$

$r_1(x, y)$ 和 $r_2(x, y)$ 表示余项。

引入向量 $\boldsymbol{Z}$、$\boldsymbol{R}$ 和系数矩阵 $\boldsymbol{A}$，将上式写成矩阵形式，即：

$$\boldsymbol{Z} = \begin{bmatrix} x \\ y \end{bmatrix}, \boldsymbol{R} = \begin{bmatrix} r_1 \\ r_2 \end{bmatrix}, \boldsymbol{A} = \begin{bmatrix} a & b \\ c & d \end{bmatrix}$$

则上式可写为：

$$\dot{\boldsymbol{Z}} = \boldsymbol{A}\boldsymbol{Z} + \boldsymbol{R} \quad (4-9)$$

如果矩阵 $\boldsymbol{A}$ 不存在零实部的特征值，则二阶自治系统的平衡点为双曲平衡点，根据矩阵 $\boldsymbol{A}$ 的特征根的值不同，平衡点的类型可分为鞍点、稳定或不稳定的结点和焦点。研究表明：当非线性方程的平衡点为双曲平衡点时，平衡点邻域内轨迹的性质与其对应线性化后的轨迹性质定性相同；线性化后的平衡点类型与原非线性方程的平衡点的类型相同。

描述单机无穷大系统机电暂态过程的微分方程式为：

$$\begin{cases} \dot{\delta} = \omega_0 \Delta\omega \\ M\Delta\dot{\omega} = P_{\mathrm{M}} - P_{\mathrm{em}i}\sin\delta - D\omega_0\Delta\omega = f(\delta, \Delta\omega) \\ \delta(0) = \delta_0 \\ \Delta\omega(0) = 0 \end{cases} \quad (4-10)$$

$$\delta_0 = \arcsin\frac{P_{\mathrm{M}}}{P_{\mathrm{em}i}} \quad (4-11)$$

式中：δ_0 为发电机的初始转子角，rad；M 为发电机组的惯性常数，s；$\Delta\omega$ 为发电机功角角速度偏差，标幺值；ω_0 为发电机同步电角速度，rad/s；P_{M} 为发电机机械输入功率，标幺值；D 为发电机阻尼系数；$P_{\mathrm{em}i}$ 为电磁功率最大值，标幺值。

若令 $\delta=x$ 和 $\Delta\omega=y$，则式（4-10）可简写成一般数学表达形式：

$$\begin{cases} \dot{x} = y = X(x,y) \\ \dot{y} = Y(x,y) \end{cases} \quad (4-12)$$

于是，状态变量 δ、$\Delta\omega$ 构成一个二维的相平面，其横坐标为 δ 轴，纵坐标为 $\Delta\omega$ 轴。发电机暂态过渡过程可以相应地转换为以发电机功角 δ 和角速度 $\Delta\omega$ 表示的相平面（δ，$\Delta\omega$）上以时间 t 为参变量的曲线，称为相轨迹。

3. 轨迹的凹凸性与拐点

式（4-10）相平面内轨迹上任意点处的斜率函数为：

$$\frac{\mathrm{d}\Delta\omega/\mathrm{d}t}{\mathrm{d}\delta/\mathrm{d}t} = \frac{\mathrm{d}\Delta\omega}{\mathrm{d}\delta} = k(\delta,\Delta\omega) = \frac{[P_M - P_{emi}\sin\delta - D\omega_0\Delta\omega]}{(M\omega_0\Delta\omega)} = \frac{X(x,y)}{y} \qquad (4-13)$$

平衡点即是相平面上同时满足 $X(x,y)$、$Y(x,y)$ 等于零的点。当 $P_M < P_{emi}$ 时，在 $\delta \in [0,2\pi]$ 内可求得两平衡点的表达式如下：

$$(\delta_1,0) = \left[\arcsin\left(\frac{P_M}{P_{emi}}\right),0\right], (\delta_2,0) = (\pi - \delta_1,0) \qquad (4-14)$$

式中：$\delta_1 < 90°$，$\delta_2 > 90°$。

在以往基于相平面轨迹分析电力系统暂态稳定问题的研究中，大量的仿真实验表明，系统的稳定性可以通过相轨迹的几何特征来反映，即稳定的相轨迹对于故障后的稳定平衡点表现出凹特征，不稳定的相轨迹在切除故障后立刻或短时间后对于故障后的稳定平衡点表现出凸特征。由此定义轨迹最先呈现凸特性的点为拐点或不返回点（Not Return Point，NRP），相平面内所有不稳定轨迹上不返回点的集合构成不返回边界（Not Return Boundary，NRB）。

数学分析中，根据 y 相对于 x 的二阶导数的符号定义曲线是上凸还是下凸。与稳定性分析中不同的是，数学分析中没有凹的概念。在稳定分析中利用角速度 $\Delta\omega$ 相对于功角 δ 的二阶导数作为量化轨迹几何特征的指标，其可写成：

$$l = \frac{\mathrm{d}^2\Delta\omega}{\mathrm{d}\delta^2} \qquad (4-15)$$

前述稳定分析中的凹和凸的概念是相对于稳定平衡点而言，而该平衡点位于 $\Delta\omega=0$ 的横坐标轴上，因此，稳定分析中的凹凸性可定义为：

（1）当相轨迹位于上半平面（$\Delta\omega>0$）时，如果 $l>0$，则定义相轨迹是凸的；如果 $l<0$，则定义相轨迹是凹的；

（2）当相轨迹位于下半平面（$\Delta\omega<0$）时，如果 $l<0$，则定义相轨迹是凸的；如果 $l>0$，则定义相轨迹是凹的；

（3）如果 $l=0$，该点即为相轨迹上的拐点。

从而可得单机无穷大自治系统相平面轨迹的凹凸性特征指标 l 为：

$$l(\delta,\Delta\omega) = \frac{\mathrm{d}k}{\mathrm{d}\delta} = \frac{[-P_{emi}\cos\delta - \omega_0 D\mathrm{d}\Delta\omega/\mathrm{d}\delta]\cdot M\omega_0\Delta\omega - [P_M - P_{emi}\sin\delta - D\omega_0\Delta\omega]^2/\Delta\omega}{(M\omega_0\Delta\omega)^2} \qquad (4-16)$$

根据拐点的定义，相平面内所有拐点组成的曲线可写成：

$$-MP_{emi}\omega_0\Delta\omega\cos\delta - D\omega_0[P_M - P_{emi}\sin\delta - D\omega_0\Delta\omega] - [P_M - P_{emi}\sin\delta - D\omega_0\Delta\omega]^2/\Delta\omega = 0 \qquad (4-17)$$

上式给出了相平面内所有拐点组成的曲线，当计及阻尼因子 D 时，难以写出拐点曲线的解析表达式。为了方便地讨论拐点曲线上轨迹的形态与特点，取 $D=0$ 时，式（4-17）可简写为：

$$-MP_{emi}\omega_0\Delta\omega\cos\delta - [P_M - P_{emi}\sin\delta]^2/\Delta\omega = 0 \quad\quad (4\text{-}18)$$

其解为：

$$\Delta\omega = \pm\sqrt{\frac{[P_M - P_{emi}\sin\delta]^2}{-P_{emi}M\omega_0\cos\delta}} \quad\quad (4\text{-}19)$$

若$\Delta\omega$为有实际物理意义的实数解，则式（4-19）右端根号中分母需恒大于零，即$\cos\delta < 0$。因此，在$\delta \in [0, 2\pi]$的区间内，$\Delta\omega$仅在$\delta \in (90°, 270°)$时有实数解。

4. 相轨迹的几何特征分析

系统稳定的定义为：在相平面中，功角和角速度在一定的范围内变化，稳定的轨迹会回摆，而不稳定的轨迹则会发散。观察发现，稳定的轨迹与不稳定的轨迹在相平面上具有明显的差异，如图 4-1 所示。

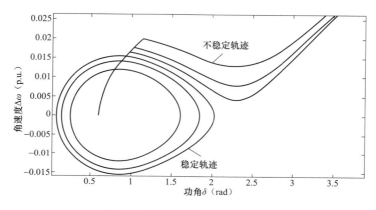

图 4-1　稳定轨迹与不稳定轨迹

图 4-1 给出了不同故障下的系统相平面轨迹。由图 4-1 可以发现，故障发生后，系统的角速度处于加速状态，系统的功角持续增大。故障越严重，系统累积的不平衡能量越多，体现在系统的角速度越大。故障切除之后至系统的不稳定平衡点之前，系统的角速度处于减速状态，对于稳定的系统相轨迹，系统的角速度在轨迹最远点（far end point，FEP）降为零，功角在 FEP 处开始回摆；对于不稳定的系统相轨迹，系统的角速度在不稳定平衡点处最小，功角一直处于增大的过程，轨迹在经过不稳定平衡点后角速度继续增大，轨迹最终发散，无法恢复稳定。

图 4-2 给出了 $P_M = 1$、$P_{emi} = 1.5$、$M = 8$ 时，在$[0, 2\pi]$ 区域内的拐点曲线。

由图 4-2 可见，拐点曲线将$\Delta\omega$-δ相平面划分为凹和凸的两个区域。当$\Delta\omega > 0$ 时，凹区域内相轨迹上的点均满足 $l(\delta, \Delta\omega) < 0$，而在凸区域内轨迹上的点均满足 $l(\delta, \Delta\omega) > 0$；当$\Delta\omega < 0$ 时，凹区域内相轨迹上的点均满足$l(\delta, \Delta\omega) > 0$，凸区

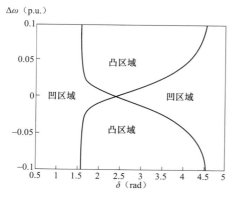

图 4-2　凹凸性拐点曲线图

域内轨迹上的点均满足 $l(\delta, \Delta\omega) < 0$。

需要注意的是：拐点曲线并不是连续的，不返回边界不包含不稳定平衡点（δ_u，0），该点将不返回边界分割为（90°，δ_u）和（δ_u，270°）两个开集。

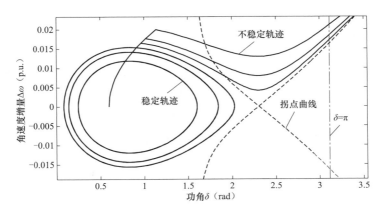

图 4-3　轨迹凹凸性与系统暂态稳定性

由图 4-3 可以发现，在故障发生至故障切除的时间段内，系统的角速度处于加速状态，位于相平面的凹区域内。对于稳定的系统轨迹，在故障切除之后，系统开始减速直至其最大摇摆角处降为零，系统一直位于凹区域内；对于不稳定的系统轨迹，在故障切除之后，系统的相轨迹在其到达不稳定平衡点之前，穿过了凹凸性拐点曲线，系统越过凹凸性拐点曲线之后，处于相平面的凸区域内，并且不再返回原来的凹区域。

从上述仿真中可以发现，当扰动后的系统稳定时，其相平面轨迹一直位于凹区域内，与相平面的凹凸性拐点曲线不相交；当扰动后的系统失稳时，其相平面轨迹在不稳定平衡点之前与相平面凹凸性拐点曲线相交，进入凸区域内，并且不再返回原来的凹区域。

4.1.2　数据驱动型暂稳动态特征提取技术

1. 响应数据的特征提取原则

电力系统暂态稳定的动态过程可以用一系列反映系统状态的特征量集合表示，如果特征量过多，冗余信息大，反而会干扰稳定性的辨别，并且导致"维数灾难"问题，使得计算量和计算所需的时间大大增加。以 WAMS 量测数据为例，目前国家电网公司 500kV 及以上电压等级厂站的 PMU 覆盖率基本达到了 100%，这一现状导致 PMU 量测数据具有全局性和可观性，能够满足在线暂态功角稳定评估的技术需要，但同时也决定了其量测数据是海量。因此，需要选取既能够准确映射电网在当前状况下的暂态功角稳定性，又能够满足实时性要求的特征量。也就是说，为了保证暂态功角稳定评估的准确性和实时性，从海量的 WAMS 量测数据中提取能够反映系统稳定状态的特征量，构建原始特征量集是一项必不可少的步骤，即特征提取。

特征提取是指基于某个特定的任务（如电力系统暂态稳定分析）从原始特征量集合中选择出最优特征子集，使其能够保留原始特征集合的大部分有用信息，去除无关的冗余信息，保持原有的效果不变，并且具备一定的推广和泛化能力，其本质是一个搜寻最优或次优子集的优化问题。

基于数据驱动的电力系统暂态稳定分析必须注意特征量的选择，尤其是在故障状态下的特征量的甄别，需要在保证分类准确度不变的前提下，尽可能减少训练和辨识所需特征量的维数，使分类器的工作既快又准。具体原则如下：

（1）在筛选特征量子集时，允许一定的信息量损失，但该特征子集必须具备足够多识别信息量，即具备很好的可分性。

（2）尽可能保证每个特征的独立性。相关性高的特征应该舍弃，重复性检查、相关性检查是必要的手段，在相关性强的一组特征中只选择一个。

（3）在保证分类效果的同时，尽量选择少的特征以获得最大的执行效率。

2. 考虑暂态稳定动态演化过程的原始特征量集的构建

电力系统暂态稳定的动态过程可以用一系列物理量进行记录和表征，它们能够在故障之后给相关技术人员提供及时而又准确的信息，包括对系统造成的冲击、系统的相关响应等，这种表征动态响应过程的方法得到广泛的应用。

国内外进行了很多构建动态特征量集的相关研究，这些文献在选取特征量时既有重复也各有特点。为了客观地评价各种动态特征组合与系统暂态稳定性的关联强弱，本节结合PMU 原始数据，在总结现有国内外特征量的基础上，根据对实际电网仿真分析结果的总结，提出了包含发电机的状态量、网络中重要功率传输路径（如潮流断面、枢纽变电站等）的电气量等能反映电网暂态功角状态的原始特征量集。

按照暂态稳定演化顺序，构造的原始特征集共包括故障前、故障发生时刻、故障切除时刻、故障切除后以及混合时刻五组。按照元件特性，构造的输入特征集包括发电机状态特征及网络重要电气量两组特征量。

各组状态量的时序分布情况如图 4-4 所示。

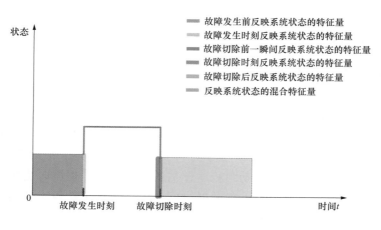

图 4-4　动态特征时序分布示意图

在进行特征选择之前，先对所采取的特征变量做简单的说明：M表示发电机的惯性常数；ω 表示发电机的转速；δ 表示发电机的功角；P_{m} 表示发电机的机械功率；P_{e} 表示发电机的有功出力；V_{ki} 表示发电机的动能；coi 表示惯性中心坐标；N 是发电机总台数，t_{0^-} 表示故障发生前时刻，t_{0+} 表示故障发生时刻，t_{cl} 表示故障切除时刻。

多机系统在惯量中心坐标的各台发电机转子运动方程为：

$$\begin{cases} \dfrac{\mathrm{d}\delta_i}{\mathrm{d}t} = \omega_s \omega_i \\[3mm] T_{Ji}\dfrac{\mathrm{d}\omega_i}{\mathrm{d}t} = P'_{mi} - P_i - \dfrac{T_{Ji}}{T_{Jcoi}} - P_{coi} \end{cases} \tag{4-20}$$

式中：P'_{mi} 表示考虑了暂态电动势的第 i 台发电机的机械功率，coi 的等值转子角度计算公式为：

$$\delta_{coi} = \frac{1}{M_\Sigma}\sum_{i=1}^{N}M_i \times \delta_i \tag{4-21}$$

$$M_\Sigma = \sum_{i=1}^{N}M_i$$

coi 的等值转子角速度计算公式为：

$$\omega_{coi} = \frac{1}{M_\Sigma}\sum_{i=1}^{N}M_i \times \omega_i \tag{4-22}$$

coi 的等值转子加速度计算公式为：

$$a_{coi} = \frac{1}{M_\Sigma}\sum_{i=1}^{N}M_i \times a_i \tag{4-23}$$

（1）故障发生前。

特征量 1——故障发生前系统内各发电机机械输入功率平均值：

$$TZ_1 = \frac{1}{N}\sum_{i=1}^{N}P_{mi} \tag{4-24}$$

该特征量反映了系统在故障之前的发电机出力情况，由于在稳态下发电机出力与系统负荷相互平衡，因此也反映了系统在故障前的负荷水平。在相同条件下，负荷水平越高，系统的暂态功角稳定性越低。

（2）故障发生时刻。

特征量 2——所有发电机初始加速功率的均值：

$$TZ_2 = E(\Delta P) = \frac{1}{N}\sum_{i=1}^{N}(P_{mi} - P_{ei}) \tag{4-25}$$

该特征量代表故障对发电机冲击程度的大小。

特征量 3——所有发电机初始加速功率的方差：

$$TZ_3 = \sqrt{\frac{1}{N}\sum_{i=1}^{N}[\Delta P_i - E(\Delta P)]^2} \tag{4-26}$$

该特征量代表故障对不同发电机冲击程度的差异。

特征量 4——所有发电机相对加速功率的均值：

$$TZ_4 = E(\Delta P / P_m) = \frac{1}{N}\sum_{i=1}^{N}E(\Delta P_i / P_{mi}) \tag{4-27}$$

该特征量代表故障对发电机相对冲击程度的大小。

特征量 5——所有发电机相对初始加速功率的方差：

$$TZ_5 = \sqrt{\frac{1}{N}\sum_{i=1}^{N}\left(\frac{\Delta P_i}{P_{mi}} - E(\Delta P/P_m)\right)^2}$$ （4-28）

该特征量代表故障对不同发电机相对冲击程度的差异。

特征量 6——所有发电机初始加速度的均值：

$$TZ_6 = E(\Delta\alpha) = \frac{1}{N}\sum_{i=1}^{N}\frac{\Delta P_i}{M_i}$$ （4-29）

该特征量通过转子运动反映了发电机的变化趋势。

特征量 7～9——故障瞬间发电机所受的最大有功冲击 TZ_7，相对最大有功冲击 TZ_8 和最小有功冲击 TZ_9：

$$TZ_7 = \max_{i=1}^{N}(P_i|_{t_{0+}} - P_i|_{t_{0-}})$$ （4-30）

$$TZ_8 = \max_{i=1}^{N}[(P_i|_{t_{0+}} - P_i|t_{0-})/P_i|t_{0-}]$$ （4-31）

$$TZ_9 = \min_{i=1}^{N}(P_i|_{t_{0+}} - P_i|_{t_{0-}})$$ （4-32）

该特征量反映了受扰最严重和最轻微机组的受扰程度。

特征量 10——故障发生时刻的具有最大初始加速度发电机的初始相对角度：

$$TZ_{10} = (\delta_{amax} - \delta_{coi})|_{t_{0+}}$$ （4-33）

特征量代表受扰最严重发电机的静态运行点。

特征量 11～13——故障发生时刻最大，最小的相对（于惯性中心）角加速度 TZ_{11} 和 TZ_{12}、故障发生时间领先机和殿后机的加速度差值 TZ_{13}：

$$TZ_{11} = (a_{max} - a_{coi})|_{t_{0+}}$$ （4-34）

$$TZ_{12} = (a_{min} - a_{coi})|_{t_{0+}}$$ （4-35）

$$TZ_{13} = (a_{\delta max} - a_{\delta min})|_{t_{0+}}$$ （4-36）

该特征量反映了发电机功角的平均变化趋势和滞后发电机的失稳程度。

特征量 14——故障发生时刻初始角加速度的方差：

$$TZ_{14} = D(a_0) = \sqrt{\frac{1}{N}\sum_{i=1}^{N}\left(a_i - \frac{1}{N}\sum_{i=1}^{N}a_i\right)^2}$$ （4-37）

该特征量反映了发电机失稳趋势程度差异的大小。该特征量越大，表明系统内各发电机之间的相互运动越强烈。

特征量 15——所有发电机初始相对加速度的平均值：

$$TZ_{15} = E(\alpha/P_m) = \frac{1}{N}\sum_{i=1}^{N}a_i/P_{mi}$$ （4-38）

该特征量反映了发电机的最大失稳趋势。

特征量 16——所有发电机相对初始加速度的方差：

$$TZ_{16} = \sqrt{\frac{1}{N}\sum_{i=1}^{N}\left(\frac{a_i}{P_{mi}} - E(a/P_m)\right)^2}$$ （4-39）

该特征量代表发电机转子加速运动的紊乱程度。

特征量 17——所有发电机相对初始加速度的最大值：

$$TZ_{17} = \max_{i=1}^{N} \frac{a_i}{P_{mi}} \qquad (4\text{-}40)$$

该特征量反映了受扰最严重发电机的失稳趋势。

特征量 18——所有发电机相对初始加速度的最小值：

$$TZ_{18} = \min_{i=1}^{N} \frac{a_i}{P_{mi}} \qquad (4\text{-}41)$$

该特征量反映了滞后发电机相对于惯性中心的失稳模式。

特征量 19——故障发生时刻系统内各发电机之间的最大功角差值：

$$TZ_{19} = (\delta_{\max} - \delta_{\min})|_{t_0^+} \qquad (4\text{-}42)$$

该特征量反映了在故障发生时刻系统内发电机之间的最大功角差，是判断系统是否功角失稳的一个直接指标。但在大系统中不能仅仅依靠该指标达到阈值而判断系统失稳。

特征量 20——故障发生时刻系统内各发电机之间的最大转子动能差值：

$$TZ_{20} = \left(\max \left\{ \frac{1}{2} M_i \omega_i^2 \right\} - \min \left\{ \frac{1}{2} M_i \omega_i^2 \right\} \right)\bigg|_{t_0^+} \qquad (4\text{-}43)$$

该特征量反映了在故障发生时刻系统内发电机之间的最大动能差值。

特征量 21——发电机加速功率之和：

$$TZ_{21} = \sum_{i=1}^{N} (P_{mi} - P_{ei}) \qquad (4\text{-}44)$$

该特征量表示在故障未切除前故障对系统的总体影响。

特征量 22——发电机的加速功率绝对值的最大值：

$$TZ_{22} = \max_{i=1}^{N} \{ | P_{mi} - P_{ei} | \} \qquad (4\text{-}45)$$

该特征量表示在故障未切除前故障对系统的最大影响。

特征量 23——t_0 时刻断面输送功率变化最大值：

$$TZ_{23} = \max | P_s |_{t_0^+} - P_s |_{t_0^-} | \qquad (4\text{-}46)$$

该特征量反映了故障发生时刻网络重要线路受到的最大冲击。

特征量 24——t_0 时刻断面输送功率变化量绝对值之和：

$$TZ_{24} = \sum_{i=1}^{n} | P_s |_{t_0^+} - P_s |_{t_0^-} | \qquad (4\text{-}47)$$

该特征量反映了故障发生时刻网络断面的输送能力损失情况，同时也反映了扰动对网络重要线路总的有功冲击。

（3）故障切除时刻。

特征量 25——t_{cl} 时刻与惯性中心最大的发电机转子角度差：

$$TZ_{25} = \max \{ \delta_i - \delta_{coi} \}|_{t_{cl}^+} \qquad (4\text{-}48)$$

该特征量反映了在故障切除时刻系统内与惯性中心摆开角度最大发电机的实时运行情况。

特征量 26——t_{cl} 时刻转子角度差最大发电机的转子动能：

$$TZ_{26} = \frac{1}{2} M_{TZ_{25}} \omega_{TZ_{25}}^2 \Big|_{t_{cl}^+} \tag{4-49}$$

该特征量反映了在故障切除时刻系统内与惯性中心摆开角度最大发电机的转子动能，一定程度上可表征该发电机的后续演化态势，下标 TZ_{25} 是特征量 25 对应的转子角度差最大的发电机组。

特征量 27——t_{cl} 时刻系统内各发电机之间的最大功角差值：

$$TZ_{27} = (\delta_{max} - \delta_{min}) \big|_{t_{cl}^+} \tag{4-50}$$

该特征量反映了在故障切除时刻系统内发电机之间的最大功角差。

特征量 28——t_{cl} 时刻最领前机和最殿后机的转子动能差值：

$$TZ_{28} = \left(\frac{1}{2} M_{\delta_{max}} \omega_{\delta_{max}}^2 - \frac{1}{2} M_{\delta_{min}} \omega_{\delta_{min}}^2 \right) \Big|_{t_{cl}^+} \tag{4-51}$$

该特征量反映了在故障切除时刻系统内最领先发电机与最殿后发电机动能集聚之间的差值。

特征量 29——t_{cl} 时刻发电机转子动能最大值：

$$TZ_{29} = \max \left\{ \frac{1}{2} M_i \omega_i^2 \right\} \Big|_{t_{cl}^+} \tag{4-52}$$

该特征量反映了在故障切除时刻系统内发电机动能集聚的最大值。

特征量 30——t_{cl} 时刻系统内各发电机之间的最大转子动能差值：

$$TZ_{30} = \left(\max \left\{ \frac{1}{2} M_i \omega_i^2 \right\} - \min \left\{ \frac{1}{2} M_i \omega_i^2 \right\} \right) \Big|_{t_{cl}^+} \tag{4-53}$$

该特征量反映了在故障切除时刻系统内发电机之间的最大动能差值，与 TZ_{20} 进行对比可知故障切除对发电机集聚的能量之间的差值是否有抑制作用。

特征量 31——t_{cl} 时刻最大最小加速度的发电机的转子角度差：

$$TZ_{31} = \Delta\delta_c = \delta_c \big|_{a_{cmax}} - \delta_c \big|_{a_{cmin}} \tag{4-54}$$

该特征量反映了故障切除时存在的可能最大的电气距离。

特征量 32——t_{cl} 时刻的功率调整之和：

$$TZ_{32} = P_{adj} \big|_{t_{cl}} = \sum_{i=1}^{n} (P_{ic} \times \delta_{ic}) \tag{4-55}$$

该特征量反映了故障切除对系统的冲击。

特征量 33——t_{cl} 时刻所有发电机转子动能的平均值：

$$TZ_{33} = \frac{1}{N} \sum_{i=1}^{N} \frac{1}{2} M_i \times (\omega_i^2 - 1) \tag{4-56}$$

该特征量反映了所有发电机的总动能增量。

特征量 34——t_{cl} 时刻系统的有功冲击：

$$TZ_{34} = \left(\sum_{i=1}^{N} M_i |P_{di}| \right) \Big/ \left(\sum_{i=1}^{N} M_i \right) \tag{4-57}$$

特征量 35——t_{cl} 时刻 *coi* 坐标下的转速之和：

$$TZ_{35} = \sum_{i=1}^{N} |\omega_i - \omega_{coi}|$$ （4-58）

该特征量反映了故障切除时转子运动的总量。

特征量 36——t_{cl} 时刻 *coi* 坐标下所有发电机的最大转速：

$$TZ_{36} = \max_{i=1}^{N} \{|\omega_i - \omega_{coi}|\}$$ （4-59）

该特征量反映故障切除时角速度的相对差异的最大值。

特征量 37——t_{cl} 时刻 *coi* 坐标下所有发电机的最大的功角：

$$TZ_{37} = \max_{i=1}^{N} \{|\delta_i - \delta_{coi}|\}$$ （4-60）

该特征量反映故障切除时发电机的相对最大电气距离。

特征量 38——t_{cl} 时刻最大的加速度之差：

$$TZ_{38} = a_{max} - a_{min}$$ （4-61）

该特征量反映了故障切除时刻发电机的最大失稳模式。

特征量 39——t_{cl} 时刻最大的加速度变化率之差：

$$TZ_{39} = \dot{a}_{max} - \dot{a}_{min}$$ （4-62）

该特征量反映了故障切除时刻发电机的最大失稳趋势。

特征量 40——t_{cl} 时刻最大的转子动能变化率之差：

$$TZ_{40} = \dot{K}_{max} - \dot{K}_{min}$$ （4-63）

该特征量反映了同调机群之间失稳的可能性的大小。

（4）故障切除后。

特征量 41——t_{cl+2} 时刻最大相对角度的发电机动能：

$$TZ_{41} = K_{\delta \max|t_{cl+2}}$$ （4-64）

该特征量反映了故障切除后电气距离最大的发电机的能量聚集。

特征量 42——t_{cl+2} 时刻功率调整总和：

$$TZ_{42} = P_{adj}\big|_{t_{cl+2}} = \sum_{i=1}^{N} (P_{ic} \times \delta_{ic})$$ （4-65）

该特征量反映了故障切除后能量的变化。

特征量 43——t_{cl+2} 时刻与惯性中心最大的发电机转子角度差：

$$TZ_{43} = \max \{\delta_i - \delta_{coi}\}\big|_{t_{cl+2}^+}$$ （4-66）

该特征量反映了在故障切除后 2 个工频周期内系统内与惯性中心摆开角度最大发电机的实时运行情况。

特征量 44——t_{cl+2} 时刻系统内各发电机之间的最大功角差值：

$$TZ_{44} = (\delta_{max} - \delta_{min})\big|_{t_{cl+2}^+}$$ （4-67）

该特征量反映了在故障切除后 2 个工频周期内系统内发电机之间的最大功角差。

特征量 45——t_{cl+2} 时刻最领前机和最殿后机的转子动能差值：

$$TZ_{45} = \left(\frac{1}{2} M_{\delta_{max}} \omega_{\delta_{max}}^2 - \frac{1}{2} M_{\delta_{min}} \omega_{\delta_{min}}^2 \right)\Big|_{t_{cl+2}^+}$$ （4-68）

该特征量反映了在故障切除后 2 个工频周期内系统内最领先发电机与最殿后发电机动能集聚之间的差值。

特征量 46——t_{cl+2} 时刻发电机转子动能最大值：

$$TZ_{46} = \max \left\{ \frac{1}{2} M_i \omega_i^2 \right\} \bigg|_{t_{cl+2}^+} \tag{4-69}$$

该特征量反映了在故障切除后 2 个工频周期内系统内发电机动能集聚的最大值。

特征量 47——t_{cl+2} 时刻系统内各发电机之间的最大转子动能差值：

$$TZ_{47} = \left(\max \left\{ \frac{1}{2} M_i \omega_i^2 \right\} - \min \left\{ \frac{1}{2} M_i \omega_i^2 \right\} \right) \bigg|_{t_{cl+2}^+} \tag{4-70}$$

该特征量反映了在故障切除后 2 个工频周期内系统内发电机之间的最大动能差值。

特征量 48——t_{cl+2} 时刻断面输送功率变化最大值：

$$TZ_{48} = \max \left| P_s \big|_{t_{cl+2}} - P_s \big|_{t_0^-} \right| \tag{4-71}$$

该特征量反映了故障切除后 2 个工频周期内网络重要线路受到的最大冲击。

特征量 49——t_{cl+4} 时刻与惯性中心最大的发电机转子角度差：

$$TZ_{49} = \max \{ \delta_i - \delta_{coi} \} \big|_{t_{cl+4}^+} \tag{4-72}$$

该特征量反映了在故障切除后 4 个工频周期内系统内与惯性中心摆开角度最大发电机的实时运行情况。

特征量 50——t_{cl+4} 时刻系统内各发电机之间的最大功角差值：

$$TZ_{50} = (\delta_{max} - \delta_{min}) \big|_{t_{cl+4}^+} \tag{4-73}$$

该特征量反映了在故障切除后 4 个工频周期内系统内发电机之间的最大功角差。

特征量 51——t_{cl+4} 时刻最领前机和最殿后机的转子动能差值：

$$TZ_{51} = \left(\frac{1}{2} M_{\delta_{max}} \omega_{\delta_{max}}^2 - \frac{1}{2} M_{\delta_{min}} \omega_{\delta_{min}}^2 \right) \bigg|_{t_{cl+4}^+} \tag{4-74}$$

该特征量反映了在故障切除后 4 个工频周期内系统内最领先发电机与最殿后发电机动能集聚之间的差值。

特征量 52——t_{cl+4} 时刻发电机转子动能最大值：

$$TZ_{52} = \max \left\{ \frac{1}{2} M_i \omega_i^2 \right\} \bigg|_{t_{cl+4}^+} \tag{4-75}$$

该特征量反映了在故障切除后 4 个工频周期内系统内发电机动能集聚的最大值。

特征量 53——t_{cl+4} 时刻系统内各发电机之间的最大转子动能差值：

$$TZ_{53} = \left(\max \left\{ \frac{1}{2} M_i \omega_i^2 \right\} - \min \left\{ \frac{1}{2} M_i \omega_i^2 \right\} \right) \bigg|_{t_{cl+4}^+} \tag{4-76}$$

该特征量反映了在故障切除后 4 个工频周期系统内发电机之间的最大动能差值，与此前 3 个时间点的特征量进行对比可知故障切除对发电机集聚的能量之间的差值是否有抑制作用，可用于分析系统能量集聚的发展态势。

（5）混合时刻。

特征量 54——发电机从 t_0 时刻到 t_{cl} 时刻转子角度变化的最大值：

$$TZ_{54} = \max\{\delta_{it_0} - \delta_{it_{cl}}\} \qquad (4\text{-}77)$$

该特征量反映了从故障发生时刻到故障切除时刻系统内发电机转子角度变化的最大值。

特征量 55——t_0 时刻和 t_{cl} 时刻的惯量中心角速度的差值：

$$TZ_{55} = \omega_{coi}|_{t_{cl}} - \omega_{coi}|_{t_0} \qquad (4\text{-}78)$$

特征量 56——发电机从 t_0 时刻到 t_{cl+2} 时刻转子角度变化的最大值：

$$TZ_{56} = \max\{\delta_{it_0} - \delta_{it_{cl+2}}\} \qquad (4\text{-}79)$$

该特征量反映了从故障发生时刻到故障后 2 个工频周期内系统内发电机转子角度变化的最大值。

特征量 57——t_0^+ 时刻与 t_{cl+2} 时刻断面输送功率变化值之差：

$$TZ_{57} = \left| \left(\sum_{i=1}^{n} \left| P_s|_{t_{cl+2}} - P_s|_{t_{0^-}} \right| \right) - \left(\sum_{i=1}^{n} \left| P_s|_{t_{0^+}} - P_s|_{t_{0^-}} \right| \right) \right| \qquad (4\text{-}80)$$

该特征量反映了故障切除后 2 个工频周期内网络断面的输送能力恢复情况。

特征量 58——发电机从 t_0 时刻到 t_{cl+4} 时刻转子角度变化的最大值：

$$TZ_{58} = \max\{\delta_{it_0} - \delta_{it_{cl+4}}\} \qquad (4\text{-}81)$$

该特征量反映了从故障发生时刻到故障后 4 个工频周期内发电机转子角度变化的最大值，可与此前 2 个时间点的特征量进行对比分析。

特征量 59～60——在故障切除后［t_{cl}，$t_{cl}+t_1$］之间时刻的角度变化率的最大、最小值：

$$TZ_{59} = \omega_{1max} = \max\left\{ \frac{\delta_{i(t_{cl}+t_1)} - \delta_{i(t_{cl})}}{t_1} \right\} \qquad (4\text{-}82)$$

$$TZ_{60} = \omega_{1min} = \min\left\{ \frac{\delta_{i(t_{cl}+t_1)} - \delta_{i(t_{cl})}}{t_1} \right\} \qquad (4\text{-}83)$$

特征量 61～62——在故障切除后［t_1，t_2］时刻中角速度变化的最大、最小值：

$$TZ_{61} = a_{12max} = \max\left\{ \frac{\omega_{i2} - \omega_{i1}}{t_2 - t_1} \right\} \qquad (4\text{-}84)$$

$$TZ_{62} = a_{12min} = \min\left\{ \frac{\omega_{i2} - \omega_{i1}}{t_2 - t_1} \right\} \qquad (4\text{-}85)$$

该特征量反映了故障切除后的恢复程度。

上述特征量集包含了故障发生前、故障发生时刻、故障切除时刻以及故障切除后的特征量。通过对各个时刻的特征量值进行对比，可以准确映射系统功角从故障发生到切除后的总体演化趋势，因此选取上述特征量为用于暂态功角稳定评估的原始特征量集。

3. 基于相对灵敏度的第一阶段特征提取

上述 62 维特征向量是依据时间演化顺序所形成的一个完整特征向量，虽然能够对电力系统暂态稳定过程进行详细的描述，但是存在较大的冗余，不利于后续的模型参数训练和模式分类，因而需要从暂态稳定的动态过程入手，研究如何降低高维特征空间的维数。为了消除冗余，重点关注暂态稳定的动态过程，剔除在故障发生和切除时刻变化不明显的特征量，采用基于相对灵敏度的第一阶段特征提取方法。

相对灵敏度是相对一个标准值的差值，通常选定标准值为运行状态发生变化前的量。假设标准值为 P_0，变化后的值为 P_1，则相对灵敏度为 P_x，关系如下：

$$P_x = \frac{\Delta P}{P_0} \times 100\% = \frac{P_1 - P_0}{P_0} \times 100\% \quad (4\text{-}86)$$

通过设置不同的仿真场景，计算 62 维原始特征量的相对灵敏度，由大到小排序，取出相对灵敏度最高的前 30 个作为第一阶段特征提取的结果。

4. 基于改进灰色关联度的第二阶段特征提取

基于灰色关联度理论进行第二阶段特征提取，利用灰色关联评估特征量之间的信息冗余，能够弥补基于数理统计的方法的缺点，不会破坏原有的物理量，便于进一步从机理上进行深入分析。遵循以下三个步骤：

（1）以绝对关联度为测度来计算特征量之间的关联度，在关联矩阵中，关联度越接近 1，说明二者的关联度越大，通过设定阈值将两个特征量划分为一类。

（2）在聚类结果中，被划分为同一类的特征被认为具备极为相似的特质，从中选出代表性的变量。

（3）结合聚类结果的分析，经过双阶段提取后最终选出 16 维特征量作为最优特征集。

灰色系统理论是一种依据较少数据和信息研究系统不确定性问题的新方法。所谓"灰色"是介于"白色"（确定）和"黑色"（完全不确定）之间的"不确定性"描述。灰色系统理论重点研究"外延明确，但内涵不明确"的对象。灰色系统分析主要包括灰色关联分析、灰色聚类分析和灰色统计评估等方面的内容。

灰色关联分析的核心思想是：几个序列之间是否存在关联的判断依据是它们的几何形状是否相似，其相似程度如何定义和度量，这种度量与上述的关联程度是对应的。显而易见，曲线的相似度越大，序列之间的相似程度就越大。相似度分析是灰色聚类的基础，只有相似程度大的一组序列，才有可能被划分为同一个聚类。传统的数理统计分析方法，比如主成分分析法（principal component analysis，PCA）、独立成分分析法等，一方面需要大量的数据进行计算，另一方面会破坏原有数据序列的物理含义。在主成分分析法中，试图通过将原有序列映射到一个高维空间，然后在新的高维空间中寻找可能存在的线性关系，生成的"主成分"序列已经丧失了原有的物理含义，不便于结合具体的应用场景进行进一步的分析。

灰色关联分析在一定程度上能够弥补采用数理统计方法进行系统分析的缺憾，对小样本数据同样能够分析，因为这种分析方法不会破坏原有的物理量，便于进一步从机理上进行深入分析。

设 $X_0 = (x_0(1), x_0(2), x_0(3), \cdots, x_0(n))$ 为系统特征序列，且相关序列表示为：

$$\begin{cases} X_1 = (x_1(1), x_1(2), x_1(3), \cdots, x_1(n)) \\ \vdots \\ X_i = (x_i(1), x_i(2), x_i(3), \cdots, x_i(n)) \\ \vdots \\ X_m = (x_m(1), x_m(2), x_m(3), \cdots, x_m(n)) \end{cases} \quad (4\text{-}87)$$

给定实数 $\gamma(x_0(k), x_i(k))$，计算公式如式（4-88），并满足下面的灰色关联四公理：

$$\gamma(X_0, X_i) = \frac{1}{n} \sum_{i=1}^{n} \gamma(x_0(k), x_i(k)) \tag{4-88}$$

（1）规范性：

$0 < \gamma(X_0, X_i) \leqslant 1$，且 $\gamma(X_0, X_i) = 1 \ (X_0 = X_i)$；

（2）整体性：

对于 $X_i, X_j \in X\{X_s \mid s = 0, 1, 2, \cdots, m, m \geqslant 2\}$，有 $\gamma(X_i, X_j) \neq \gamma(X_j, X_i), i \neq j$

（3）偶对称性：

对于 $X_i, X_j \in X$，有 $\gamma(X_i, X_j) = \gamma(X_j, X_i) \Leftrightarrow X = \{X_i, X_j\}$

（4）接近性：

$|x_0(k) - x_i(k)|$ 越小， $\gamma(x_0(k), x_i(k))$ 越大，则称为 $\gamma(X_0, X_i)$ 为 X_0 与 X_i 的灰色关联度，$\gamma(x_0(k), x_i(k))$ 为 X_0 与 X_i 在 k 点的关联系数，且 $\gamma(x_0(k), x_i(k))$ 的计算公式为：

$$\gamma(x_0(k), x_i(k)) = \frac{\min_i \min_k |x_0(k) - x_i(k)| + \varepsilon \max_i \max_k |x_0(k) - x_i(k)|}{|x_0(k) - x_i(k)| + \varepsilon \max_i \max_k |x_0(k) - x_i(k)|} \tag{4-89}$$

式中：ε 是一个（0，1）的分布系数，常取 0.5。

命题：设系统行为序列 $X_i = (x_i(1), x_i(2), x_i(3), \cdots, x_i(n))$，折线 $(x_i(1) - x_i(1), x_i(2) - x_i(1), x_i(3) - x_i(1), \cdots, x_i(n) - x_i(1))$ 记做 $X_i - x_i(1)$，令：

$$s_i = \int_1^n (X_i - x_i(1)) \mathrm{d}t \tag{4-90}$$

由式（4-90）可知，当 X_i 为单调递增序列时，$s_i \geqslant 0$；当 X_i 为单调递减序列时，$s_i \leqslant 0$；当 X_i 单调性未知（振荡），s_i 符号未知。

在 X_0 和 X_i 序列长度相等时，定义灰色绝对关联度如式 4-91 所示。

$$\varepsilon_{0i} = \frac{1 + |s_0| + |s_i|}{1 + |s_0| + |s_i| + |s_i - s_0|} \tag{4-91}$$

灰色聚类是一种根据灰色关联矩阵或者灰数的白化权函数将一些观测序列划分成若干个类别，类别之间存在较大差异，类别内观测序列的相似程度较高。n 个观测对象，每个观测对象有 m 个特征数据，得到序列形式。对于所有的 $i \leqslant j (i, j = 1, 2, \cdots, m)$，获得 X_i 和 X_j 的灰色绝对关联度矩阵 $\boldsymbol{C}_{m \times m}$ 如公式所示：

$$\boldsymbol{C}_{m \times m} = \begin{bmatrix} \varepsilon_{11} & \varepsilon_{12} & \cdots & \varepsilon_{1m} \\ 0 & \varepsilon_{22} & \cdots & \varepsilon_{2m} \\ \cdots & \cdots & \cdots & \cdots \\ 0 & \cdots & 0 & \varepsilon_{mm} \end{bmatrix} \tag{4-92}$$

矩阵 $\boldsymbol{C}_{m \times m}$ 是一个 $m \times m$ 的上三角方阵，包含了聚类需要的全部信息，X_i 和 X_j 是否同一类的判定，考察矩阵元素 ε_{ij} 与给定阈值 $r \in [0, 1]$ 的比较，通常情况下要求 $r > 0.5$。当 $\varepsilon_{ij} > r(i \neq j)$ 时，认为 X_i 和 X_j 属于同一类的特征。r 越接近 1，表明聚类的条件越苛刻，分类越精细，每一个类聚集的特征越少；r 越接近 0，表明分类条件越宽松，对序列之间的相似度要求也就越低。

设原始特征集 $\{X_1, X_2, \cdots, X_M\}$，经过灰色关联分析和灰色聚类分析之后，能够聚为 N 类：$\{X_1, X_2, \cdots, X_{N_1}\}, \{X_{N_1+1}, X_{N_1+2}, \cdots, X_{N_1+N_2}\} \cdots \{X_{N_1+N}, X_{N_1+N+1}, \cdots, X_M\}$。在聚类之后的每一个子类中，选择哪一个特征代替这一个聚类的原则是：该特征在相比于该聚类其他特征量来说，对暂态稳定的"影响因子"最大。根据已有的研究，可以认为发电机的转速和功角对稳定性的影响更加显著，然后是有功功率，影响较弱的是机械功率。

本小节将灰色关联度理论应用到电力系统暂态稳定评估的特征量选择上，其优势是可以在一定程度上能够弥补 PCA 等主流特征提取方法进行系统分析的缺憾，不会破坏原有的物理量，便于进一步从机理上进行深入分析。其算法具体步骤说明如下：

步骤 1：原始数据输入是指从第一阶段获得的基于灵敏度筛选之后的特征子集，作为原始特征输入；

步骤 2：数据初始化。电力系统暂态过程涉及几十个物理量，每个物理量的变化范围都不一致，为了"公平"的对待每一组特征序列，需要对原始数据序列归一化到同一个区间（0，1）；

步骤 3：求灰色关联度 s_i；

$$|s_0| = \left| \sum_{k=2}^{n-1} x_0(k) + \frac{1}{2} x_0(n) \right| \tag{4-93}$$

$$|s_i| = \left| \sum_{k=2}^{n-1} x_i(k) + \frac{1}{2} x_i(n) \right| \tag{4-94}$$

$$|s_i - s_0| = \left| \sum_{k=2}^{n-1} (x_i(k) - x_0(k)) + \frac{1}{2} (x_i(n) - x_0(n)) \right| \tag{4-95}$$

步骤 4：计算绝对相关度矩阵 $C_{m \times m}$；

步骤 5：依照给定的阈值 r 与 $C_{m \times m}$ 进行比较，进行灰度关联度聚类；

步骤 6：通过计算和比较权重因子的大小，确定同一个聚类下最优的特征；

步骤 7：输出每一个聚类下最优的特征量，组合最优特征量集合。

二阶段特征选择和特征提取流程图如图 4-5 所示。

5. 应用实例

（1）IEEE 118 节点系统。

采用 IEEE 118 节点系统作为仿真系统，系统结构如图 4-6 所示。发电机使用 5 阶模型，交流励磁；负荷由感应电机与恒定阻抗两种负荷模型组成，前者占 60%，后者占 40%。再选定一个基准潮流运行方式，采用从 80% 基准负荷水平开始递增，步长为 10%，直到 130%；发电机出力相应改变，机端电压在 90%~110% 范围内变化。假设在每个节点发生三相短路，系统在 0.15s 发生故障，0.45s 切除故障，或在 0.2s 发生故障，0.5s 切除故障；仿真时长 30s；以任意两台发电机相对功角差是否超过 180° 来判别稳定性；仿真软件是 PSD-BPA。仿真得到 300 个样本，其中系统稳定的样本 178 个，失稳的样本 122 个。

通过设置不同的仿真场景，计算 62 维原始特征量的相对灵敏度，由大到小排序，取出相对灵敏度最高的前 30 个作为第一阶段特征提取的结果，如表 4-1 所示。

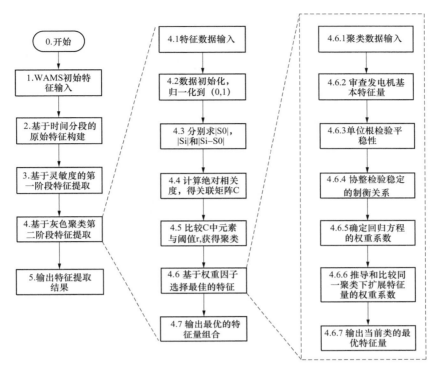

图 4-5　二阶段特征选择和特征提取流程图

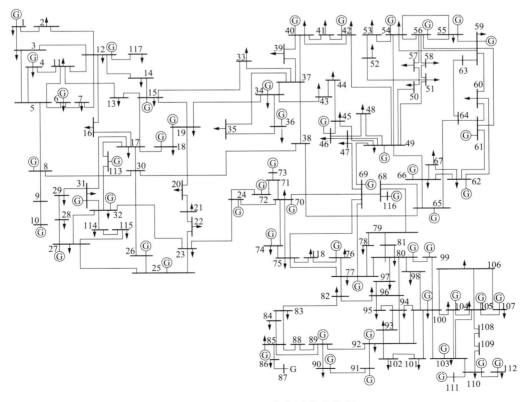

图 4-6　IEEE 118 节点系统结构图

表 4-1 第一阶段特征提取后的最优特征集

新标号	原特征	含 义
X_1	TZ_1	$t_0{}_-$时刻系统各发电机机械输入功率平均值
X_2	TZ_2	$t_0{}_+$时刻所有发电机初始加速功率的均值
X_3	TZ_3	$t_0{}_+$时刻所有发电机初始加速功率的方差
X_4	TZ_4	$t_0{}_+$时刻所有发电机相对加速功率的均值
X_5	TZ_6	$t_0{}_+$时刻所有发电机初始加速度的均值
X_6	TZ_7	$t_0{}_+$时刻发电机所受的最大有功冲击
X_7	TZ_{10}	$t_0{}_+$时刻具有最大初始加速度发电机的初始相对角度
X_8	TZ_{11}	$t_0{}_+$时刻最大角加速度
X_9	TZ_{14}	$t_0{}_+$时刻初始角加速度的方差
X_{10}	TZ_{16}	$t_0{}_+$时刻相对初始加速度的方差
X_{11}	TZ_{17}	$t_0{}_+$时刻相对初始加速度的最大值
X_{12}	TZ_{20}	$t_0{}_+$时刻系统内各发电机之间的最大转子动能差值
X_{13}	TZ_{22}	$t_0{}_+$时刻系统发电机的加速功率绝对值的最大值
X_{14}	TZ_{23}	$t_0{}_+$时刻断面输送功率变化最大值
X_{15}	TZ_{24}	$t_0{}_+$时刻断面输送功率变化量绝对值之和
X_{16}	TZ_{26}	t_{cl}时刻转子角度差最大发电机的转子动能
X_{17}	TZ_{27}	t_{cl}时刻系统内各发电机之间的最大功角差值
X_{18}	TZ_{30}	t_{cl}时刻系统内各发电机之间的最大转子动能差值
X_{19}	TZ_{34}	t_{cl}时刻系统的有功冲击
X_{20}	TZ_{36}	t_{cl}时刻 coi 坐标下所有发电机的最大转速
X_{21}	TZ_{37}	t_{cl}时刻 coi 坐标下所有发电机的最大的功角
X_{22}	TZ_{38}	t_{cl}时刻最大的加速度之差
X_{23}	TZ_{40}	t_{cl}时刻最大的转子动能变化率之差
X_{24}	TZ_{41}	t_{cl+2}时刻最大相对角度的发电机动能
X_{25}	TZ_{44}	t_{cl+2}时刻系统内各发电机之间的最大功角差值
X_{26}	TZ_{48}	t_{cl+2}时刻断面输送功率变化最大值
X_{27}	TZ_{50}	t_{cl+4}时刻系统内各发电机之间的最大功角差值
X_{28}	TZ_{51}	t_{cl+4}时刻最领前机和最殿后机的转子动能差值
X_{29}	TZ_{56}	发电机从 t_0 时刻到 t_{cl+2} 时刻转子角度变化的最大值
X_{30}	TZ_{58}	发电机从 t_0 时刻到 t_{cl+4} 时刻转子角度变化的最大值

以绝对关联度为测度来计算 30 个特征向量之间的关联度，受限于篇幅，通过表 4-2 和表 4-3 完整地将上述关联度信息描述出来，它能够在一定程度上反映各个特征量之间的关系。

表 4-2　　　　　　　　　基于灰度绝对关联的特征量关联矩阵（1）

	X_1	X_2	X_3	X_4	X_5	X_6	X_7	X_8	X_9	X_{10}	X_{11}	X_{12}	X_{13}	X_{14}	X_{15}
X_1	1.00	0.85	0.51	0.97	0.55	0.89	0.50	0.51	0.51	0.48	0.61	0.62	0.87	0.71	0.88
X_2		1.00	0.54	0.86	0.59	0.80	0.53	0.54	0.54	0.50	0.68	0.70	0.79	0.79	0.79
X_3			1.00	0.53	0.74	0.53	0.79	0.96	0.96	0.50	0.62	0.61	0.53	0.57	0.53
X_4				1.00	0.56	0.92	0.52	0.53	0.53	0.50	0.63	0.64	0.91	0.71	0.90
X_5					1.00	0.55	0.64	0.73	0.73	0.50	0.75	0.73	0.55	0.65	0.52
X_6						1.00	0.52	0.52	0.52	0.50	0.61	0.62	0.98	0.68	0.98
X_7							1.00	0.82	0.82	0.50	0.57	0.57	0.52	0.54	0.51
X_8								1.00	1.00	0.50	0.61	0.60	0.52	0.57	0.52
X_9									1.00	0.50	0.61	0.60	0.52	0.57	0.52
X_{10}										1.00	0.50	0.50	0.50	0.50	0.50
X_{11}											1.00	0.95	0.60	0.80	0.60
X_{12}												1.00	0.62	0.84	0.61
X_{13}													1.00	0.67	0.99
X_{14}														1.00	0.67
X_{15}															1.00
X_{16}															
X_{17}															
X_{18}															
X_{19}															
X_{20}															
X_{21}															
X_{22}															
X_{23}															
X_{24}															
X_{25}															
X_{26}															
X_{27}															
X_{28}															
X_{29}															
X_{30}															

表 4-3　　　　　　　　　基于灰度绝对关联的特征量关联矩阵（2）

	X_{16}	X_{17}	X_{18}	X_{19}	X_{20}	X_{21}	X_{22}	X_{23}	X_{24}	X_{25}	X_{26}	X_{27}	X_{28}	X_{29}	X_{30}
X_1	0.91	0.50	0.63	0.89	0.50	0.93	0.88	0.79	0.96	0.51	0.58	0.51	0.57	0.51	0.68
X_2	0.95	0.50	0.67	0.79	0.50	0.82	0.99	0.89	0.84	0.51	0.60	0.51	0.59	0.51	0.75
X_3	0.54	0.52	0.63	0.53	0.50	0.53	0.54	0.56	0.53	0.61	0.71	0.64	0.73	0.65	0.59
X_4	0.90	0.50	0.62	0.90	0.50	0.94	0.87	0.78	0.97	0.51	0.58	0.51	0.57	0.51	0.68

	X_{16}	X_{17}	X_{18}	X_{19}	X_{20}	X_{21}	X_{22}	X_{23}	X_{24}	X_{25}	X_{26}	X_{27}	X_{28}	X_{29}	X_{30}
X_5	0.58	0.51	0.76	0.55	0.50	0.56	0.59	0.61	0.56	0.55	0.92	0.57	0.97	0.57	0.68
X_6	0.84	0.50	0.61	0.98	0.50	0.98	0.81	0.74	0.95	0.51	0.56	0.51	0.56	0.51	0.65
X_7	0.52	0.53	0.57	0.51	0.50	0.52	0.53	0.53	0.52	0.69	0.62	0.74	0.64	0.75	0.55
X_8	0.54	0.52	0.62	0.52	0.50	0.53	0.54	0.55	0.53	0.62	0.69	0.65	0.71	0.66	0.58
X_9	0.54	0.52	0.62	0.52	0.50	0.53	0.54	0.55	0.53	0.62	0.69	0.65	0.71	0.66	0.58
X_{10}	0.50	0.55	0.50	0.50	0.70	0.50	0.50	0.50	0.50	0.51	0.50	0.51	0.50	0.51	0.50
X_{11}	0.66	0.50	0.99	0.60	0.50	0.61	0.67	0.73	0.62	0.53	0.79	0.53	0.77	0.54	0.86
X_{12}	0.68	0.50	0.94	0.61	0.50	0.62	0.69	0.75	0.63	0.52	0.77	0.53	0.74	0.53	0.90
X_{13}	0.84	0.50	0.60	1.00	0.50	0.96	0.80	0.73	0.93	0.51	0.56	0.51	0.56	0.51	0.66
X_{14}	0.75	0.50	0.80	0.67	0.50	0.69	0.79	0.87	0.70	0.52	0.68	0.52	0.66	0.52	0.89
X_{15}	0.84	0.50	0.60	1.00	0.50	0.96	0.80	0.73	0.93	0.51	0.56	0.51	0.55	0.51	0.63
X_{16}	1.00	0.50	0.66	0.82	0.50	0.85	0.95	0.85	0.88	0.51	0.59	0.51	0.59	0.51	0.71
X_{17}		1.00	0.50	0.50	0.52	0.50	0.50	0.50	0.50	0.57	0.51	0.56	0.51	0.55	0.49
X_{18}			1.00	0.60	0.50	0.61	0.67	0.72	0.62	0.53	0.80	0.53	0.77	0.54	0.86
X_{19}				1.00	0.50	0.96	0.80	0.73	0.94	0.51	0.56	0.51	0.55	0.51	0.61
X_{20}					1.00	0.50	0.50	0.50	0.50	0.50	0.50	0.50	0.50	0.50	0.50
X_{21}						1.00	0.82	0.75	0.97	0.51	0.57	0.51	0.56	0.51	0.63
X_{22}							1.00	0.88	0.85	0.51	0.60	0.51	0.59	0.51	0.72
X_{23}								1.00	0.77	0.51	0.63	0.52	0.62	0.52	0.80
X_{24}									1.00	0.51	0.57	0.51	0.56	0.51	0.65
X_{25}										1.00	0.55	0.90	0.55	0.88	0.51
X_{26}											1.00	0.56	0.96	0.56	0.69
X_{27}												1.00	0.56	0.98	0.53
X_{28}													1.00	0.57	0.68
X_{29}														1.00	0.51
X_{30}															1.00

在上述上三角关联矩阵中，关联度越接近 1，说明二者的关联度越大，通过设定阈值来判定关联度越大的两个特征量是否能划分为一类。根据不同的阈值的聚类结果不同，如表 4-4 所示。

表 4-4   **基于不同阈值的聚类结果**

序号	阈值	分类个数	分 类 结 果	是否存在争议
1	0.79	10	{1, 2, 4, 6, 13, 15, 16, 19, 21, 22, 23, 24}; {3, 7, 8, 9}; {5, 26, 28}; {10}; {11, 12, 18, 30}; {14, 18, 23, 30}; {18, 26, 30}; {17}; {20}; {25, 27, 29}	特征 18、23、26 和 30 都存在多个聚类中
2	0.84	10	{1, 2, 4, 6, 13, 15, 16, 19, 21, 22, 24}; {3, 8, 9}; {5, 26, 28}; {7}; {10}; {11, 12, 18, 30}; {14, 23, 30}; {17}; {20}; {25, 27, 29}	特征 30 存在多个聚类中

序号	阈值	分类个数	分 类 结 果	是否存在争议
3	0.89	12	{1, 4, 6, 13, 15, 16, 19, 21, 24}; {2, 16, 22, 23}; {3, 8, 9}; {5, 26, 28}; {7}; {10}; {11, 12, 18 }; {14, 30}; {17}; {20}; {25, 27}; {29, 27}	特征 16 和 27 存在多个聚类中
4	0.91	15	{1, 4, 6, 16, 21, 24}; {2, 16, 22}; {3, 8, 9}; {5, 26, 28}; {7}; {10}; {6, 13, 15, 19, 21, 24}; {11, 12, 18}; {14, 30}; {17}; {20}; {23}; {25}; {26, 28}; {27, 29}	特征 6，16 和 24 存在多个聚类中
5	0.93	16	{1, 4, 21, 24}; {2, 16, 22}; {3, 8, 9}; {5, 28}; {7}; {10}; {6, 13, 15, 19, 21, 24}; {11, 12, 18}; {14}; {17}; {20}; {23}; {25}; {26, 28}; {27, 29}; {30}	特征 21 和 24 存在 2 个聚类中
6	0.94	16	{1, 4, 24}; {2, 16, 22}; {3, 8, 9}; {5, 28}; {7}; {10}; {6, 13, 15, 19, 21, 24}; {11, 12, 18}; {14}; {17}; {20}; {23}; {25}; {26, 28}; {27, 29}; {30}	特征 24 存在 2 个聚类中
7	0.95	17	{1, 4, 24}; {2, 22}; {3, 8, 9}; {5}; {7}; {10}; {14}; {6, 13, 15, 19, 21 }; {11, 12, 18}; {16}; {17}; {20}; {23}; {25}; {26, 28}; {27, 29}; {30}	无明显争议

由表 4-4 可知，随着聚类阈值的增大，划分的类别就越细致，分类的个数就越多，存在的分类争议就越小。并不是阈值的取值越大越好，过大的阈值会导致更加细化的分类，失去"聚"类的意义。上述的 7 种阈值分类，前面 6 种导致的聚类结果都存在一定的争议，总是存在部分特征聚类的"二义性"，即某些特征既可以被归为某一类，也可以归为另外一类。比如，当阈值为 0.91 时，特征 6、16 和 24 都同时存在两个不同的类中，可能会导致聚类的混乱。当阈值提高到 0.94 时，只有特征 24 存在两个不同的聚类中；如果想进一步细化特征 24，必须将阈值提高到 0.95，分 17 类，基本无争议。

从上述的逐步提高聚类阈值的过程和分类结果还可以看出，当使用某种聚类阈值的时候，一旦出现争议，即某个特征既可以被划分为 A 类又可以被划分为 B 类时，该争议特征可能被单独划分为一类比较妥当。如表 4-4 所示，当阈值设定为 0.84 时，特征 30 存在一定争议，当阈值设定为 0.95 时，特征 30 被单独划分为一类了。同时也应该注意到，当阈值设定较低时，分类过于粗糙，存在争议的特征较多的时候，并不是都将这些争议特征单独划分为一类是最合理的，还需要进一步细化聚类结果。如表 4-4 所示，当阈值设定为 0.79 时，特征 18、23、26 和 30 都存在多个聚类中，有的还能够被划分到 2 个以上的类中，关联关系复杂，需要进一步提高阈值，细化聚类结果。

在聚类结果中，被划分为同一类的特征被认为具备极为相似的特质，为了更加精细地分析特征子集，采用权重因子计算方法，用 0.95 作为聚类门限，将各个聚类的子集进行权重因子的讨论。每个特征量都是由发电机功角、转速、有功功率、机械功率和网络断面上的有功潮流推导计算获得，其中最重要的是发电机功角、转速、有功功率和机械功率四个基本特征量。结合回归计算结果，发电机的转速和功角对稳定性的影响更加显著，然后是有功功率，影响较弱的是机械功率。将这一结果对每个聚类中各个特征量进行重要性排序，一旦出现接近或者争议的，结合具体的物理意义再进行进一步比较，最佳的特征提取结果如表 4-5 所示。

表 4-5   聚类子集类内特征选择分析过程和结果

聚类子集	以权重分析为基础的综合分析	最优特征
{1, 4, 24}	特征 1 还包含有故障前的部分信息	1
{2, 22}	特征 2 表征发电机加速功率，影响因子更大	2
{3, 8, 9}	特征 3 表征发电机加速功率，影响因子更大	3
{6, 13, 15, 19, 21}	特征 21 通过转速计算影响因子更大，又是故障切除时刻记录，有利于表征更多的故障动态信息	21
{11, 12, 18}	特征 18 的时间持续到故障切除时刻，由于转子速度不能突变，因此比故障发生时刻更加明显	18
{26, 28}	特征 28 是通过转子动能计算，比线路潮流反映更加直接	28
{27, 29, 30}	特征 30 的时间持续到故障后四个周波，失稳特征更加明显	30

结合表 4-5 的分析结果与单独被划分为一类的特征量，最优特征集合为{1, 2, 3, 5, 7, 10, 14, 16, 17, 18, 20, 21, 23, 25, 28, 30}，如表 4-6 所示。

表 4-6   第二阶段特征提取后的最优特征集

特征量	含 义
T_1	t_0-时刻系统各发电机机械输入功率平均值
T_2	t_0+时刻所有发电机初始加速功率的均值
T_3	t_0+时刻所有发电机初始加速功率的方差
T_4	t_0+时刻所有发电机初始加速度的均值
T_5	t_0+时刻具有最大初始加速度发电机的初始相对角度
T_6	t_0+时刻相对初始加速度的方差
T_7	t_0+时刻断面输送功率变化最大值
T_8	t_{cl} 时刻转子角度差最大发电机的转子动能
T_9	t_{cl} 时刻系统内各发电机之间的最大功角差值
T_{10}	t_{cl} 时刻系统内各发电机之间的最大转子动能差值
T_{11}	t_{cl} 时刻 coi 坐标下所有发电机的最大转速
T_{12}	t_{cl} 时刻 coi 坐标下所有发电机的最大的功角
T_{13}	t_{cl} 时刻最大的转子动能变化率之差
T_{14}	t_{cl+2} 时刻系统内各发电机之间的最大功角差值
T_{15}	t_{cl+4} 时刻最领前机和最殿后机的转子动能差值
T_{16}	发电机从 t_0 时刻到 t_{cl+4} 时刻转子角度变化的最大值

（2）三华电网。

电网网架：具体的网架概况及网架结构图见 5.2.4 节的仿真实例。

仿真条件：故障发生时刻 0.1s，故障切除时刻 0.2s，故障位置为线路的 0%和 50%处，仿真软件为 BPA。

　　故障类型：由于大电网运行情况复杂，结构较坚强，因此选取下述几种较典型的故障类型：

1）省内 500KV 及以上线路 N–2 三相短路；

2）华北单相拒动跳变电站；

3）华北断面三相永久性故障单相拒动跳一回线；

4）华北断面主保护拒动；

5）华北断面两相短路主保护拒动 1s 后同侧跳开；

6）华北断面两相短路主保护拒动 1s 后对侧跳开；

7）华中断面三相永久性故障单相拒动；

8）华中断面三相永久性故障单相拒动跳对侧；

9）华中断面两相短路主保护拒动 1s 后同侧跳开；

10）华中断面两相短路主保护拒动 1s 后对侧跳开。

　　通过上述仿真，最终得到 1000 个样本。经过第一阶段的特征提取，与原始特征集相比，最优特征子集剔除了在电网扰动过程中变化不明显的特征量，第一阶段特征提取后的最优特征集如表 4-7 所示。

表 4-7　　　　　　　　　　　第一阶段特征提取后的最优特征集

新标号	原特征	含　义
X_1	TZ_1	t_0-时刻系统各发电机机械输入功率平均值
X_2	TZ_2	t_0+时刻所有发电机初始加速功率的均值
X_3	TZ_3	t_0+时刻所有发电机初始加速功率的方差
X_4	TZ_4	t_0+时刻所有发电机相对加速功率的均值
X_5	TZ_6	t_0+时刻所有发电机初始加速度的均值
X_6	TZ_7	t_0+时刻发电机所受的最大有功冲击
X_7	TZ_{10}	t_0+时刻具有最大初始加速度发电机的初始相对角度
X_8	TZ_{11}	t_0+时刻最大角加速度
X_9	TZ_{14}	t_0+时刻初始角加速度的方差
X_{10}	TZ_{16}	t_0+时刻相对初始加速度的方差
X_{11}	TZ_{17}	t_0+时刻相对初始加速度的最大值
X_{12}	TZ_{20}	t_0+时刻系统内各发电机之间的最大转子动能差值
X_{13}	TZ_{22}	t_0+时刻系统发电机的加速功率绝对值的最大值
X_{14}	TZ_{23}	t_0+时刻断面输送功率变化最大值
X_{15}	TZ_{24}	t_0+时刻断面输送功率变化量绝对值之和
X_{16}	TZ_{26}	t_{c1}时刻转子角度差最大发电机的转子动能
X_{17}	TZ_{27}	t_{c1}时刻系统内各发电机之间的最大功角差值
X_{18}	TZ_{30}	t_{c1}时刻系统内各发电机之间的最大转子动能差值
X_{19}	TZ_{34}	t_{c1}时刻系统的有功冲击

续表

新标号	原特征	含　义
X_{20}	TZ_{36}	t_{cl} 时刻 coi 坐标下所有发电机的最大转速
X_{21}	TZ_{37}	t_{cl} 时刻 coi 坐标下所有发电机的最大的功角
X_{22}	TZ_{38}	t_{cl} 时刻最大的加速度之差
X_{23}	TZ_{40}	t_{cl} 时刻最大的转子动能变化率之差
X_{24}	TZ_{41}	t_{cl+2} 时刻最大相对角度的发电机动能
X_{25}	TZ_{44}	t_{cl+2} 时刻系统内各发电机之间的最大功角差值
X_{26}	TZ_{48}	t_{cl+2} 时刻断面输送功率变化最大值
X_{27}	TZ_{50}	t_{cl+4} 时刻系统内各发电机之间的最大功角差值
X_{28}	TZ_{51}	t_{cl+4} 时刻最领前机和最殿后机的转子动能差值
X_{29}	TZ_{56}	发电机从 t_0 时刻到 t_{cl+2} 时刻转子角度变化的最大值
X_{30}	TZ_{58}	发电机从 t_0 时刻到 t_{cl+4} 时刻转子角度变化的最大值

　　第一阶段提取结果与 118 节点系统提取结果相同，表明了此 30 个特征量的典型性。

　　与 IEEE 中仿真类似，作出三角关联矩阵，并通过设定阈值来判定关联度，确定两个特征量是否能划分为一类。根据不同阈值的聚类结果如表 4-8 所示。

表 4-8　　　　　　　　　　基于不同阈值的聚类结果

序号	阈值	分类个数	分　类　结　果	是否存在争议
1	0.79	10	{1, 2, 4, 6, 13, 15, 16, 19, 21, 22, 24}; {3, 7, 8, 9}; {5, 26, 28}; {10}; {11, 12, 18, 30}; {14, 18, 23, 30}; {18, 26, 30}; {17}; {20}; {25, 27, 29}	特征 18, 23, 26 和 30 都存在多个聚类中
2	0.84	10	{1, 2, 4, 6, 13, 15, 16, 19, 21, 22, 24}; {3, 8, 9}; {5, 26, 28}; {7}; {10}; {11, 12, 18, 30}; {14, 23, 30}; {17}; {20}; {25, 27, 29}	特征 23 和 30 存在多个聚类中
3	0.89	12	{1, 4, 6, 13, 15, 16, 19, 21, 24}; {2, 16, 22, 23}; {3, 8, 9}; {5, 26, 28}; {7}; {10}; {11, 12, 18}; {14, 30}; {17}; {20}; {25, 27}; {29, 27}	特征 16 和 27 存在多个聚类中
4	0.91	15	{1, 4, 6, 16, 21, 24}; {2, 16, 22}; {3, 8, 9}; {5, 26, 28}; {7}; {10}; {6, 13, 15, 19, 21, 24}; {11, 12, 18}; {14, 30}{17}; {20}; {23}; {25}; {26, 28}; {27, 29}	特征 6, 16 和 24 存在多个聚类中
5	0.93	16	{1, 4, 21, 24}; {2, 16, 22}; {3, 8, 9}; {5, 28}; {7}; {10}; {6, 13, 15, 19, 21, 24}; {11, 12, 18}; {14}; {17}; {20}; {23}; {25}; {26, 28}; {27, 29}; {30}	特征 21 和 24 存在 2 个聚类中
6	0.94	16	{1, 4, 24}; {2, 16, 22}; {3, 8, 9}; {5, 28}; {7}; {10}; {6, 13, 15, 19, 21, 24}; {11, 12, 18}; {14}; {17}; {20}; {23}; {25}; {26, 28}; {27, 29}; {30}	特征 24 存在 2 个聚类中
7	0.95	17	{1, 4, 24}; {2, 22}; {3, 8, 9}; {5}; {7}; {10}; {14}; {6, 13, 15, 19, 21}; {11, 12, 18}; {16}; {17}; {20}; {23}; {25}; {26, 28}; {27, 29, 30}	无明显争议

　　对其进行分析，得到如表 4-9 的结果。

表 4-9　　　　　　　　　　　聚类子集类内特征选择分析过程和结果

聚类子集	以权重分析为基础的综合分析	最优特征
{1，4，24}	特征 1 还包含有故障前的部分信息	1
{2，22}	特征 2 表征发电机加速功率，影响因子更大	2
{3，8，9}	特征 3 表征发电机加速功率，影响因子更大	3
{6，13，15，19，21}	特征 21 通过转速计算影响因子更大，又是故障切除时刻记录，有利于表征更多的故障动态信息	21
{11，12，18}	特征 18 的时间持续到故障切除时刻，由于转子速度不能突变，因此比故障发生时刻更加明显	18
{26，28}	特征 28 是通过转子动能计算，比线路潮流反映更加直接	28
{27，29，30}	特征 30 的时间持续到故障后四个周波，失稳特征更加明显	30

结合表 4-9 的分析结果与单独被划分为一类的特征量，最优特征集合为 {1，2，3，6，7，10，14，16，17，18，20，21，23，25，28，30}，如表 4-10 所示。

表 4-10　　　　　　　　　　　第二阶段特征提取后的最优特征集

特征量	含　义
T_1	t_0-时刻系统各发电机机械输入功率平均值
T_2	t_{0+}时刻所有发电机初始加速功率的均值
T_3	t_{0+}时刻所有发电机初始加速功率的方差
T_4	t_{0+}时刻发电机所受的最大有功冲击
T_5	t_{0+}时刻具有最大初始加速度发电机的初始相对角度
T_6	t_{0+}时刻相对初始加速度的方差
T_7	t_{0+}时刻断面输送功率变化最大值
T_8	t_{cl} 时刻转子角度差最大发电机的转子动能
T_9	t_{cl} 时刻系统内各发电机之间的最大功角差值
T_{10}	t_{cl} 时刻系统内各发电机之间的最大转子动能差值
T_{11}	t_{cl} 时刻 coi 坐标下所有发电机的最大转速
T_{12}	t_{cl} 时刻 coi 坐标下所有发电机的最大的功角
T_{13}	t_{cl} 时刻最大的转子动能变化率之差
T_{14}	t_{cl+2} 时刻系统内各发电机之间的最大功角差值
T_{15}	t_{cl+4} 时刻最领前机和最殿后机的转子动能差值
T_{16}	发电机从 t_0 时刻到 t_{cl+4} 时刻转子角度变化的最大值

经过两阶段特征提取后，在小系统和大系统中得到几乎相同的 16 个特征量，有力证明了特征提取算法的鲁棒性和泛化性。

4.1.3 振荡中心的暂稳动态特征提取技术

1. $U\cos\varphi$ 响应特征

电力系统失步时，一般可以将所有机组分为两个机群，用两机等值系统分析其特性。如图 4-7 所示两机等值系统接线图：

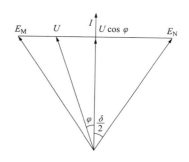

图 4-7 两机等值系统

在分析中采用下列假设条件：

（1）两等值机电动势分别为 E_M 和 E_N，且假定两等值电动势幅值相等。

（2）系统等值阻抗角为 90°。

取 E_N 为参考相量，使其相位角为 0°，幅值为 1；M 侧系统等值电动势 E_M 的初始相角为 α（即系统正常运行的功角 δ 为 α），则可得：

$$E_N=\cos\omega t$$
$$E_M=\cos[(\omega+\Delta\omega)t+\alpha]$$

图 4-8 为图 4-7 所示等值系统的向量图：

两系统功角为：

$$\delta=\Delta\omega t+\alpha$$

由图 4-8 可知，振荡中心电压 U_C 为：

$$U_C=u\cos\varphi=\cos\left(\frac{\delta}{2}\right)=\cos\left(\frac{\Delta\omega t+\alpha}{2}\right)$$

当系统同步运行时，$\Delta\omega=0$，振荡中心电压不变，即：

$$U_C=\cos\left(\frac{\alpha}{2}\right)$$

当系统失步运行时，$\Delta\omega\neq0$，振荡中心电压呈周期性变化，振荡周期为 360°，即：

若 $\Delta\omega>0$，即加速失步，δ 的变化趋势为 0°–360°（0°）–360°，振荡中心电压 U_C 的变化曲线如图 4-9（a）所示：

若 $\Delta\omega<0$，即减速失步，δ 的变化趋势为 360°–0°（360°）–0°，振荡中心电压 U_C 的变化曲线如图 4-9（b）所示：

图 4-8 等值系统相量图

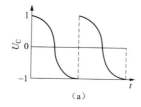

(a)

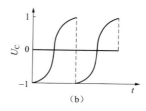

(b)

图 4-9 振荡中心电压变化曲线

（a）加速失步；（b）减速失步

振荡中心电压与功角δ之间存在确定的函数，因此可以利用振荡中心电压 $u\cos\varphi$ 的变化反映功角的变化。作为状态量的功角是连续变化的，因此在失步振荡时振荡中心的电压也是连续变化的，且过零；在短路故障及故障切除时振荡中心电压是不连续变化且有突变的；在同步振荡时，振荡中心电压是连续变化的，但不过零。因此，可以通过振荡中心的电压变化来区分失步振荡、短路故障和同步振荡。

在振荡中心电压 $u\cos\varphi$ 的变化平面上，可将 $u\cos\varphi$ 的变化范围分为 7 个区，如图 4-10 所示：

根据前面的分析可得出振荡中心电压 $U=u\cos\varphi$ 在失步振荡时的动态特征：

1）加速失步时，U 的变化规律为 0—1—2—3—4—5—6—0；

2）减速失步时，U 的变化规律为 0—6—5—4—3—2—1—0。

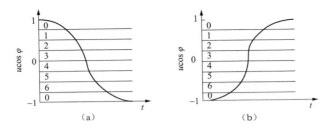

图 4-10 $u\cos\varphi$的变化规律

（a）加速失步；（b）减速失步

当振荡中心电压按照上述特征变化时，可判为失步，经整定延时周期后可将系统解列。

2. 视在阻抗角φ响应特征

（1）失步振荡过程中视在阻抗角φ的变化规律。对图 4-11 所示的两机系统进行仿真计算和分析，可以得知失步振荡过程中电压与电流之间的相位角φ的变化规律为：

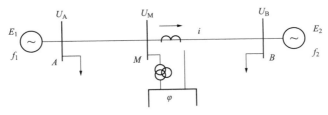

图 4-11 两机等值系统

1）若振荡中心落在装置安装处的正方向（即 MB 之间），且 M 点处于送端位置，在失步过程中相位角φ从 0°增加到 180°，即在Ⅰ、Ⅱ象限范围内周期变化；而当 M 点处于受端位置时，相位角φ从 180°减少到 0°，即在Ⅱ、Ⅰ象限范围内周期变化。

2）若振荡中心落在装置安装处的反方向（即 AM 之间），且 M 点处于受端位置（功率从 M 流向 B），在失步振荡过程中相位角φ从 360°减少到 180°，即在Ⅳ、Ⅲ象限范围内周期变化；而当 M 点处于送端位置时（功率从 B 流向 M），相位角φ从 180°增加到 360°，即在Ⅲ、Ⅳ象限范围内周期变化。

3）若振荡中心恰好落在装置安装处附近，相位角φ在 0°与 180°两个状态之间来回翻转。

（2）相位角 φ 失步振荡动态特征。首先把 4 个象限划分为 6 个区：$\varphi_1 \sim \varphi_2$ 之间为 I 区，$\varphi_2 \sim 90°$ 之间为 II 区，$90° \sim \varphi_3$ 之间为 III 区，$\varphi_3 \sim \varphi_4$ 之间为 IV 区，$\varphi_4 \sim 270°$ 之间为 V 区，$270° \sim -\varphi_1$ 之间为 VI 区。系统正常情况下一般运行在 I 区与 IV 区。根据上述失步振荡过程中相位角的变化规律，可以把 I—II—III—IV 作为正方向判断区，见图 4-12（a），把 IV—V—VI—I 作为反方向判断区，见图 4-12（b），把 I-IV 作为振荡中心附近的判断区，见图 4-12（c）。

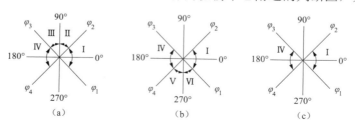

图 4-12　相位角 φ 判断区划分

（a）正方向判断区；（b）反方向判断区；（c）振荡中心判断区

判断振荡中心在正方向的 φ 的动态特征：

1）正常运行在 I 区时（送端），从 I 区开始按顺序经过 II 区、III 区、IV 区，则认为经历了一个振荡周期；

2）正常运行在 IV 区时（受端），从 IV 区开始按顺序经过 III 区、II 区、I 区，也认为经历了一个振荡周期。

判断振荡中心在反方向的 φ 的动态特征：

1）正常运行在 I 区时，从 I 区开始按顺序经过 VI 区、V 区、IV 区，则认为经历了一个振荡周期；

2）正常运行在 IV 区时，从 IV 区开始按顺序经过 V 区、VI 区、I 区，也认为经历了一个振荡周期。

判断振荡中心就在装置安装处附近的 φ 的动态特征：

1）电压包络线的最小值必须出现很低数值（检测到电压有效值低于 $20\%U_N$）；

2）正常运行在 I 区时，从 I 区开始突变到 IV 区（或跨越 II、III 中的一个区），再回到 I 区，作为一个失步振荡周期；

3）正常运行在 IV 区，从 IV 区开始变到 I 区（或跨越 III、II 中的一个区），再回 IV 区，作为一个失步振荡周期。

同时满足 1）、2）或 1）、3）时，判为出现失步振荡，且振荡中心就在装置安装处附近。

3. 多元预测型响应特征

多元预测型失步响应特征是根据输电线路功率的变化趋势、线路两端电压相角差的变化趋势以及系统振荡中心的位置等多元特征来判定暂态失步。多元预测型失步响应特征的特点是动态特征具有多元化和预测功能。多元动态特征包括：

（1）捕捉系统的振荡中心，振荡中心要在量测装置监控的范围内；

（2）计算关注断面两端的母线相角差 δ，满足 $\mathrm{d}\delta/\mathrm{d}t > 0$，$\dfrac{\mathrm{d}^2\delta}{\mathrm{d}t^2} > 0$，即断面两侧相角差

的变化趋势为随着时间在加速变大；

（3）计算关注断面的有功功率 P，满足 $\mathrm{d}P/\mathrm{d}t<0$，即断面有功功率变化趋势为随着时间在减小；

（4）计算关注断面振荡中心电压，当振荡中心电压小于设定的电压阈值，一般此阈值小于等于 0.7p.u.，研究中设定为 0.6p.u.（可根据研究需要进行调整）。

当"多元"动态特征都具备或者满足，则可判系统暂态失步，且它具有预判功能。

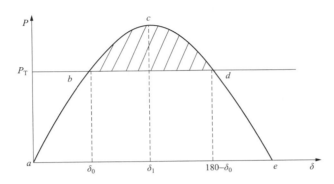

图 4-13　单机无穷大系统的功角特性曲线（标准正弦曲线）

如图 4-13 所示，横轴为发电机的功角 δ，纵轴为发电机的有功功率 P，P_T 为原动机的输入功率。根据静态稳定的判据，运行在 b 点时，由于 $\mathrm{d}P/\mathrm{d}\delta>0$，所以系统是稳定的，运行在 d 点时，由于 $\mathrm{d}P/\mathrm{d}\delta<0$，所以系统是不稳定的。在 bcd 区域内，由于电磁功率 P 大于机械功率 P_T，所以此时发电机转子处于减速阶段，虽然此时功角 δ 在增大，但加速度是负的；在 $abde$ 区域内，由于机械功率 P_T 大于电磁功率 P，所以发电机转子处于加速阶段，此时功角 δ 在增大，且加速度是正的，即在加速增大，所以，ab 段和 de 段均满足动态特征 $\mathrm{d}\delta/\mathrm{d}t>0$，$\dfrac{\mathrm{d}\delta^2}{\mathrm{d}t^2}>0$。同时，如再满足 $\mathrm{d}P/\mathrm{d}t<0$，即综合考虑功角在加速变大，而输送的有功功率又在减小，因此，只有 de 段满足判据要求。所以，本发明判断出系统失步的时候系统并未真正进入异步运行状态（δ 未到 180°）。

4.2　基于响应的电压稳定动态特征提取技术

4.2.1　数据驱动型电压稳定动态特征提取技术

1. 基于数据驱动的电压稳定特征量选取思路

到目前为止，虽然电压稳定的研究取得了众多成果，但和成熟的功角稳定相比，对电压稳定的本质仍缺乏全面的认识，研究方法和理论还不够完善和全面，电压失稳的机理、电压稳定分析的数学模型和方法、电压稳定性指标以及电压稳定控制、电压稳定和功角稳定的关系等问题仍有待于电力工作者进行大量深入细致的研究。一些获得广泛认同的电压失稳原因有持续的负荷增长及大扰动下的网络拓扑变化。当系统中某局部区域的节点失稳，而安全装置没有及时动作的话，电压跌落会向周围扩散，从而导致大范围的电压崩溃。这个过程的时间尺度从 0.1s 到小时级不等，分别对应暂态电压稳定和中长期电压稳定。在暂态电压分析中，由于传统的方法存在着计算上的压力，在线实时应用是一个挑战。而数据驱动型方法，通过大量样本的离线学习，在线应用时可以几乎瞬时完成，可以很好地解决在线电压稳定判别的时耗问题。

数据驱动型方法的应用关键一步是选取合适的特征量作为输入。数据驱动型方法的本质是挖掘输入量与输出量之间的复杂的非线性映射关系。科学合理的输入量可以提高数据驱动型方法的准确度同时减少模型学习时间。

训练数据应该能表征学习系统的典型特征。本书所选取的电网特征量应该能表征系统当前的稳定态势。在具体选取过程中，遵循以下两点原则：

（1）响应数据：所选择的特征量完全来自 PMU 量测数据（或者量测量的简单运算）；

（2）基于经典稳定指标推导：考虑到电压稳定机理的复杂性，目前并无统一的分析电压稳定性的通用模型与指标，因此本书选择目前得到广泛认可的电压稳定指标进行分解，从中选择有代表性且符合原则（1）的特征量。

2. 典型电压稳定指标

梳理总结了现有的典型电压稳定指标如表 4-11 所示。

表 4-11 几种典型的电压稳定指标

序号	指标表达式	核心机理	稳定判据
1	暂态灵敏度指标： $$\frac{\partial Y}{\partial P} = -\left[\frac{\partial G}{\partial Y}\right]^{-1}\left[\frac{\partial G}{\partial X}\frac{\partial X}{\partial P} + \frac{\partial G}{\partial P}\right]$$ $$\frac{\partial X}{\partial P} = A^{-1}\left[\frac{\partial F}{\partial Y}\left[\frac{\partial G}{\partial Y}\right]^{-1}\frac{\partial G}{\partial P} - \frac{\partial F}{\partial P}\right]$$ 式中，$A = \left[\frac{\partial F}{\partial X} - \frac{\partial F}{\partial Y}\left[\frac{\partial G}{\partial Y}\right]^{-1}\frac{\partial G}{\partial X}\right]$ 函数 F 描述系统动态部分，函数 G 描述系统静态部分，X 为状态变量，Y 为代数变量，P 为参数矢量	在电力系统分析中，电力系统模型通常由一些微分方程组成： $\dot{X} = F(X,Y,P)$ $0 = G(X,Y,P)$ 利用它们之间的微分关系来研究系统的稳定性	灵敏度指标按照物理意义分类，通过判断它们与 0 或正无穷的关系，来得出系统电压的稳定状态。常用的灵敏度指标有： $\frac{dP}{dU}>0, \frac{dQ}{dU}>0,$ $\frac{dU}{dE}<\infty, \frac{dQ_g}{dQ_d}<\infty$
2	暂态潮流奇异值和特征值指标： $$\begin{bmatrix}\Delta P \\ \Delta Q\end{bmatrix} = \begin{bmatrix}J_{p\theta} & J_{pv} \\ J_{q\theta} & J_{qv}\end{bmatrix}\begin{bmatrix}\Delta\theta \\ \Delta V\end{bmatrix} = J\begin{bmatrix}\Delta\theta \\ \Delta V\end{bmatrix}$$ 对潮流雅克比矩阵 J 进行奇异值分解： $$J = M\sum N^{\mathrm{T}} = \sum_{i=1}^n m_i\sigma_i n_i^{\mathrm{T}},$$ 式中：M 和 N 均为 $n \times n$ 正交矩阵，左、右奇异矢量，m_i 和 n_i 分别是矩阵 M 和 N 的列矢量，$\sum$ 是奇异值 σ_i（$\sigma_1 \geqslant \sigma_2 \geqslant \sigma_3 \cdots \geqslant \sigma_n$）对角矩阵	①最小奇异值决定静态电压稳定性极限的接近程度。②右奇异矢量中的最大元素指示最灵敏的电压幅值（临界电压），弱节点可以通过右奇异矢量来识别。③左奇异矢量中的最大元素对应于功率注入的最灵敏方向；最危险的负荷和发电的变化可由左奇异矢量来识别	最小奇异值 $\sigma_{\min}$ 是衡量系统电压静态稳定裕度的指标，当系统运行工作点向电压静态稳定临界点趋近时，$\sigma_{\min}$ 趋近于 0。$\sigma_{\min} = 0$ 表示临界稳定

序号	指标表达式	核心机理	稳定判据
3	电压稳定 L 指标： $$L=\left|1+\frac{U_1}{U_0}\right|=\left|\frac{S_1}{Y_{11}\cdot U_1^2}\right|$$ $$U_0=\frac{Y_L}{Y_L+Y_Q}U_2$$ 式中：U_1 和 U_2 为 π 形等效线路两端的节点电压（U_1 为负荷节点电压，U_2 为发电机节点电压）；Y_L 为线路串联导纳；Y_Q 为线路并联导纳；S_1 为负荷节点的注入功率；L 值的范围为 $0\leqslant L\leqslant1$，在临界点 $L=1$	L 是表征实际状态和稳定极限之间距离的量化指标	以 L 对 1 的接近程度表示潮流发散的程度
4	二阶指标： 　电压崩溃是强非线性现象，所有一阶性能指标都难以给出接近崩溃点的准确量度。为此构造一个"二阶"指标，利用二阶指标中的附加信息来克服一阶指标的弱点。 　例如：$f(\lambda)=(b-\mathrm{d}\lambda)^{1/c}$ 　这类函数具有的特征是其对于参数 λ 变化的比值是线性的，即 $$\frac{f(\lambda)}{\mathrm{d}f/\mathrm{d}\lambda}=c\lambda-bc/d \quad (a,b,c>0)$$ 总是线性的，于是可以提出如下指标 $$l=-\frac{1}{l_0}\frac{f(\lambda)}{\mathrm{d}f/\mathrm{d}\lambda}$$ 这里 l_0 是在起始负荷点处式的值	把指标 l 适当规格化，则在崩溃点 $l=0$。这个指标在遇到发电机容量或其他限制时；$f(\lambda)$ 的变化会被 $\mathrm{d}f/\mathrm{d}\lambda$ 的高值所抵消，使指标的线性大为改善。如何寻找一种具有"二次型"特性的指标函数，已报道的有试验函数 t_{cc}、e_{max}（J^{-1} 的最大奇异值）等	
5	邻近电压崩溃指标： $$VIPI=\theta=\arccos\frac{\left|y(a)^T y_s\right|}{\left|y(a)\right|\left|y_s\right|}$$ 式中：y_s 表示节点注入矢量，$y(a)$ 为节点注入空间上的奇异矢量	$VIPI$ 指标就是 y_s 和 $y(a)$ 之间的夹角 θ。θ 值指示 y_s 如何接近 $y(a)$	在崩溃点 $\theta=0$
6	在线稳态指标：对于任意支路 k，两端节点分别为 i、j，因此任意支路 k 的在线电压稳定指标为： $$LVSI=\frac{2U_i\cos\varphi_k}{U_j\left|Y_{eqk}\right|}$$ 式中：$Y_{eqk}=\frac{Y_{12}}{Y_{11}}=\left|Y_{eqk}\right|\angle\delta$，$Y_{11}$ 为节点 1 自感导纳，Y_{12} 为节点 1 和节点 2 之间的互感导纳，$\varphi_k=\delta-\theta$，θ 为节点 1、2 之间的相角差	$LVSI$ 反映的是：系统在当前运行状态下，某一支路电压稳定的程度，$LVSI$ 越接近 1，则支路越接近电压崩溃点。当 $LVSI$ 等于 1 时意味着系统已达到电压崩溃点（传输能力极限）。此时，负荷若进一步增加，系统即发生电压崩溃失稳	
7	试验函数指标：试验函数指标是建立在一簇标量函数 t_{lk} 基础上的，它与系统模型无关。t_{lk} 定义为 $t_{lk}=\left|e_l^T JJ_{lk}^{-1}e_l\right|$ 式中：J 对应于系统雅可比矩阵；e_1 为第 l 个单位矢量，即一个除了 1 行中一个元素为 1 外其余都为零的矢量，而 $$J_{lk}=(I-e_l e_l^T)J+e_l e_k^T$$	$c=2$ 或 4，通常在电压崩溃点，属于关键区域的节点，t_{cc} 指标显示为二次型。而在其他节点，试验函数对参数变化很不灵敏，不显示二次型。另一方面，在 t_{cc} 形成之后，系统限制直接影响负荷裕度估计。这种急速的变化也可用来估计不同限制对系统最大负荷能力的实际影	

续表

序号	指标表达式	核心机理	稳定判据
7	式中：I 为单位矩阵。对于潮流方程，在电压崩溃点，J 阵是奇异的，而矩阵 J_{lk} 是保证不奇异的，只要 l 行和 k 行选择使得它们对应于雅可比矩阵 J 的零特征值有关的零特征矢量 N 和 M 中的非零元素。而且当 $l=k=c$ 时，c 相当于 N 中最大元素或临界元素，于是试验函数变成了"临界"试验函数：$$t_{cc} = \left| e_c^T \boldsymbol{JJ}_{cc}^{-1} e_c \right|$$ 雅可比矩阵和试验函数簇都是系统变量和参数的函数，即随着参数 λ 变化到达崩溃点，系统状态变量改变，临界试验函数 t_{cc} 显示为负荷裕度 $\Delta\lambda$ 的"二次型"，即 $$t_{cc} = \mathrm{a}\Delta\lambda^{1/c}$$ 式中：a 为标量常数。	响，使得校正作用可以在负荷增长过程中较早地作出。采用试验函数的一个问题是难以确定关键节点	
8	局部负荷裕度指标：假定其他节点负荷维持不变，当节点 i 功率因数不变，负荷不断增加时，从起始负荷 P_{oi} 到 PV 曲线鼻端 $P_{\max i}$ 的距离即负荷裕度，表示为 $$P_{\mathrm{Lmg}i} = \frac{P_{\max i} - P_{oi}}{P_{\max i}}$$ 负荷裕度 $P_{\mathrm{Lmg}i}$ 的值在 1 和 0（在崩溃点）之间	可以用于计算每个负荷节点的电压稳定裕度。若要对整个电力系统进行评价，则指标 $P_{\mathrm{Lmg}i}$ 应当对所有节点进行计算，因而很费时	
9	（1）负荷节点电压稳定性就地安全指标。 图 1　两节点系统 线路稳定因子称之为 LQPN 方法，各指标如下：$$LPP = 4(r/U_i^2)(P_j + rQ_i^2/U_i^2)$$ $$LQP = 4(x/U_i^2)(Q_j + xP_i^2/U_i^2)$$ $$LPN = 4(r/U_j^2)(-P_i + rQ_j^2/U_j^2)$$ $$LQN = 4(x/U_j^2)(-Q_i + xP_j^2/U_j^2)$$ （2）利用电压实部的安全指标。该指标由直角坐标形式的潮流方程推出：$$AVRP = (-g)^2 - 4g(P_j - bd + gd^2)$$ $$AVRQ = (-b)^2 - 4b(-Q_j + gd + bd^2)$$ 式中：$$g = \frac{r}{r^2 + x^2}, b = \frac{-x}{r^2 + x^2}, d = \frac{bP_j + gQ_j}{b^2 + g^2}$$ 利用电压幅值的安全指标，该指标负荷节点电压幅值的有解条件得出：$$AVM = [2P_j r + Q_j x - U_i^2]$$ $$-4[(P_j r + Q_j x)^2 + (P_j x - Q_j r)^2]$$	（1）对应的各指标值越大，表示越不稳定。在崩溃点，指标值趋于 1。该指标原理简单，但是其推导存在数学上的问题，如式中 P_i、Q_i 作为未知量，当 P_i、Q_i 变化时，U_j、P_j、Q_j 也会发生变化，不能当作常量。该指标的线性较差。 （2）对应的该指标在崩溃点处为零，线性特性好，计算量小，速度快	

序号	指标表达式	核心机理	稳定判据
10	能量函数指标： 能量函数指标（TEF）是建立在李雅普诺夫稳定理论基础之上的。把它作为电压稳定性指标，是由于这个标量函数在某些模型假设条件下被证明是直接与鼻形曲线包围的区域有关的。 对于一个平衡点，能量函数表示为 $$TEF = \frac{1}{2}\sum_{k=1}^{n}\sum_{j=1}^{n}B_{kj}U_k^0 U_j^0 \cos(\theta_k^0 - \theta_j^0) -$$ $$\frac{1}{2}\sum_{k=1}^{n}\sum_{j=1}^{n}B_{kj}U_k^1 U_j^1 \cos(\theta_k^1 - \theta_j^1) -$$ $$\sum_{k=1}^{n}P_k(p_0)(\theta_k^1 - \theta_k^0) - \sum_{k=1}^{n}\int_{U_k^0}^{U_k^1}\frac{Q_k(v,p_0)}{v}\mathrm{d}v +$$ $$\sum_{k=1}^{n}\sum_{j=1}^{n}G_{kj}U_k^0 U_j^0 (\theta_k^0 - \theta_k^0)\cos(\theta_k^0 - \theta_j^0) +$$ $$\sum_{k=1}^{n}\sum_{j=1}^{n}G_{kj}U_j^0 (U_k^1 - U_k^0)\sin(\theta_k^0 - \theta_j^0)$$ 式中：$y_{kj}=G_{kj}+jB_{kj}$ 为节点导纳矩阵中第 kj 个元素；$P_k(p_0)$ 和 $Q_k(v,p_0)$ 分别为在节点 k 注入的有功和无功功率；$U_k^0\angle\theta_k^0$ 和 $U_j^0\angle\theta_j^0$ 为节点 k 和 j 在平衡点 (Z_0,p_0) 时的节点电压矢量；$U_k^1\angle\theta_k^1$ 和 $U_j^1\angle\theta_j^1$ 表示同一参数值 p_0 在另一平衡点 Z_1 时的电压矢量，它与"最接近"的不稳定平衡点有关	能量函数指标（TEF）是建立在李雅普诺夫稳定理论基础之上的。把它作为电压稳定性指标，是由于这个标量函数在某些模型假设条件下被证明是直接与鼻形曲线包围的区域有关的	在崩溃点，TEF 值变为零
11	U/U_0 指标的定义和计算都很简单。其中 U 为由潮流或状态估计研究得到的节点电压值，U_0 指的是对同一系统状态但所有负荷设为零时解潮流获得的节点电压。在每一节点得到的比值 U/U_0 提供一个系统电压稳定性的指示，可用来立即发现弱的节点（区域）和有效实施预防的地点。它虽不能用作接近崩溃程度的准确预报，但当和实际系统经验结合运用时，仍是对付电压不稳定的一个有效工具		

3. 基于传统指标分解及响应数据的电压稳定特征量选择

通过分析经典的电压指标，可以发现在电压稳定的分析过程中，通常会涉及下述电气响应量：支路的有功 P_1，无功 Q_1 和电流 I_1，节点有功 P_b 和无功 Q_b，发电机的无功 Q_g，节点的电压幅值 U_m 和相角 φ。

考虑到在大电网中，支路、节点数目异常庞大，直接使用上述电气量作为数据驱动算法的输入会使得输入维数过大，造成维数灾难。虽然经过电网分区后，每个区域的规模有所减小，但支路、节点数目仍然惊人。因此本书在电网分区的基础上，选择各区域内上述 8 个电气量的统计分析量作为输入，同时考虑暂态电压稳定的动态发展过程，选择故障发生前，故障发生瞬间 t_0，故障切除瞬间 t_1 多个时刻。

特征量 1——故障前各分区发电机无功之和：

$$TZ_1 = \sum_{i=1}^{N_p} Q_{gi}$$ （4-96）

该特征量反映了故障发生前的发电机出力情况。

特征量 2～3——故障前各分区节点的有功和无功之和：

$$TZ_2 = \sum_{i=1}^{N_b} P_{bi}$$ （4-97）

$$TZ_3 = \sum_{i=1}^{N_b} Q_{bi}$$ （4-98）

该特征量反映了故障发生前的节点上的功率情况，稳定时节点处的有功与附近节点的负荷需求之间达到平衡，一旦故障后这种平衡被打破，可能导致电压失稳。

特征量 4～5——故障前各分区支路有功和无功之和：

$$TZ_4 = \sum_{i=1}^{N_l} P_{li}$$ （4-99）

$$TZ_5 = \sum_{i=1}^{N_l} Q_{li}$$ （4-100）

该特征量表征了系统内部对电压的支撑能力。

特征量 6～8——故障前各分区节点电压最大值、最小值和均值：

$$TZ_6 = \max(U_i)$$ （4-101）
$$TZ_7 = \min(U_i)$$ （4-102）

$$TZ_8 = \frac{1}{N_b} \sum_{i=1}^{N_b} U_i$$ （4-103）

该特征表征了故障前系统的电压状态。

特征量 9～11——故障前支路电流的最大值、最小值、方差：

$$TZ_9 = \max(I_i)$$ （4-104）
$$TZ_{10} = \min(I_i)$$ （4-105）

$$TZ_{11} = \frac{1}{N_l} \sum_{i=1}^{N_l} \left(I_i - \frac{1}{N_l} \sum_{i=1}^{N_l} I_i \right)^2$$ （4-106）

该系列指标表征了故障前系统的运行压力的程度。

特征量 12～14——t_0 时刻支路电流变化率的最大值、最小值、方差：

$$TZ_{12} = \max(\alpha_{1_l}|_{t_0})$$ （4-107）

$$TZ_{13} = \min(\alpha_{1_l}|_{t_0})$$ （4-108）

$$TZ_{14} = \frac{1}{N_l} \sum_{i=1}^{N_l} \left(\alpha_{I_i} - \frac{1}{N_l} \sum_{i=1}^{N_l} \alpha_{I_i} \right)^2 \bigg|_{t_0}$$ （4-109）

特征量 15～17——t_0 时刻节点电压变化率的最大值、最小值、方差：

$$TZ_{15} = \max(\alpha_{U_i}|_{t_0})$$ （4-110）

$$TZ_{16} = \min(\alpha_{U_i}\big|_{t_0}) \tag{4-111}$$

$$TZ_{17} = \frac{1}{N_b}\sum_{i=1}^{N_b}\left(U_i - \frac{1}{N_b}\sum_{i=1}^{N_b}U_i\right)^2\bigg|_{t_0} \tag{4-112}$$

特征量 18～20——t_1 时刻各发电机无功加速最大值、均值和方差：

$$TZ_{18} = \max(\alpha_{i,Q}\big|_{t_1}) \tag{4-113}$$

$$TZ_{19} = E(a_Q) = \frac{1}{N_P}\sum_{i=1}^{N_P}\alpha_{i,Q}\big|_{t_1} \tag{4-114}$$

$$TZ_{20} = \frac{1}{N_P}\sum_{i=1}^{N_P}(\alpha_{i,Q}\big|_{t_1} - E(a_Q))^2 \tag{4-115}$$

特征 21～23——t_1 时刻支路电流的最大值、最小值、方差：

$$TZ_{21} = \max(I_i\big|_{t_1}) \tag{4-116}$$

$$TZ_{22} = \min(I_i\big|_{t_1}) \tag{4-117}$$

$$TZ_{23} = \frac{1}{N_l}\sum_{i=1}^{N_l}\left(I_i - \frac{1}{N_l}\sum_{i=1}^{N_l}I_i\right)^2\bigg|_{t_1} \tag{4-118}$$

特征量 24～26——从 t_0 到 t_1 时刻各发电机增发无功的最大值、均值及方差：

$$TZ_{24} = \max(Q_i\big|_{t_1} - Q_i\big|_{t_0}) \tag{4-119}$$

$$TZ_{25} = E(\Delta Q) = \frac{1}{N_P}\sum_{i=1}^{N_P}(Q_i\big|_{t_1} - Q_i\big|_{t_0}) \tag{4-120}$$

$$TZ_{26} = \frac{1}{N_P}\sum_{i=1}^{N_P}(Q_i\big|_{t_1} - Q_i\big|_{t_0} - E(\Delta Q))^2 \tag{4-121}$$

特征量 27～29——从 t_0 到 t_1 时刻各节点电压相角变化量的最大值、均值与方差：

$$TZ_{27} = \max(\varphi_{bi}\big|_{t_1} - \varphi_{bi}\big|_{t_0}) \tag{4-122}$$

$$TZ_{28} = E(\Delta\varphi) = \frac{1}{N_b}\sum_{i=1}^{N_b}(\varphi_{bi}\big|_{t_1} - \varphi_{bi}\big|_{t_0}) \tag{4-123}$$

$$TZ_{29} = \frac{1}{N_b}\sum_{i=1}^{N_b}(\varphi_{bi}\big|_{t_1} - \varphi_{bi}\big|_{t_0} - E(\Delta\varphi))^2 \tag{4-124}$$

特征量 30～31——从 t_0 到 t_1 时刻各分区支路有功和无功之和的变化量：

$$TZ_{30} = \sum_{i=1}^{N_l}(P_{li}\big|_{t1} - P_{li}\big|_{t_0}) \tag{4-125}$$

$$TZ_{31} = \sum_{i=1}^{N_l}(Q_{li}\big|_{t1} - Q_{li}\big|_{t_0}) \tag{4-126}$$

特征量 32～33——从 t_0 到 t_1 时刻各分区节点有功和无功之和的变化量：

$$TZ_{32} = \sum_{i=1}^{N_b}(P_{bi}\big|_{t_1} - P_{bi}\big|_{t_0}) \tag{4-127}$$

$$TZ_{33} = \sum_{i=1}^{N_b}(Q_{bi}\big|_{t_1} - Q_{bi}\big|_{t_0}) \tag{4-128}$$

4. 基于相对灵敏度的特征提取

为了消除冗余，重点关注暂态稳定的动态过程，剔除在故障发生和切除时刻变化不明显的特征量，采用特征提取方法：基于相对灵敏度的特征提取方法。

相对灵敏度是相对一个标准的值的差值，通常选定标准值为（运行状态）发生变化前的量。假设标准值为 P_0，变化后的值为 P_1，则相对灵敏度为 P_x，其表达式为

$$P_x = \frac{\Delta P}{P_0} \times 100\% = \frac{P_1 - P_0}{P_0} \times 100\% \tag{4-129}$$

通过设置不同的仿真场景，计算 33 维原始特征量的相对灵敏度，由大到小排序，取出相对灵敏度最高的前 15 个作为特征提取的结果，如表 4-12 所示。

表 4-12   **特征提取后的最优电压特征集**

特征量	含 义
T_1	t_0-时刻各分区发电机无功之和
T_2	t_0-时刻各分区节点的无功之和
T_3	t_0-时刻各分区支路的无功之和
T_4	t_0-时刻各分区节点电压最大值
T_5	t_0-时刻支路电流的最大值
T_6	t_{0+} 时刻支路电流变化率的方差
T_7	t_{0+} 时刻节点电压变化率的最大值
T_8	t_{0+}时刻节点电压变化率的方差
T_9	t_1 时刻各发电机无功加速最大值
T_{10}	t_1 时刻各发电机无功加速方差
T_{11}	t_1 时刻节点电压的最大值
T_{12}	从 t_0 到 t_1 时刻各发电机增发无功的均值
T_{13}	从 t_0 到 t_1 时刻各节点电压相角变化量的均值
T_{14}	从 t_0 到 t_1 时刻各分区支路有功之和变化量
T_{15}	从 t_0 到 t_1 时刻各分区节点有功之和变化量

4.2.2 表征电压稳定的动态戴维南等值系统特征

电力系统可以等价为一个等值电动势经等值阻抗向负荷供电的等效系统，如图4-14所示。

由电路理论和潮流方程有解的条件可知，当负荷节点的等值阻抗等于该节点网络的等值阻抗时，即 $|Z_T| = |Z_L|$，该网络输送功率达到极限，因此可以在负荷节点处监视负荷阻抗以及网络等值阻抗大小，当两者接近时，表示稳定接近极限。

系统的戴维南等值阻抗，其大小表示节点与系统联系的紧密程度，等效电距离值愈大，说明该节点距离等效恒压节点愈远，从而系统对该节点电压的控制愈弱；等效电距离值愈小，说明系统容易控制该节点的电压。因此，戴维南等值方法不但用于计算电压稳定临界点，也可用于弱节点的判断，是表征电压稳定的重要特征量。

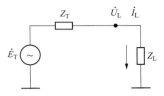

实际运行中,电网各节点戴维南等值参数随电网拓扑、运行方式、不可预见的扰动等变化而变化。可见,实时跟踪辨识戴维南等值参数是有效反映电网电压等运行状态的关键。基于 WAMS 响应信息可获得电力系统特性演化的动态视图,扰动发生后,需要不断搜集响应信息,形成一个滑动的数据窗,在这个数据窗内不同时刻的一系列辨识方程形成了方程组,求解方程组,可得到未知的等值系统参数;如果方程数目大于未知数的个数,可提高等值参数求解的精确度和鲁棒

图 4-14 戴维南等效系统

$\dot{E}_{T}$—戴维南等值电动势;Z_{T}—戴维南等值阻抗;

$\dot{U}_{L}$—负荷节点端电压;$\dot{I}_{L}$—负荷电流;

Z_{L}—负荷阻抗

性。通过 WAMS 信息搜集、建立参数辨识方程组,可求解得到表征系统演化过程的一系列的戴维南等值系统,即动态戴维南等值系统。基于一系列戴维南等值系统,计算负荷节点的等效阻抗与戴维南等值阻抗的差值,可判断电压稳定性的发展、计算电压稳定的裕度。

量测方程为:

$$\dot{E}_{T} = \dot{U}_{L} + \dot{I}_{L} Z_{T} \tag{4-130}$$

将其分为实部、虚部,可得:

$$\begin{cases} E_{TR} = U_{LR} + I_{LR} Z_{TR} - I_{LI} Z_{TI} \\ E_{TI} = U_{LI} + I_{LR} Z_{TI} + I_{LI} Z_{TR} \end{cases} \tag{4-131}$$

根据一个数据窗的 PMU 量测,可以对戴维南等值参数进行辨识。对一个数据窗内戴维南等值参数的假设不同,可将戴维南等值模型分为如下两类:

1. 经典模型:等值内电动势和等值内阻抗均不变

该类模型假设在一个数据窗内戴维南等值内电动势、内阻抗的幅值、相角均不变。对于第 k 个量测,有:

$$\begin{cases} E_{TR} = U_{LR}^{(k)} + I_{LR}^{(k)} Z_{TR} - I_{LI}^{(k)} Z_{TI} \\ E_{TI} = U_{LI}^{(k)} + I_{LR}^{(k)} Z_{TI} + I_{LI}^{(k)} Z_{TR} \end{cases} \tag{4-132}$$

对于 m 组量测,共有 $2m$ 个方程、4 个未知数,至少采用 2 组测便可对上式进行求解。具体方法有最小二乘法、卡尔曼滤波法等等。

2. 时变模型:等值内电动势和等值内阻抗均可变

该类模型假设在一个数据窗内戴维南等值内电动势、内阻抗的幅值、相角均可变。对于第 k 个量测,有:

$$\begin{cases} E_{TR}^{(k)} = U_{LR}^{(k)} + I_{LR}^{(k)} Z_{TR}^{(k)} - I_{LI}^{(k)} Z_{TI}^{(k)} \\ E_{TI}^{(k)} = U_{LI}^{(k)} + I_{LR}^{(k)} Z_{TI}^{(k)} + I_{LI}^{(k)} Z_{TR}^{(k)} \end{cases} \tag{4-133}$$

对于 m 组量测,共有 $2m$ 个方程、$4m$ 个未知数。若只采用 PMU 量测,无论取多少组量测均无法对上式进行求解。如果利用 EMS 系统或经典模型辨识方法提供一定的初值信息,可以采用基于全微分的方法、基于轨迹灵敏度的方法进行辨识。

式（4-130）可表示为：

$$\dot{E}_\mathrm{T} = \frac{P_\mathrm{L} - jQ_\mathrm{L}}{\dot{U}_\mathrm{L}^*}(Z_\mathrm{TR} + jZ_\mathrm{TI}) + \dot{U}_\mathrm{L} \tag{4-134}$$

式中：$P_\mathrm{L} + jQ_\mathrm{L}$ 为负荷有功功率和负荷无功功率，不失一般性。令 $\dot{U}_\mathrm{L} = U_\mathrm{L} \angle 0°$，将实部和虚部展开得：

$$U_\mathrm{L}^2 - U_\mathrm{L}E_\mathrm{TR} + P_\mathrm{L}Z_\mathrm{TR} + Q_\mathrm{L}Z_\mathrm{TI} = 0 \tag{4-135}$$

$$U_\mathrm{L}E_\mathrm{TI} - PZ_\mathrm{TI} + QZ_\mathrm{TR} = 0 \tag{4-136}$$

有功功率和无功功率的表达式分别为：

$$P_\mathrm{L} = \frac{U_\mathrm{L}E_\mathrm{TR}Z_\mathrm{TI} + U_\mathrm{L}E_\mathrm{TI}Z_\mathrm{TR} - U_\mathrm{L}^2Z_\mathrm{TR}}{Z_\mathrm{TR}^2 + Z_\mathrm{TI}^2} \tag{4-137}$$

$$Q_\mathrm{L} = \frac{U_\mathrm{L}E_\mathrm{TR}Z_\mathrm{TI} - U_\mathrm{L}E_\mathrm{TI}Z_\mathrm{TR} - U_\mathrm{L}^2Z_\mathrm{TI}}{Z_\mathrm{TR}^2 + Z_\mathrm{TI}^2} \tag{4-138}$$

将有功功率和无功功率对戴维南等值参数及负荷母线电压幅值求全微分，得：

$$
\begin{aligned}
\mathrm{d}P_\mathrm{L} &= \frac{\partial P_\mathrm{L}}{\partial E_\mathrm{TR}}\mathrm{d}E_\mathrm{TR} + \frac{\partial P_\mathrm{L}}{\partial E_\mathrm{TI}}\mathrm{d}E_\mathrm{TI} + \frac{\partial P_\mathrm{L}}{\partial U_\mathrm{L}}\mathrm{d}U_\mathrm{L} + \frac{\partial P_\mathrm{L}}{\partial Z_\mathrm{TR}}\mathrm{d}Z_\mathrm{TR} + \frac{\partial P_\mathrm{L}}{\partial Z_\mathrm{TI}}\mathrm{d}Z_\mathrm{TI} \\
&= \frac{U_\mathrm{L}Z_\mathrm{TI}}{Z_\mathrm{TR}^2 + Z_\mathrm{TI}^2}\mathrm{d}E_\mathrm{TR} + \frac{U_\mathrm{L}Z_\mathrm{TR}}{Z_\mathrm{TR}^2 + Z_\mathrm{TI}^2}\mathrm{d}E_\mathrm{TI} + \frac{E_\mathrm{TR}Z_\mathrm{TI} + E_\mathrm{TI}Z_\mathrm{TR} - 2U_\mathrm{L}Z_\mathrm{TR}}{Z_\mathrm{TR}^2 + Z_\mathrm{TI}^2}\mathrm{d}U_\mathrm{L} \\
&\quad + \frac{(U_\mathrm{L}E_\mathrm{TI} - U_\mathrm{L}^2)(Z_\mathrm{TR}^2 + Z_\mathrm{TI}^2) - 2Z_\mathrm{TR}(U_\mathrm{L}E_\mathrm{TR}Z_\mathrm{TI} + U_\mathrm{L}E_\mathrm{TI}Z_\mathrm{TR} - U_\mathrm{L}^2Z_\mathrm{TR})}{(Z_\mathrm{TR}^2 + Z_\mathrm{TI}^2)^2}\mathrm{d}Z_\mathrm{TR} \\
&\quad + \frac{U_\mathrm{L}E_\mathrm{TR}(Z_\mathrm{TR}^2 + Z_\mathrm{TI}^2) - 2Z_\mathrm{TI}(U_\mathrm{L}E_\mathrm{TR}Z_\mathrm{TI} + U_\mathrm{L}E_\mathrm{TI}Z_\mathrm{TR} - U_\mathrm{L}^2Z_\mathrm{TR})}{(Z_\mathrm{TR}^2 + Z_\mathrm{TI}^2)^2}\mathrm{d}Z_\mathrm{TI}
\end{aligned} \tag{4-139}
$$

$$
\begin{aligned}
\mathrm{d}Q_\mathrm{L} &= \frac{\partial Q_\mathrm{L}}{\partial E_\mathrm{TR}}\mathrm{d}E_\mathrm{TR} + \frac{\partial Q_\mathrm{L}}{\partial E_\mathrm{TI}}\mathrm{d}E_\mathrm{TI} + \frac{\partial Q_\mathrm{L}}{\partial U_\mathrm{L}}\mathrm{d}U_\mathrm{L} + \frac{\partial Q_\mathrm{L}}{\partial Z_\mathrm{TR}}\mathrm{d}Z_\mathrm{TR} + \frac{\partial Q_\mathrm{L}}{\partial Z_\mathrm{TI}}\mathrm{d}Z_\mathrm{TI} \\
&= \frac{U_\mathrm{L}Z_\mathrm{TI}}{Z_\mathrm{TR}^2 + Z_\mathrm{TI}^2}\mathrm{d}E_\mathrm{TR} - \frac{U_\mathrm{L}Z_\mathrm{TR}}{Z_\mathrm{TR}^2 + Z_\mathrm{TI}^2}\mathrm{d}E_\mathrm{TI} + \frac{E_\mathrm{TR}Z_\mathrm{TI} - E_\mathrm{TI}Z_\mathrm{TR} - 2U_\mathrm{L}Z_\mathrm{TI}}{Z_\mathrm{TR}^2 + Z_\mathrm{TI}^2}\mathrm{d}U_\mathrm{L} \\
&\quad + \frac{(-U_\mathrm{L}E_\mathrm{TI})(Z_\mathrm{TR}^2 + Z_\mathrm{TI}^2) - 2Z_\mathrm{TR}(U_\mathrm{L}E_\mathrm{TR}Z_\mathrm{TI} - U_\mathrm{L}E_\mathrm{TI}Z_\mathrm{TR} - U_\mathrm{L}^2Z_\mathrm{TI})}{(Z_\mathrm{TR}^2 + Z_\mathrm{TI}^2)^2}\mathrm{d}Z_\mathrm{TR} \\
&\quad + \frac{(U_\mathrm{L}E_\mathrm{TR} - U_\mathrm{L}^2)(Z_\mathrm{TR}^2 + Z_\mathrm{TI}^2) - 2Z_\mathrm{TI}(U_\mathrm{L}E_\mathrm{TR}Z_\mathrm{TI} - U_\mathrm{L}E_\mathrm{TI}Z_\mathrm{TR} - U_\mathrm{L}^2Z_\mathrm{TI})}{(Z_\mathrm{TR}^2 + Z_\mathrm{TI}^2)^2}\mathrm{d}Z_\mathrm{TI}
\end{aligned} \tag{4-140}
$$

在每步电气量变化不大的情况下，可将上述公式差分化。在两个相邻时刻，式（4-135）～式（4-140）共组成 6 个方程，戴维南等值电动势、阻抗的实部和虚部共 8 个未知数，因此必须首先给定其中任意两个未知数的值，或者再给出两个方程，才能得到未知数的解。可先利用全网数据计算求得戴维南等值参数作为初始值，然后结合上述方程组求得其他戴维南等值参数。此算法的优势在于它仅利用负荷母线局部电气量就可以快速准确地求取戴维南等值参数，而且在等值系统内部受到小扰动情况下，也可比较准确地求出戴维南等值参数。

5　基于响应的电网安全稳定判别方法

5.1　基于相轨迹动态特征的暂态功角稳定判别方法

　　本节将基于相平面分析方法推导不返回边界的具体表达形式，从理论上分析不返回边界和稳定边界的对应关系，并严格证明穿过不返回边界的相轨迹将一定失稳，稳定的相轨迹与不返回边界一定不相交，稳定边界则与不返回边界无限接近但不相交，最终得出仅仅基于量测轨迹判别系统稳定与否的严格判据。

5.1.1　基于相轨迹的单机无穷大自治系统的暂稳判别

1. 轨迹凹凸性与系统稳定性的对应关系

　　当发电机阻尼系数 $D>0$ 时，单机无穷大自治系统在正向摇摆（$\Delta\omega>0$）时，轨迹不可能在第二象限（$\Delta\omega>0$，$\delta<0$）失去稳定，如图 5-1 所示；而反向摇摆（$\Delta\omega<0$）时，轨迹不可能在第四象限（$\Delta\omega<0$，$\delta>0$）失去稳定，如图 5-2 所示。因此，对相轨迹稳定性关注的重点应落在 $\Delta\omega>0$、$\delta>0$ 的第一象限和 $\Delta\omega<0$、$\delta<0$ 的第三象限。

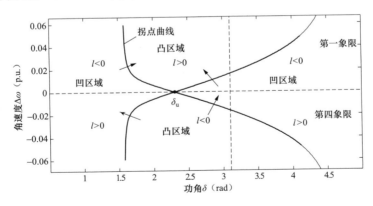

图 5-1　单机无穷大系统在正向摇摆时的拐点曲线

　　在分析 $\Delta\omega$-δ 相平面上拐点曲线与不返回边界的关系之前，需要先研究位于拐点曲线 $l=0$ 上轨迹的特点。基于拐点曲线上相轨迹的变化特点，存在如下两个定理。

　　定理 1： 自治 OMIB 系统在 $\Delta\omega>0$，$\pi/2<\delta<\pi$ 和 $\Delta\omega<0$，$-\pi<\delta<-\pi/2$ 相平面内从凹区域进入凸区域的轨迹将无法再返回原凹的区域，从而系统失去稳定。

　　由定理 1 可知，在 $\Delta\omega>0$、$\pi/2<\delta<\pi$ 相平面内的拐点曲线上的相轨迹具有不返回的

特点，因此可定义第一象限内的拐点曲线为系统的不返回边界（NRB），不返回边界上的任意一点即为对应失稳相轨迹的不返回点（NRP），其数学表达式可写成：

$$l(\delta,\Delta\omega)=0 \quad (\Delta\omega>0,\pi/2<\delta<\pi) \tag{5-1}$$

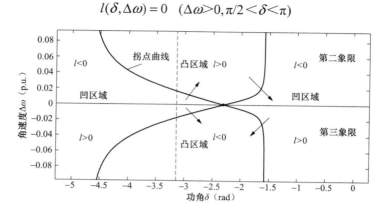

图 5-2　单机无穷大系统在反向摇摆时的拐点曲线

对于反向摇摆的情况，定义 $\Delta\omega<0$ 、 $-\pi<\delta<-\pi/2$ 相平面内的拐点曲线即为第三象限内的不返回边界，其数学式可写成：

$$l(\delta,\Delta\omega)=0 \quad (\Delta\omega<0,-\pi<\delta<-\pi/2) \tag{5-2}$$

定理 2：自治 OMIB 系统在 $\Delta\omega>0$ 、 $\pi/2<\delta<\pi$ 和 $\Delta\omega<0$ 、 $-\pi<\delta<-\pi/2$ 的相平面内的稳定边界与不返回边界不相交。

定理 1 说明与不返回边界相交的相轨迹一定失稳；定理 2 说明稳定边界内的相轨迹与不返回边界一定不相交。考虑到自治系统轨迹的唯一性，因此不稳定的轨迹将一定与不返回边界相交。由此，可以得到判断相轨迹失稳的充分必要条件为：轨迹穿越不返回边界。

对于正向摇摆（ $\Delta\omega>0$ ）失稳的情况，判断轨迹穿过不返回边界的判据为：

$$l(\delta,\Delta\omega)>0 \tag{5-3}$$

对于反向摇摆（ $\Delta\omega<0$ ）失稳情况，判断相轨迹穿过不返回边界的判据为：

$$l(\delta,\Delta\omega)<0 \tag{5-4}$$

综合考虑正向摇摆（ $\Delta\omega>0$ ）和反向摇摆（ $\Delta\omega<0$ ）失稳的情况，判断相轨迹穿过不返回边界的判据可统一写成：

$$l\cdot\Delta\omega>0 \tag{5-5}$$

单机无穷大自治系统，在 $t=0$ 时刻一条输电线路首端发生两相短路接地故障，故障切除时间分别设置为 0.15、0.17、0.19、0.21、0.23s。通过 PSASP 的计算获得 δ、$\Delta\omega$、E_q''、P_M 等轨迹信息，在 MATLAB 中做出上述各故障切除时间下的相轨迹与 NRB 的关系曲线如图 5-3 所示。

极限切除时间之前切除故障，系统将保持暂态稳定；极限切除时间之后切除故障，系统将失稳，即 0.15s、0.17s、0.19s 时切除故障系统将保持稳定，0.21s 或 0.23s 时切除故障系统将失稳。

按照本章推导得出的判断系统暂态失稳的充分必要条件，前 3 条故障切除后的相轨迹应当与不返回边界没有交点，而后两条轨迹应当穿过不返回边界。

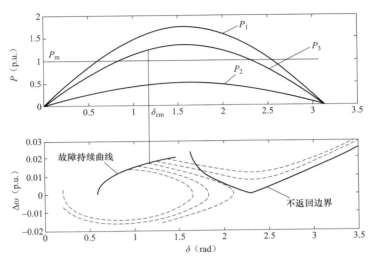

图 5-3　各故障切除时间下相轨迹与 NRB 的关系曲线

δ_{cm} 对应的极限切除时间略大于 0.19s，从图 5-3 可以看出，t=0.19s 切除故障后的轨迹恰好与不返回边界相切，而稳定的故障后轨迹（0.15s，0.17s）与不返回边界没有交点，失稳的相轨迹（0.21s，0.23s）在与不返回边界的交点（不返回点，NRP）处开始呈现出凸的特性，且故障持续时间越长，故障清除后失稳的相轨迹越快呈现出凸的特性。从而验证了该判据的正确性。

2. 不稳定性判据的离散表达式

由于只能获得某段时间内一些离散的轨迹信息，因此，要将上式应用于实际系统，必须将其转换为离散形式：

$$l \cdot \Delta\omega = \frac{k(i)-k(i-1)}{\delta(i)-\delta(i-2)} \cdot \frac{\delta(i)-\delta(i-2)}{t(i)-t(i-2)} = \frac{k(i)-k(i-1)}{t(i)-t(i-2)} \tag{5-6}$$

式中：

$$l(i) = \frac{k(i)-k(i-1)}{\delta(i)-\delta(i-2)}$$

$$k(i) = \frac{\Delta\omega(i)-\Delta\omega(i-1)}{\delta(i)-\delta(i-1)}$$

由于上式右端分母项 $t(i)-t(i-2)$ 恒大于零，故判断相轨迹穿过不返回边界的判据最终可化为：

$$\tau = k(i)-k(i-1) > 0 \tag{5-7}$$

指标 τ 可根据实测的轨迹信息 $\Delta\omega$ 和 δ 经过简单的运算求出，从而快速判别系统的稳定性。当 $\tau<0$ 时，系统是稳定的；当 $\tau>0$ 时，系统将失稳。对于单机无穷大自治系统而言，该不稳定性判据为判断系统暂态失稳的充分必要条件。

5.1.2　基于相轨迹的单机无穷大非自治系统的暂稳判别

1. 轨迹凹凸性判稳存在的问题

对于非自治 OMIB 系统，与前面的自治系统相同，同样以转子运动方程为推导的出发点。

非自治 OMIB 系统的转子运动方程如下：

$$\begin{cases} \dfrac{\mathrm{d}\delta}{\mathrm{d}t} = \omega_0 \Delta\omega \\ M\dfrac{\mathrm{d}\Delta\omega}{\mathrm{d}t} = P_\mathrm{M}(t) - P_\mathrm{e}(t,\delta) = \Delta P(t,\delta) \end{cases} \tag{5-8}$$

式中：M 为发电机组的惯性常数，s；$P_\mathrm{M}(t)$ 为时变机械功率，p.u.；$P_\mathrm{e}(t)$ 为时变电磁功率，p.u.；$\Delta P(t,\delta)$ 为不平衡功率，p.u.。

如式（5-8）所示，运动方程的右端项显含时间 t 变量，$\Delta P(t,\delta)$ 不再是正弦曲线。而且在摇摆过程中，轨迹经过同一 δ 值时，由于时间 t 不同，ΔP 将不再保持同样的对应值。但同时需要指出的是：非自治 OMIB 系统不平衡功率的变化仍然是有一定规律的，并不是毫无规律的随机变化，应考虑电力系统的实际情况。

大量的仿真计算表明单机无穷大系统故障后的不平衡功率曲线具有低频拟周期性质，一段时间内的轨迹不平衡功率能够用正弦三角函数拟合。因此，式（5-8）中的不平衡功率可近似写成：

$$\begin{aligned} \Delta P(t,\delta) &= P_\mathrm{M}(t) - \lambda_0(t) - \lambda_1(t)\cos\delta - \lambda_2(t)\sin\delta \\ &= P_\mathrm{c}(t) - \lambda_1(t)\cos\delta - \lambda_2(t)\sin\delta \end{aligned} \tag{5-9}$$

式中：$P_\mathrm{c}(t) = P_\mathrm{M}(t) - \lambda_0(t)$，$P_\mathrm{c}(t)$、$\lambda_0(t)$、$\lambda_1(t)$、$\lambda_2(t)$ 为时变系数。

式（5-9）中的参数虽然是时变的，不过就某一确定时刻的系统运行状态而言，如果系统中不发生大的网络操作或其他大扰动，系统参数在短时间内可认为是不变的。

由于调速器的作用，$P_\mathrm{M}(t)$ 不再是直线；调节器作用、负荷特性和网络操作等使得 $P_\mathrm{e}(\delta)$ 也不呈正弦变化。当 t_i 时刻的参数确定时，可给出该时刻的电磁功率 $P_\mathrm{e}(t_i,\delta)$ 和不平衡功率 $\Delta P(t_i,\delta)$ 随功角 δ 变化的模型为：

$$\begin{aligned} P_\mathrm{e}(t_i,\delta) &= \lambda_0(t_i) - \lambda_1(t_i)\cos\delta - \lambda_2(t_i)\sin\delta \\ \Delta P(t_i,\delta) &= P_\mathrm{c}(t_i) - \lambda_1(t_i)\cos\delta - \lambda_2(t_i)\sin\delta \end{aligned} \tag{5-10}$$

因此，如果将前面自治系统的暂稳判据用于非自治系统，将会产生一定的误差。非自治系统的稳定性与轨迹路径相关，只有在整个研究的时段内完整地获得全部的动态轨迹，才能严格正确地做出系统的稳定性分析。如果不能正确反映故障切除后轨迹的变化，就不可能正确可靠地判断出系统是否稳定。

对于非自治系统，故障设置为在 $t=0$ 时刻一条输电线路首端发生三相短路，故障切除时间分别 0.09、0.114、0.115s 和 0.13s。上述不同故障切除时间下的相轨迹与 NRB 的关系如图 5-4 所示。

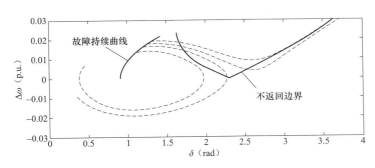

图 5-4　非自治系统不同故障切除时间下的相轨迹与 NRB 曲线

由图 5-4 可以看出，$t=0.9$s 和 $t=0.114$s 切除故障后，系统仍是稳定的，但 $t = 0.114$s 的轨迹已经穿过了不返回边界，之后又从不返回边界穿出；$t = 0.115$s 和 $t = 0.13$s 切除故障后，系统失稳。考虑到实际系统是非自治系统，因此有必要研究计及非自治因素对凹凸性判稳的影响。

2. 计及非自治因素的轨迹凹凸性判据的扩展

为不失一般性，以正向摇摆 ($\Delta\omega > 0$) 的情况为例，对于某一位于 $\Delta\omega - \delta$ 相平面上半平面内的轨迹，由于时间 t 和功角 δ 是一一对应的，因此可以将式（5-9）中的时变参数 t 用 δ 替换，转化为：

$$M\frac{\mathrm{d}\Delta\omega}{\mathrm{d}t} = P_{\mathrm{M}}(\delta) - P_{\mathrm{e}}(\delta) = \Delta P(\delta) = P_{\mathrm{c}}(\delta) - \lambda_1(\delta)\cos\delta - \lambda_2(\delta)\sin\delta \qquad (5\text{-}11)$$

与自治 OMIB 系统的定义和推导类似，式（5-8）系统 $\Delta\omega - \delta$ 相轨迹上任意一点处的斜率可写成：

$$\frac{\mathrm{d}\Delta\omega/\mathrm{d}t}{\mathrm{d}\delta/\mathrm{d}t} = \frac{\mathrm{d}\Delta\omega}{\mathrm{d}\delta} = k(\delta) \qquad (5\text{-}12)$$

因此，$\Delta\omega - \delta$ 相轨迹上任意点的凹凸性特征指标 l 可写成：

$$l(\delta, \Delta\omega) = \frac{\mathrm{d}k}{\mathrm{d}\delta} = \frac{\mathrm{d}^2\Delta\omega}{\mathrm{d}\delta^2} \qquad (5\text{-}13)$$

与前一节定义类似，$\Delta\omega - \delta$ 相平面上所有满足 $l(\delta, \Delta\omega) = 0$ 的点构成拐点曲线，它将平面分割成凹区域和凸区域两部分。

可以证明，拐点曲线（$l(\delta, \Delta\omega) = 0$）上函数 $l(\delta, \Delta\omega)$ 对时间 t 的一阶导数能够写成：

$$\left.\frac{\mathrm{d}l}{\mathrm{d}t}\right|_{l=0} = \frac{\mathrm{d}^2\Delta P(\delta)}{M\mathrm{d}\delta^2} \qquad (5\text{-}14)$$

以正向摇摆为例进行说明。拐点曲线将第一象限相平面分割成凸区域和凹区域两部分，若上式右端项 $\dfrac{\mathrm{d}^2\Delta P(\delta)}{M\mathrm{d}\delta^2}$ 恒大于零，则在拐点曲线上从凹区域穿入凸区域的相轨迹将无法再返回到原来的凹区域，该拐点曲线即为不返回边界。

上述分析表明，基于轨迹凸特征判别系统不稳定性的方法要求相平面内轨迹能同时满足如下两个条件：①在 $l(\delta,\Delta\omega)=0$ 的轨迹上 $\dfrac{\mathrm{d}^2\Delta P(\delta)}{M\mathrm{d}\delta^2}$ 恒大于零；②相轨迹从凹区域进入凸

区域，即 $l(\delta,\omega)>0$。

对于单机无穷大自治系统，上式右端项可写成：

$$\frac{\mathrm{d}^2\Delta P(\delta)}{M\mathrm{d}\delta^2}=P_{emi}\sin\delta \tag{5-15}$$

上式的符号只取决于功角 δ 的取值，这与前一节的结论完全一致。但是，对于非自治的 OMIB 系统而言，式（5-14）可展开为：

$$\left.\frac{\mathrm{d}l}{\mathrm{d}t}\right|_{l=0}=[P_\mathrm{m}''(\delta)-\lambda_0''(\delta)+2\lambda_1'(\delta)\sin\delta-\lambda_1''(\delta)\cos\delta+ $$
$$\lambda_1(\delta)\cos\delta-\lambda_2''(\delta)\sin\delta-2\lambda_2'(\delta)\cos\delta+\lambda_2(\delta)\sin\delta]/M \tag{5-16}$$

上式右端项极为复杂且参数具有时变性，很难判断它是否能够满足上述条件①的要求。若条件①不能满足，则已穿入凸区域的相轨迹可能从拐点曲线上再次返回到原来的凹区域。因此，对于非自治 OMIB 系统，在条件①是否成立难以确定的情况下，条件②仅仅是判别系统不稳定的必要非充分条件。

需要指出的是，条件①的要求实际上很难满足，它要求在整个拐点曲线上轨迹都必须有 $\dfrac{\mathrm{d}^2\Delta P(\delta)}{M\mathrm{d}\delta^2}$ 大于零。由于在基于轨迹测量的暂态不稳定性预测中，通常我们能够得到的仅仅是当前时刻的一条相轨迹，因而只能判断该轨迹在经过拐点曲线时是否满足 $\dfrac{\mathrm{d}^2\Delta P(\delta)}{M\mathrm{d}\delta^2}$ 大于零。

尽管如此，如果故障后轨迹上的某一点能够同时满足条件 $\dfrac{\mathrm{d}^2\Delta P(\delta)}{M\mathrm{d}\delta^2}>0$ 和 $l(\delta,\Delta\omega)>0$，则可以判定此时系统已是非常危险的，系统轨迹失稳的可能性将非常大。这主要是由于以下两点原因：

（1）$l(\delta,\Delta\omega)>0$ 表明该相轨迹已进入凸区域，而单机无穷大自治系统的凸区域本身已位于稳定边界以外；

（2）$\dfrac{\mathrm{d}^2\Delta P(\delta)}{M\mathrm{d}\delta^2}>0$ 表明当轨迹由拐点曲线上的某一点穿入凸区域时，在穿入点的附近存在一个邻域满足 $\dfrac{\mathrm{d}^2\Delta P(\delta)}{M\mathrm{d}\delta^2}$ 恒大于零，相轨迹短期内无法从拐点曲线返回原来的凹区域。

同理，可以得出对于反向摇摆的情况，要判断出系统失稳，必须同时满足 $l(\delta,\Delta\omega)=0$ 的轨迹上 $\dfrac{\mathrm{d}^2\Delta P(\delta)}{M\mathrm{d}\delta^2}<0$ 和 $l(\delta,\Delta\omega)<0$。

综上所述，判断系统已处于危险状态的判据可统一写为：

$$\begin{cases}(l\cdot\Delta\omega)>0\\(r\cdot\Delta\omega)>0\end{cases} \tag{5-17}$$

第一项指标的离散表达式同式（5-6），并最终化为 $\tau>0$。

第二项指标 $r\cdot\Delta\omega$ 的离散形式可进一步写成：

$$r \cdot \Delta \omega = \frac{\Delta P'(i) - \Delta P'(i-1)}{\delta(i) - \delta(i-2)} \cdot \frac{\delta(i) - \delta(i-2)}{t(i) - t(i-2)} = \frac{\Delta P'(i) - \Delta P'(i-1)}{t(i) - t(i-2)} \quad (5\text{-}18)$$

式中：

$$\Delta P'(i) = \frac{\Delta P(i) - \Delta P(i-1)}{\delta(i) - \delta(i-1)} \quad (5\text{-}19)$$

$$r(i) = \frac{\Delta P'(i) - \Delta P'(i-1)}{\delta(i) - \delta(i-2)} \quad (5\text{-}20)$$

由于式（5-18）右端的分母项 $t(i) - t(i-2)$ 将总是大于零，条件 $(r \cdot \Delta \omega) > 0$ 可简写成：

$$\mu = \Delta P'(i) - \Delta P'(i-1) > 0 \quad (5\text{-}21)$$

于是，不稳定性判据的离散形式最终可写为：

$$\begin{cases} \tau > 0 \\ \mu > 0 \end{cases} \quad (5\text{-}22)$$

式（5-21）实际反映的是 $\Delta P - \delta$ 相平面内轨迹的凹凸性特征，定义其为系统的高阶轨迹几何特征。判据指标 τ 和 μ 可根据实测的轨迹信息 ΔP、$\Delta \omega$ 和 δ 经过简单的计算得到。上面的判据可以表述为：当轨迹在 $\Delta \omega - \delta$ 相平面和 $\Delta P - \delta$ 相平面同时呈现出凸特性时，系统很可能会失稳。

3. 等值参数时变性对不平衡功率轨迹影响评估

通过上一节的讨论可以知道，由于系统参数的时变性，基于轨迹高阶几何特征预测系统不稳定性的充分条件并非严格成立。式（5-9）表明不平衡功率具有低频拟周期特征，于是可根据当前轨迹预测参数时变性对未来不平衡功率的影响，并预测后继轨迹的高阶几何特征是否能够持续满足不稳定性条件。

当不平衡功率可测时，各时刻时变参数 $P_c(t)$，$\lambda_1(t)$ 和 $\lambda_2(t)$ 的瞬时值能够基于实测轨迹通过最小二乘法辨识获得。在某采样时刻 t_i，待求的参数有三个，因此至少需要 t_{i-2}，t_{i-1} 和 t_i 连续三个采样时刻数据。就参数拟合而言，更多的采样数据能够进一步提高参数辨识的准确性，本文使用连续四个不平衡功率采样数据辨识时变参数。这样的方程组中方程个数大于未知量个数，称为超定方程组。可以证明，通过最小二乘法拟合求得的时变参数为：

$$Y = \begin{bmatrix} P_c \\ \lambda_1 \\ \lambda_2 \end{bmatrix} = (A^{\mathrm{T}} A)^{-1} A^{\mathrm{T}} b \quad (5\text{-}23)$$

式中：$A = \begin{bmatrix} 1 & \cos \delta(t_{i-n+1}) & \sin \delta(t_{i-n+1}) \\ \vdots & \vdots & \vdots \\ 1 & \cos \delta(t_{i-1}) & \sin \delta(t_{i-1}) \\ 1 & \cos \delta(t_i) & \sin \delta(t_i) \end{bmatrix}$，$b = M \begin{bmatrix} \Delta P(t_{i-n+1}) \\ \vdots \\ \Delta P(t_{i-1}) \\ \Delta P(t_i) \end{bmatrix}$

由于不平衡功率同时受时变参数 Y 和功角 δ 两个因素影响，若要衡量只是时变参数 Y

对 ΔP 的影响，需要保持当前功角 $\delta(t_i) = \beta$ 不变，式（5-10）可以写成：

$$\Delta P_\beta(Y(t)) = P_c(t) - \lambda_1(t)\cos\beta - \lambda_2(t)\sin\beta \tag{5-24}$$

在 t_{i-1} 时刻时变参数 $Y(t_{i-1})$ 和当前时刻功角值的不平衡功率瞬时值为：

$$\Delta P_\beta(Y(t_{i-1})) = \Delta P(Y(t_{i-1}),\beta) \tag{5-25}$$

由此定义参数时变对不平衡功率的影响指标为：

$$\varepsilon = \Delta P_\beta(Y(t_i)) - \Delta P_\beta(Y(t_{i-1})) \tag{5-26}$$

在正向摇摆过程中（$\Delta\omega > 0$），如果参数时变性导致不平功率增量减小（$\varepsilon < 0$），则将增强系统的稳定性；如果参数时变性导致不平衡功率增量增加（$\varepsilon > 0$），则不利于系统的稳定。

同理，在反向摇摆过程中（$\Delta\omega < 0$），如果参数时变性导致不平衡功率减幅减小（$\varepsilon < 0$），则不利于系统的稳定；如果参数时变性导致不平衡功率减幅增加（$\varepsilon > 0$），则将增强系统的稳定性。

综上所述，不难看出：当系统参数时变性恶化系统稳定性时，$\Delta\omega$ 与 ε 指标将保持同号，而当系统参数时变性增强系统稳定性时，$\Delta\omega$ 与 ε 指标将保持异号。因此，参数时变性不利于系统稳定的判据可统一写成 $\varepsilon \cdot \Delta\omega > 0$。

5.1.3　基于相轨迹的多机系统的暂稳判别

1. 多机系统的实时两机群等值

多机电力系统同步参考坐标下的数学模型可以表示为：

$$\begin{cases} \dot{\delta}_i = \omega_0 \Delta\omega_i \\ M_i \Delta\dot{\omega}_i = P_{mi} - P_{ei} - D_i\omega_0\Delta\omega_i \end{cases} \quad i = 1,2,\cdots,n \tag{5-27}$$

式中：δ_i 为发电机 i 的转子角，rad；$\Delta\omega_i$ 为发电机 i 的转子角速度，p.u.；M_i 为发电机 i 的惯性时间常数，s；P_{mi} 为机械输入功率，p.u.；P_{ei} 为电磁输出功率，p.u.；D_i 为阻尼因子，p.u.。

假设系统失稳为两机模式，可把系统中的全部机组分为临界机群（S）和其余机群（A）。这两个机群的等值转子角分别为：

$$\left.\begin{array}{l} \delta_s = \dfrac{\sum\limits_{i\in S} M_i\delta_i}{\sum\limits_{i\in S} M_i} \\[6mm] \delta_a = \dfrac{\sum\limits_{i\in A} M_i\delta_i}{\sum\limits_{i\in A} M_i} \end{array}\right\} \tag{5-28}$$

式中，M_s 和 M_a 分别为临界机群和其余机群的等值惯性时间常数，P_{ms} 和 P_{ma} 分别为它们的等值机械输入功率，P_{es} 和 P_{ea} 分别为它们的等值电气输出功率，这些量可以具体表达为下面的形式：

$$\left.\begin{array}{l} M_{\text{s}} = \sum_{i \in S} M_i, M_{\text{a}} = \sum_{i \in A} M_i \\ P_{\text{ms}} = \sum_{i \in S} P_{\text{m}i}, P_{\text{ma}} = \sum_{i \in A} P_{\text{m}i} \\ P_{\text{es}} = \sum_{i \in S} P_{\text{e}i}, P_{\text{ea}} = \sum_{i \in A} P_{\text{e}i} \end{array}\right\} \quad （5\text{-}29）$$

这样，多机系统的动态方程可简单的表示为下式：

$$\left.\begin{array}{l} M_{\text{s}} \ddot{\delta}_{\text{s}} = P_{\text{ms}} - P_{\text{es}} \\ M_{\text{a}} \ddot{\delta}_{\text{a}} = P_{\text{ma}} - P_{\text{ea}} \end{array}\right\} \quad （5\text{-}30）$$

式中：

$$\ddot{\delta}_{\text{s}} = \frac{\sum_{i \in S} M_i \ddot{\delta}_i}{M_{\text{s}}}$$

$$\ddot{\delta}_{\text{a}} = \frac{\sum_{i \in A} M_i \ddot{\delta}_i}{M_{\text{a}}}$$

定义各发电机转子角相对其所属机群惯量中心的偏移量为：

$$\left.\begin{array}{l} \xi_i = \delta_i - \delta_{\text{s}}, \forall i \in S \\ \xi_j = \delta_j - \delta_{\text{a}}, \forall j \in A \end{array}\right\} \quad （5\text{-}31）$$

于是，各发电机输出的电磁功率可以写成：

$$\begin{array}{l} P_{\text{e}i} = E_i^2 Y_{ii} \cos \theta_{ii} + E_i \sum_{k \in S, k \neq i} E_{\text{k}} Y_{i\text{k}} \cos(\xi_i - \xi_{\text{k}} - \theta_{i\text{k}}) + \\ E_i \sum_{j \in A} E_j Y_{ij} \cos(\delta_{\text{s}} - \delta_{\text{a}} + \xi_i - \xi_j - \theta_{ij}) \end{array} \quad , \ \forall \ i \in S \quad （5\text{-}32）$$

$$\begin{array}{l} P_{\text{e}j} = E_j^2 Y_{jj} \cos \theta_{jj} + E_j \sum_{l \in A, l \neq j} E_l Y_{jl} \cos(\xi_j - \xi_l - \theta_{jl}) + \\ E_j \sum_{i \in S} E_i Y_{ij} \cos(\delta_{\text{s}} - \delta_{\text{a}} + \xi_i - \xi_j - \theta_{ij}) \end{array} \quad , \ \forall \ j \in A \quad （5\text{-}33）$$

式中：导纳矩阵 Y 中的每个元素在故障前、故障期间及故障后都可能发生突变或连续变化。

定义等值转子角为：

$$\delta_{\text{eq}} = \delta_{\text{s}} - \delta_{\text{a}} \quad （5\text{-}34）$$

可以等值为单机无穷大系统：

$$M \ddot{\delta}_{\text{eq}} = P_{\text{M}} - [P_{\text{c}} + P_{\max} \sin(\delta_{\text{eq}} - \varphi)] \quad （5\text{-}35）$$

式中：

$$P_{\max} = (C^2 + D^2)^{1/2}$$

$$\varphi = -\arctan(C / D)$$

$$M = \frac{M_{\text{s}} M_{\text{a}}}{M_{\text{T}}}$$

$$P_{\text{M}} = \frac{M_{\text{a}} \sum_{i \in S} P_{\text{m}i} - M_{\text{s}} \sum_{j \in A} P_{\text{m}j}}{M_{\text{T}}}$$

$$M_{\mathrm{T}} = \sum_{i=1}^{n} M_i$$

$$P_{\mathrm{c}} = \frac{M_{\mathrm{a}} \sum_{i,k \in S} g_{ik} \cos(\xi_i - \xi_k) - M_{\mathrm{s}} \sum_{j,l \in A} g_{jl} \cos(\xi_j - \xi_l)}{M_{\mathrm{T}}}$$

$$C = \sum_{i \in S} \sum_{j \in A} b_{ij} \sin(\xi_i - \xi_j) + \frac{M_{\mathrm{a}} - M_{\mathrm{s}}}{M_{\mathrm{T}}} \sum_{i \in S} \sum_{j \in A} g_{ij} \cos(\xi_i - \xi_j)$$

$$D = \sum_{i \in S} \sum_{j \in A} b_{ij} \cos(\xi_i - \xi_j) + \frac{M_{\mathrm{a}} - M_{\mathrm{s}}}{M_{\mathrm{T}}} \sum_{i \in S} \sum_{j \in A} g_{ij} \sin(\xi_i - \xi_j)$$

$$g_{ij} = E_i E_j Y_{ij} \cos\theta_{ij} \quad b_{ij} = E_i E_j Y_{ij} \sin\theta_{ij}$$

将上式中的三角函数项展开，可以表达为：

$$M\ddot{\delta}_{\mathrm{eq}} = P + B \cos\delta_{\mathrm{eq}} + C \sin\delta_{\mathrm{eq}} \tag{5-36}$$

式中：$P = P_{\mathrm{M}} - P_{\mathrm{c}}$，$B = P_{\max} \sin\varphi$，$C = -P_{\max} \cos\varphi$。

式（5-36）即为二维等值系统的数学方程。需要指出的是：式中 δ_i、δ_k（$\forall i$、$k \in S$）和 δ_j、δ_l（$\forall j$、$l \in A$）均是多机系统发电机轨迹的状态变量，$\xi_i - \xi_k$，$\xi_j - \xi_l$ 以及 $\xi_i - \xi_j$ 均是随时间变化的，因此该 OMIB 系统具有时变的参数 $P(t)$、$B(t)$ 和 $C(t)$，也即其 P_{e} 为等值 δ 的分段正弦函数，这也与前一节的时变 OMIB 系统具有一致的形式。

2. 失稳模式的实时识别方法

对于 n 机系统，如果每一种分群方式的双方均不为空集时，分群方式共有 $2^{n-1}-1$ 种。当 $n=40$ 时，分群方式已多达 5×10^{11} 种。而实际系统中 n 很可能大于 1000，这种枚举法必然存在维数灾问题。

对极其严重的故障，为了进行实时控制，需要极大地提高不稳定性预测的速度，有效的预测时间不能超过几百毫秒，但由于这段时间内各发电机的转子角无法突变，而且转子存在较大的惯性导致各转子角无法明显摆开，所以，如果只根据转子功角 δ 常常难以有效地进行分群。因此，有必要研究新的状态量，该量除了包含功角的影响外，还能包含反映功角一阶变化率的角速度及二阶变化率的不平衡功率，作为分群的依据。

于是，包含上述各量的发电机预测功角 δ_i 可以定义如下：

$$\delta_i = \delta_i(t) + 100\pi \left[\omega_i(t) + \frac{\Delta P_i(t)}{2M_i} \Delta T \right] \Delta T \tag{5-37}$$

式中：$\delta_i(t)$ 为 t 时刻第 i 台机的功角；$\omega_i(t)$ 为 t 时刻第 i 台机的角速度；$\Delta P_i(t)$ 为 t 时刻第 i 台机的不平衡功率；M_i 为第 i 台机的转动惯量；ΔT 为时间常数，仿真中取 0.1s。

式中第一项反映了功角的初始状态；第二项是角速度和时间的乘积，反映了功角变化速度的影响；第三项是不平衡功率和时间平方的乘积，反映了功角变化加速度的影响。本书就是基于式（5-37）的预测功角间隙进行主导模式的筛选。这里预测功角的计算本质上是对功角进行了比较粗略的预测，即假设当前时刻各发电机的不平衡功率在 ΔT 时间内保持恒定，于是可以由当前时刻的功角和角速度近似估计 ΔT 时间后的功角。

只有某一时刻轨迹主导模式下的非自治 OMIB 系统能够满足不稳定性条件时，才会认定为失稳模式，其基本过程主要分为以下步骤：

1）计算当前时刻各发电机的预测功角，并将其从大到小排列；

2）计算上面的序列中，相邻两台机组的预测功角之差，选出角度间隙最大的前三个作为筛选该时刻主导模式的依据，于是存在三种主导模式，即在每个间隙之上的机组构成候选临界机群，在该间隙之下的机组构成其余机群；

3）分别计算上述三个主导模式下，相应的单机无穷大非自治的等值轨迹；

4）根据等值轨迹计算每个等值系统的不稳定指标，如果任一种分群满足不稳定条件，则可以判断出系统将失稳；否则，回到步骤 1），开始下一时刻的计算。

3. 不健全轨迹信息条件下暂态不稳定性识别方法讨论

前述的不稳定性识别理论需要首先获得各机组的状态信息，但实际中的 WAMS 是逐步安装实施的。另外，信号在传输时还可能会遭受干扰或丢失。因而，有必要研究在不健全轨迹信息条件下不稳定性识别方法的可靠性。

已有研究证明，采用局部惯性中心坐标和参考发电机角度坐标的系统状态方程具有相同的最小状态空间，且平衡点是一一对应的，因此，两种参考坐标下的系统状态方程是完全等价的。而且，局部惯性中心坐标下临界机组失稳轨迹同样存在凸的特性，这与前几节 OMIB 系统失稳的相轨迹在不返回边界上由凹区域穿入凸区域时 $\tau>0$ 的结论完全一致。因此，只要局部惯性中心坐标下的临界机组轨迹可测，局部惯性中心坐标的使用并不会影响凹凸性判据的有效性。

5.1.4　基于相轨迹的暂稳态势感知技术

1. 基于微分动力学系统的暂稳态势感知技术

多机电力系统同步参考坐标下的转子运动方程为：

$$\begin{cases} \dot{\delta}_i = \omega_0 \Delta\omega_i \\ M_i \Delta\dot{\omega}_i = P_{\text{m}i} - P_{\text{e}i} - D_i \omega_0 \Delta\omega_i \end{cases} \qquad i=1,2,\cdots,n \qquad （5\text{-}38）$$

式中：δ_i 为发电机 i 的转子角，rad；$\Delta\omega_i$ 为发电机 i 的转子角速度偏差，p.u.；M_i 为发电机 i 的惯性时间常数，s；$P_{\text{m}i}$ 为机械输入功率，p.u.；$P_{\text{e}i}$ 为电磁输出功率，p.u.；D_i 为阻尼因子，p.u.。

记 $\Delta P_i = P_{\text{m}i} - P_{\text{e}i}$ 为不平衡功率，式（5-38）中的 δ_i、$\Delta\omega_i$ 和 ΔP_i 是可以实时测量的，其中 δ_i 二阶连续可微，$\Delta\omega_i$ 一阶连续可微，ΔP_i 代表了角加速度，属于高阶量，在系统发生离散操作时可以突变，但其在各次离散操作间保持连续；并且功角、角速度、角加速度之间遵循动力学关系。总之，电力系统的运动方程是一个非线性动力学方程。

计及发电机的励磁调节器和调速器后，ΔP_i 不再是正弦曲线，其变化情况比较复杂，但需要指出的是：不平衡功率的变化并不是毫无规律的随机变化，考虑到电力系统的实际情况，ΔP_i 曲线具有低频拟周期性质，即一段时间内的轨迹不平衡功率能够用三角函数拟合。

由于功角摇摆轨迹满足狄利克雷条件，可以采用三角函数对功角曲线进行预测，其三

阶形式为 $\hat{\delta}(t) = \sum_{k=0}^{2} a_k \cos kt + b_k \sin kt$；自回归也是一种轨迹预测的方法，它适用于预测量在一定的间隔内存在较高的相关系数的情况，其二阶方程式为 $\delta_t = \beta_0 + \beta_1 \delta_{t-1} + \beta_2 \delta_{t-2} + \varepsilon$。然而，这两种方法的预测时长和精度都不够理想。

自记忆预测通过引入记忆函数，能够计及历史信息的影响，具有较高的精度和稳定性。它适用于具有形如下式的微分动力系统：

$$\frac{\mathrm{d}\boldsymbol{x}}{\mathrm{d}t} = \boldsymbol{F}(\boldsymbol{x}, t),\ \boldsymbol{x} \in R^n \tag{5-39}$$

其离散表达形式为：

$$x_1 = \beta_{-p}(x_{-p} - x_{-p+1} + 2F_{-p}\Delta t) + \sum_{i=-p+1}^{-1}(x_{i-1} + x_{i+1} + 2F_i\Delta t)\beta_i + \beta_0(x_{-1} + 2F_0\Delta t) + x_0\beta_1 \tag{5-40}$$

式中：p 为预测时刻之前的采样点数；β_i 可以通过最小二乘法辨识获得。

将式（5-40）与发电机运动方程式比较容易看出，δ 对应 $\boldsymbol{x}$，$\omega_0\Delta\omega$ 对应 $\boldsymbol{F}(\boldsymbol{x},\ t)$，综合考虑预测的快速性和准确性，可以取三阶形式：

$$\delta_{i+1} = \beta_{-2}(\delta_{i-2} - \delta_{i-1} + 2\omega_{i-2}\Delta t) + \beta_{-1}(\delta_{i-2} - \delta_i + 2\omega_{i-1}\Delta t) + \beta_0(\delta_{i-1} + 2\omega_i\Delta t) + \delta_i\beta_1 \tag{5-41}$$

然而，这里的问题在于（5-40）式右端的所有 $\boldsymbol{F}(\boldsymbol{x},\ t)$ 在常规自记忆预测中都是已知的或可以通过计算获得，而对于电力系统，上式中与 $\boldsymbol{F}(\boldsymbol{x},\ t)$ 对应的 $\omega_0\Delta\omega$ 只能获得当前时刻及之前时刻的测量值，下一时刻的 $\omega_0\Delta\omega$ 是未知的，并且不能准确的计算出来，这样，仅仅下一时刻的功角 δ_{i+1} 是可预测的，第二个时刻的功角 δ_{i+2} 就已经无法预测，更不用说进行多步预测，这显然不是我们所预期的。

为了使自记忆应用到电力系统时能进行多步预测，有必要先对 $\omega_0\Delta\omega$ 进行预测。在仿真中发现，无论是采用角速度运动方程的线性预测方法或者角速度自记忆预测方法对角速度进行预测，所得到的结果都有较大的偏差。由于在仿真中发现角速度本身随时间具有一定的拟正弦变化，因此可以通过正弦三角函数对角速度进行拟合：

$$\Delta\omega = \omega_c(t) + \lambda_{1t}(t)\sin(t) + \lambda_{2t}(t)\cos(t) \tag{5-42}$$

$$\Delta P = P_c(t) + \lambda_{1t}(t)\sin(\delta) + \lambda_{2t}(t)\cos(\delta) \tag{5-43}$$

由于不稳定性判据在计算过程中还需要知道不平衡功率的数值，因此根据上一节对不平衡功率的分析，可以由式（5-43）实现对不平衡功率 ΔP 的拟合，其中的 $P_c(t), \lambda_{1t}(t), \lambda_{2t}(t)$ 为待辨识的时变参数。就某一确定时刻的系统运行状态而言，只要系统中不发生大的网络操作或其它大扰动，参数在短时间内可当成定常不变，即只需要用最小二乘法辨识一次参数，之后认为它们保持恒定。后面的仿真表明该方法可以准确预测未来 0.5s 的轨迹，因此预测 0.5s 之后要重新进行参数辨识，更新参数。

显然，与仅用到功角信息的三角函数预测及自回归预测相比，该预测方法还考虑了其高阶信息——角速度与相当于角加速度的不平衡功率，涉及更多的信息，比较完整地从动力学角度描述了功角的变化趋势，理论上其预测结果必然更加准确。

2. 态势感知技术效果仿真验证

在电力系统分析综合程序（Power System Analysis Software Package，PSASP）中，以图 5-5 所示的 IEEE 39 节点系统为例进行仿真计算。

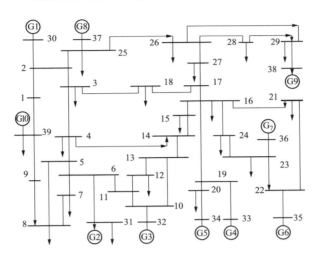

图 5-5　IEEE 39 系统接线图

故障设为 1006 号线路，即 3 号母线和 18 号母线发生三相短路故障。

故障切除时间为 0.30s 时，功角发生单摆失稳；故障切除时间为 0.29s 时，系统能保持稳定。取 0.1s 为采样时段，观测功角、角速度和相轨迹的预测曲线。

当故障切除时刻为 0.29s 时，系统稳定。在 0.8、1.0、2.2s 时预测的轨迹曲线如图 5-6～图 5-8 所示。

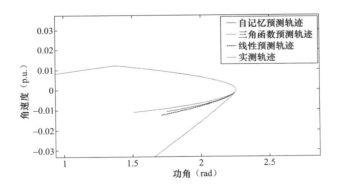

图 5-6　0.29s 切除故障，在 0.8s 时预测的轨迹曲线

由图 5-6～图 5-8 可知，当故障及时清除，系统保持稳定时，采用自记忆方法的预测方案比其他预测方案预测更加准确。尤其是在 2.2s 时，按照等面积法判断系统暂态稳定的判据，采用自记忆预测轨迹可以预测到轨迹稳定，而其他方法则会预测轨迹失稳。因此，自记忆的方法可以准确预测稳定轨迹并且正确的反映系统稳定性。

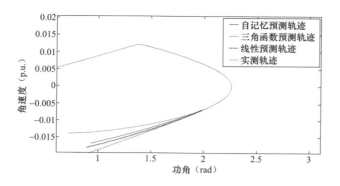

图 5-7　0.29s 切除故障，在 1.0s 时预测的轨迹曲线

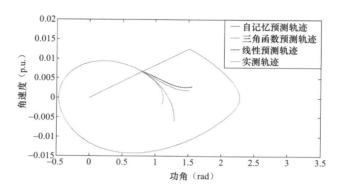

图 5-8　0.29s 切除故障，在 2.2s 时预测的轨迹曲线

当故障切除时刻为 0.30s 时，系统失去稳定。在 1.2s 时预测的轨迹曲线如图 5-9 所示。

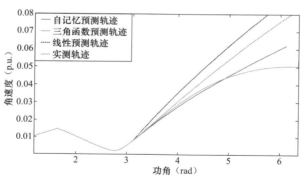

图 5-9　0.30s 切除故障，在 1.2s 时预测的轨迹曲线

由图 5-9 可见，当系统失去稳定后，利用自记忆方法预测的轨迹相比其他的方法也是更加准确，更符合实际轨迹。

3. 基于态势感知的暂稳判别方法

基于上述态势感知技术的研究，可以通过响应信息获得未来一段时间内发展态势，再根据基于相轨迹的暂态稳定性分析方法，可以更快地识别出系统的暂态失稳，为后续控制争取了更多的时间。其流程图如图 5-10 所示。

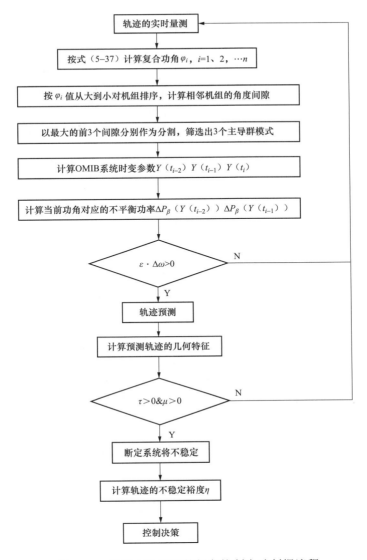

图 5-10　基于态势感知的紧急控制启动判据流程

5.1.5　仿真算例

本书以 WEPRI-36 系统下的仿真算例为例，对机组分群结果、各项判别指标、以及防误动能力进行了详细的介绍。WEPRI-36 系统网架结构如图 5-11 所示。

故障设为 0s 时 BUS31 和 BUS33 之间的线路在靠近 BUS33 侧发生三相短路，0.24s 切除。

在控制子站，0.01s 时检测到不平衡功率的突变，表明系统发生故障；0.25s 时检测到不平衡功率的又一次突变，表明故障的切除。然后，将该信息传递到控制主站，暂态不稳定性预测与闭环紧急控制系统得以启动。

在控制主站，根据子站传来的功角、角速度、功率信息，计算惯性中心和预测功角，并按预测功角间隙进行分群，以获得等值系统轨迹。各机相对惯性中心的功角曲线及分群结果如图 5-12 所示，图中的红色曲线对应的发电机为 G7 和 G8。等值系统轨迹如图 5-13 所示。

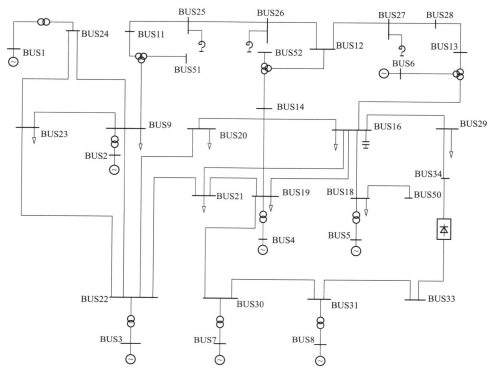

图 5-11　WEPRI-36 系统网架结构图

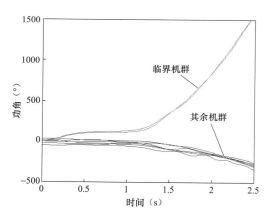

图 5-12　多机系统分群的功角曲线及分群结果

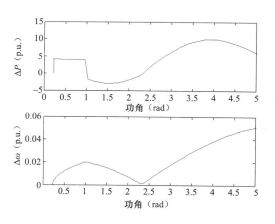

图 5-13　多机等值系统轨迹

然后根据等值轨迹计算反映参数时变性影响的指标 ε 如图 5-14 所示。

0.26s 时 $\varepsilon>0$，此时启动预测模块，对等值系统的状态量进行自记忆预测，采样点数为 10。于是，从 0.35s 时开始，滚动预测得到等值功角的未来轨迹如图 5-15 所示。

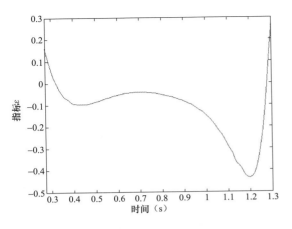

图 5-14　参数时变性影响指标 ε

图 5-15　预测的等值功角未来轨迹

根据预测轨迹计算得到不稳定性指标 τ、μ 曲线如图 5-16 所示。

指标 τ、μ 在 0.58s 时同时大于零，可以判断系统将失稳。于是，开始投入控制措施计算模块，切机后各机相对惯性中心的功角曲线及分群结果如图 5-17 所示，等值轨迹如图 5-18 和图 5-19 所示。

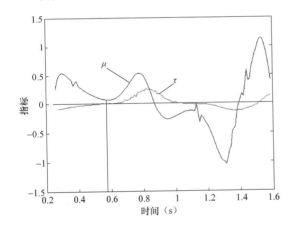

图 5-16　不稳定性指标 τ、μ 曲线

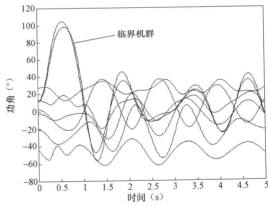

图 5-17　切机后各机相对惯性中心的功角曲线及分群结果

根据等值轨迹计算得到不稳定性指标 τ、μ 曲线如图 5-20 所示。

指标 μ 虽然在一段时间内大于零，但指标 τ 始终维持负值，无论从指标曲线还是等值轨迹曲线都能看出，采取控制措施后系统重新回到了稳定运行状态，即提出的暂态不稳定性预测与闭环控制系统在 0.35s 时预测到了系统将在 0.58s 时失稳，并且在真正发生失稳前就投入了控制措施，有效阻止了系统稳定性的恶化趋势。

使用基于预测轨迹、基于实测轨迹的紧急控制启动判据、动态鞍点方法和 180°（360°）门槛值方法分别对 IEEE-145 母线系统和实际三华联网系统的多个不稳定算例进行仿真，表 5-1～表 5-3 给出了四种方法预测出系统失稳的时刻和等值功角值。

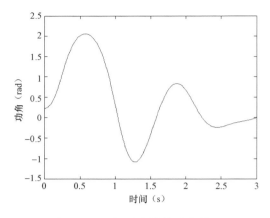

图 5-18 切机后的等值功角轨迹

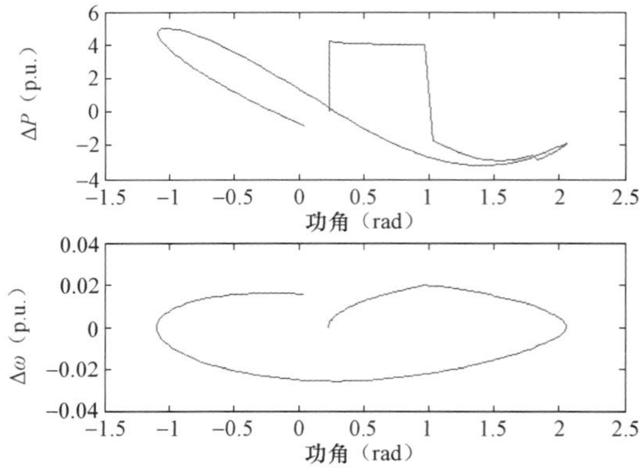

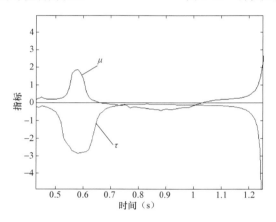

图 5-19 切机后的等值系统相轨迹

图 5-20 切机后的不稳定性指标 τ、μ 曲线

以表 5-1 为例，基于预测轨迹的判别方法能够最快识别出系统的稳定性，对于某些严重的故障情况，该方法判别系统失稳时刻的角度仅在 50°附近，为投入紧急控制阻止不稳定的发生赢得了足够的时间。而基于实测轨迹判别方法识别系统失稳时刻的角度通常则要大于 90°。相对于动态鞍点方法，前述两种方法又具有明显的快速性，而采用 180°固定门槛值的方法则速度最慢。

总之，尽管参数时变性影响指标 ε 的使用可能会影响不稳定性预测方法的快速性，但即使在最不乐观情况下，其预测系统不稳定性的快速性也至少与基于真实轨迹的判别方法相同。总体而言，基于预测轨迹的不稳定性判别流程将具有较强的预测功能，其实现了暂态不稳定性预测在可靠性和有效性两方面的良好折中。

表 5-1   各种暂态不稳定性判别方法的快速性比较

故障线路	故障清除时间（s）	基于预测轨迹		基于实测轨迹		动态鞍点法		180°门槛值
		识别时刻（s）	功角（°）	识别时刻（s）	功角（°）	识别时刻（s）	功角（°）	识别时间（s）
6-7	0.108	0.6	127.26	0.6	127.26	0.86	155	1.1
6-12	0.26	0.7	92.38	1.1	131.77	1.31	143.44	1.76

续表

故障线路	故障清除时间（s）	基于预测轨迹		基于实测轨迹		动态鞍点法		180°门槛值
		识别时刻（s）	功角（°）	识别时刻（s）	功角（°）	识别时刻（s）	功角（°）	识别时间（s）
98-72	0.2	0.27	148	0.3	160	0.38	182	0.34
97-66	0.24	0.33	100.2	0.55	143	0.75	168.5	0.81
94-92	0.28	0.35	97.3	0.43	135	0.64	164	0.85
96-73	0.15	0.22	63.7	0.32	91.5	0.5	128	0.74

表 5-2　　　　暂态不稳定判别方法的快速性与准确性比较

故障位置	故障清除时间（ms）	基于实测轨迹		动态鞍点法		360°门槛值
		识别时间（s）	最大功角差（°）	识别时间（s）	最大功角差（°）	识别时间（s）
川洪沟—渝板桥	10	稳定	—	稳定	—	稳定
	11	0.89	43.7	1.7	71.9	3.83
鄂恩施—渝张恩	22	稳定	—	稳定	—	稳定
	29	0.42	150	1.05	212.6	0.68
晋北—冀石家	8	稳定	—	稳定	—	稳定
	10	0.98	66	4.21	113.6	4.69

表 5-3　　　　暂态不稳定判别方法在 $N-2$ 校验下的应用

故障设置	切机量（MW）	基于实测轨迹		动态鞍点法		360°门槛值
		识别时间（s）	最大功角差（°）	识别时间（s）	最大功角差（°）	识别时间（s）
武汉—芜湖 故障持续5周波	9920	稳定	—	稳定	—	稳定
	10120	6.18	78.0	6.65	79.5	11.70

由仿真结果可知，基于实测或者预测轨迹凹凸性的暂态稳定性判据能够准确、快速地判定策略表控制实施后的系统稳定情况，因此作为紧急控制的判据是具有有效性和可靠性的。

基于实测轨迹的暂态稳定性判别方法与基于预测轨迹的暂态稳定性判别方法区别在于基于预测轨迹的方法可以更快速地判断出系统失稳情况，即态势感知，为后续实施紧急控制争取了时间，但是相对于基于实测轨迹的暂态判稳结果而言会在临界情况出现误判的案例。

5.2　基于动态响应的数据驱动型暂态功角稳定判别方法

5.2.1　数据驱动型功角稳定判别模型

目前，数据驱动模型用于功角稳定判别均通过离线仿真获取数据集，其失稳样本的数量可以得到保证。但在实际情况下，由于电力系统运行方式复杂多变，且大规模区域互联电网比较坚强，因此实际系统的暂态失稳样本具有数量小、属性多的特点。而对大部分数据挖掘算法来说，对它们进行训练需要系统运行和故障状态下的大量历史数据，否则会导致算法的准确率较低，不能满足稳定评估的需要。因此，考虑到暂态功角稳定评估中小样本数据的特点，采用适用于小样本数据的方法对功角失稳样本进行处理，其模型如图5-22所示。

整个评估过程包含构建功角稳定数据集、在线特征提取、基于双分类器的暂态稳定评估和在线评价指标计算四个部分，通过离线得到的海量数据样本训练一个完整的功角判稳模型，在以后的每一个数据采集节点，利用该模型即可对系统实时获取的数据完成一次稳定评估过程。

1. BP 神经网络

人工神经网络（artificial neural network，ANN）是一个由大量简单的处理单元（神经元）广泛连接组成的人工网络，用来模拟大脑神经系统的结构和功能。它能从已知数据中自动归纳规则，获得这些数据的内在规律，具有很强的非线性映射能力。人工神经网络已经广泛应用于模式识别、信号处理及人工智能等各个领域。

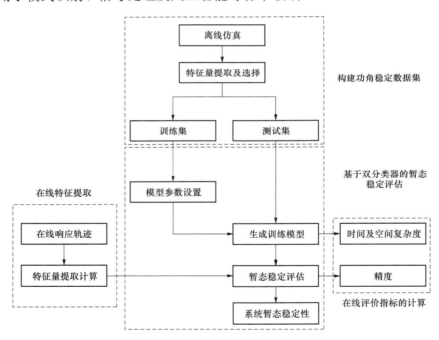

图 5-22　考虑小样本的数据驱动判稳模型

1943 年心理学家 W.McCulloch 和数理逻辑学家 W.Pitts 首先提出一个简单神经网络模型，其神经元的输入输出关系为：

$$y_j = sign(\sum_i W_{ji} X - \theta_j) \tag{5-44}$$

其中，输入输出均为二值量，W_{ji} 为固定的权值。利用该简单网络可以实现一些逻辑关系，为进一步研究打下了基础。BPNN 是基于误差传播算法的多层前馈网络，多层 BP 网络不仅有输入节点、输出节点，而且还有一层或多层隐含节点。三层 BP 神经网络的拓扑结构如图 5-23 所示，包括输入层、输出层和一个隐含层。各神经元与下一层所有的神经元连接，同层各神经元之间无连接，用箭头表示信息的流动。

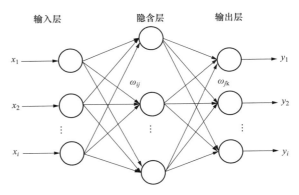

图 5-23　三层 BP 神经网络的拓扑结构

从 20 世纪 80 所代开始，人工神经网络理论得到了快速的发展。神经网络有以下突出优点：

（1）高度的并行性。人工神经网络是由许多相同的简单处理单元并联组合而成，虽然每个元件的功能简单，但大量简单处理单元的并行活动，使其对信息的处理能力与效果惊人。

（2）高度的非线性全局作用。人工神经网络每个神经元接受大量其他神经元的输入，并通过并行网络产生输出，影响其他神经元。网络之间的这种互相制约和影响，实现了从输入到输出的非线性映射。

（3）良好的容错性与联想记忆功能。

（4）非常强的自适应、自学习功能。人工神经网络可以通过训练和学习来获得网络的权值与结构，呈现出很强的自学习能力和对环境的适应能力。

BP 神经网络（Back-Propagation Neural Network）是基于 BP 误差反向传播算法的多层前馈神经网络，是对非线性可微分函数进行权值训练的多层网络。BP 网络包含了神经网络理论中最精华的部分，由于其结构简单、可塑性强，得到了广泛的应用。特别是它的数学意义明确、步骤分明的学习算法更使其具有广泛的应用背景。BP 神经网络主要用于函数逼近、模式识别、分类以及数据压缩等领域。

BP 算法是由两部分组成：信息的正向传递与误差的反向传播。在正向传播过程中，输入信息从输入经隐含层逐层计算传向输出层，每一层神经元的状态只影响下一层神经元的状态。如果在输入层没有得到期望输出，则计算输出层的误差变化值，然后转向反向传播，通过网络将误差信号沿原来的连接通路反传回来修改各神经元的权值直至达到期望目标。

本文采用基于遗传算法（GA）优化的 BP 神经网络进行试验。BP 算法基于梯度下降方法，存在局部最优问题，不同的权值可能会导致网络不收敛或陷入局部极值点。而结合 GA 对 BP 神经网络进行优化，能够克服 BP 算法局部最优的缺陷，而且能够优化 BP 神经网络初始权重和阈值，提高网络的稳定性，缩短计算时间。

在传统的方法中，分类器直接输出分类结果，没有得出其余的有效信息，而 GA-BP 将分类过程分为先拟合、后分类两个部分。

GA-BP 神经网络分类器算法流程如图 5-24 所示，训练输入为 N 维特征量，输出为表示稳定状态的离散量，采用拟合算法，构建以该离散量为目标函数的 BP 神经网络，当输入测试样本时，测试输出可能是分布于稳定状态间的无意义离散值，最后对输出结果按照规则进行分类，即可以得出系统的稳定状态。

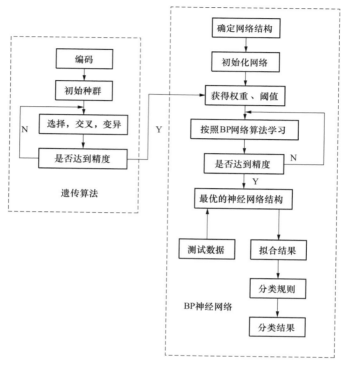

图 5-24　GA-BP 神经网络分类器算法流程图

2．支持向量机

1995 年，Vapnik 等人在统计学习理论的 VC 维理论和结构风险最小化原则的基础上，提出了一种新型的学习方法——支持向量机（Support Vector Machine，SVM）。不同于现有的统计方法，SVM 基本上不涉及概率测度及大数定律。从本质上看，它避开了从归纳到演绎的传统过程，实现了高效的从训练样本到预测样本的"转导推理"，大大简化了分类和回归的问题。SVM 的最终决策函数只由少数的支持向量所确定，计算的复杂性取决于支持向量的数目，而不是样本空间的维数，在某种意义上避免了"维数灾难"。因此采用 SVM 作为暂态稳定评估模型，可以充分发挥其对小样本数据处理的优势，应用尽可能少的样本得到最优分类面，通过该分类面进行预测付出的代价最小，泛化能力最好。

SVM 的基本思想是：基于 1909 年 Mercer 核展开定理，可通过非线性映射 φ，把样本空间映射到一个高维乃至无穷维的特征空间（Hilbert 空间），在特征空间中可以应用线性学习机的方法来解决样本空间中的高度非线性分类问题。

给定一组训练数据 $(x_i, y_i), i = 1, \cdots, l, x \in R^d$，$y \in \{-1, 1\}$，$l$ 为样本量。假定存在一个超平面 H：$w \cdot x + b = 0$，其中 w 为超平面的法线，$\dfrac{|b|}{\|w\|}$ 为超平面到原点的正交距离，$\|w\|$ 为 w 的欧几里得范数；H 将两类数据分开，离 H 最近的两类样本距离之和即为该超平面的"间

隔"，即 $\dfrac{2}{\|w\|}$ 。SVM 就是搜索具有最大间隔的超平面，公式表述如下：

$$\begin{cases} 目标函数：\min \dfrac{1}{2}\|w\|^2 \\ 约束条件：y_i((w \cdot x_i)+b) \geqslant 1 \end{cases} \tag{5-45}$$

由于目标函数和约束条件都是凸的，根据最优化理论，这一问题存在唯一全局最小解。应用 Lagrange 乘子法并考虑满足 KKT 条件（Karush-Kuhn-Tucker）：

$$a_i(y_i((x \cdot x_i)+b)-1)=0 \tag{5-46}$$

可求得最优超平面决策函数为：

$$M(x)=Sgn((w^* \cdot x)+b^*)=Sgn(\sum_{S.V.} a_i^* y_i(x \cdot x_i)+b^*) \tag{5-47}$$

式中：a_i^*、b^* 为确定最优划分超平面的参数。

对于线性不可分的情况，可以在式（5-45）中引入松弛变量 $\xi_i \geqslant 0$，修改目标函数和约束条件，应用相似的方法求解，此时的规划方程为：

$$\left.\begin{array}{l} 目标函数：\min \dfrac{1}{2}\|w\|^2 + C\sum_i \xi_i \\ 约束条件：y_i((w \cdot x_i)+b) \geqslant 1-\xi_i \end{array}\right\} \tag{5-48}$$

其中大于 0 的 ξ_i 对应错分的样本，参数 C 为惩罚系数，$C>0$ 且为常数，控制对错分样本惩罚的程度。

对非线性问题，通过某种事先选择的非线性映射将输入特征 x 转化到一个高维特征空间，在这个空间内构造最优分类超平面。满足 Mercer 条件的核函数 $K(x_i,x_j)$ 就可以在最优分类面中实现某一非线性变换后的线性分类，此时最优超平面决策函数变为：

$$f(x)=Sgn\left(\sum_{i=1}^l a_i y_i K(x_i \cdot x)+b^*\right) \tag{5-49}$$

不同核函数可以实现输入空间不同类型的非线性决策面的 SVM，研究最多的核函数主要有四类：

（1）线性核函数：$K(x,x_i)=(x \cdot x_i)$；

（2）多项式核函数：$K(x,x_i)=((x \cdot x_i)+1)^q$；

（3）径向基核函数：$K(x,x_i)=\exp\left(-\dfrac{\|x-x_i\|^2}{2\sigma^2}\right)$；

（4）两层感知核函数：$K(x,x_i)=\tanh(v(x \cdot x_i)+C)$。

对于径向基核函数，需要设定惩罚因子 C 和核函数参数 σ，一般只能靠经验在某一范围内随机组合值，而支持向量机预测的性能对于参数的选择比较敏感，因此采用遗传算法（GA）自动寻找 SVM 的最优参数，提高 SVM 的分类精度。基于遗传算法优化的 SVM 分类器算法流程如图 5-25 所示。

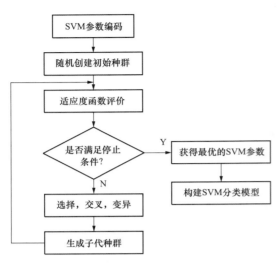

图 5-25　GA-SVM 分类器算法流程图

3. 决策树

决策树（decision tree，DT）是一种广泛应用的有监督学习算法，以 1948 年香农建立的解决信息传递的不确定性的一系列理论为基础，从实例出发的归纳学习算法，从一组无次序、无规则的事例中推理出分类规则。目前决策树分类经典算法主要有 ID3、C4.5、CART 以及利用 bagging/boosting 多决策树组合等。

决策树采用自顶向下的递归方式，在它的内部节点进行属性值的比较并根据不同的属性值判断从该节点向下的分支，最后在决策树的叶节点得到结论，整个过程都是以新节点为根的子树上重复。图 5-26 是分类决策树结构实例。

决策树建立以后，可以在程序中使用简单的 IF-THEN 语句进行复杂问题的分类判别。

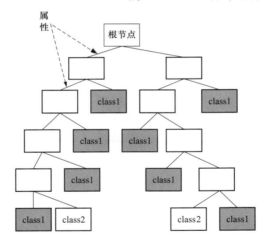

图 5-26　分类决策树结构实例

在决策树形成过程中，最重要的部分是对分裂属性的选择。比较常用的一种方法是计算信息增益，信息增益的原理来自信息论，它是使某个属性用来分割训练集而导致的期望熵降低。因此，信息增益越大的属性，分裂数据集的可能性越大。决策树的形成就是递归的对数据集中的每个节点进行分裂，直到节点的所有类别都属于同一类或没有多余的属性来划分训练样本集。

根据信息论的定义，设 S 是 s 个数据样本的集合，类标号属性有 n 类样本的训练集数据，每类有 S_i 个实例，则将其分类需要的信息量为：

$$I(S_1, S_2, \cdots, S_n) = -\sum_{i=1}^{n} P_i \log_2(P_i) \tag{5-50}$$

式中：P_i 是任意样本类型 C_i 的概率，用 S_i / S 估计。

设属性 A 具有 v 个不同的值 $\{a_1, a_2 \cdots a_v\}$。可以用属性 A 将 s 划分为 v 个子集 $\{S_1, S_2 \cdots S_v\}$，其中，S_j 包含 s 中这样的一些样本，它们在 A 上具有值 a_j。假设选取 A 作为本次分类的属性，则这些子集对应于由包含集合 s 的节点生长出来的分支。设 s_{ij} 是子集 S_j 中类 C_i 的样本数，根据由 A 划分成子集的熵由下式得出：

$$E(A) = \sum_{j=1}^{v} \frac{s_{1j} + s_{2j} + \cdots + s_{mj}}{s} I(s_{1j}, s_{2j}, \cdots, s_{mj}) \tag{5-51}$$

式中：$\dfrac{s_{1j} + s_{2j} + \cdots + s_{mj}}{s}$ 为第 j 个子集的权值，并等于子集（即 A 值为 a_j）中的样本个数除以 s 中的样本总数。

由信息论定义知，熵值越小，子集划分的纯度越高，因此对应给定的子集 S_j 有

$$I(s_{1j}, s_{2j}, \cdots, s_{mj}) = -\sum_{i=1}^{m} P_{ij} \log_2(P_{ij}) \tag{5-52}$$

式中：$p_{ij} = {s_{ij}}\Big/{S_j}$ 是 S_j 中的样本属于 C_i 的概率。

在 A 上的分支将获得编码信息即节点的信息增益为：

$$Gain(A) = I(S_1, S_2, \cdots, S_n) - E(A) \tag{5-53}$$

也就是说，信息增益是由于知道属性的值而导致的熵的期望压缩。为了使下一步所需的信息量最小，要求每一次都选择其信息增益最大的属性作为决策树的新节点，并对属性的每个值创建分支，依据此思想划分训练数据样本集。

4. 分类器评价指标

对分类器的性能进行评估，定义混淆矩阵如表 5-4 所示。

表 5-4   暂态稳定评估的混淆矩阵

评估的混淆矩阵		预测的稳定性	
		暂态稳定	暂态失稳
系统真实的稳定性	暂态稳定	a	b
	暂态失稳	c	d

根据混淆矩阵，可以定义评估准确率，即样本被正确分类的概率：

$$AC = \frac{a + d}{a + b + c + d} \times 100\% \tag{5-54}$$

漏判率，即失稳样本被错分为稳定的概率：

$$FP = \frac{c}{a + b + c + d} \times 100\% \tag{5-55}$$

误判率，即稳定样本被错分为失稳的概率：

$$TN = \frac{b}{a + b + c + d} \times 100\% \tag{5-56}$$

此外引入样本的测试时间，以评估是否能够满足在线应用的要求。

5.2.2 基于神经网络及支持向量机的多分类器构造

样本是数据驱动型方法的基本单位,一个完整的训练样本应该包含输入和输出两部分。输入部分采用 4.1.2 节中经过双阶段提取得到的特征量集,输出部分即系统的稳定状态,设定 0 值为稳定,1 值为失稳。

特征集包括功率、功角、能量、角速度等不同量纲单位的特征量,因此,需要对数据进行标准化处理,将特征量分别归一化到区间 [-1,1] 中。归一化规则为:

$$y = 2 \times \frac{x - x_{\min}}{x_{\max} - x_{\min}} - 1 \tag{5-57}$$

式中:$x_{\min}$ 为归一化前数据中的最小值;$x_{\max}$ 为归一化前数据中的最大值;x 为归一化前的数据;y 为归一化后的数据。

新英格兰 10 机 39 节点系统包含 10 台发电机、39 个节点、46 条线路和 19 处负荷。在每条线路的 15%、50% 和 85% 处设置三相短路故障,故障的发生时间为 0.1s,故障清除的时间分别设为 0.05s、0.10s、0.15s,分别在 80%、85%、90%、…,125% 负荷水平下相应改变发电机出力,在 PSASP 软件中进行仿真,剔除不满足潮流约束条件的样本,最终得到 3625 个有效样本,随机选取 2625 个作为训练样本,其余 1000 个作为测试样本。

用 10 机 39 节点系统中的样本对网络进行训练,BP 神经网络的隐含层神经元数一般根据经验设定,采用试错法选取隐含层神经元数,当神经元数为 12 时,GA—BP 神经网络的训练误差达到最小。再将测试样本输入已经训练好的模型中,输出结果如图 5-27 所示。

经分析,可以得出以下两个共性的结论:

(1)尽管训练样本的输出只有 0 或者 1,测试样本输出却是分布在 [0,1] 之间的离散小数值;

(2)大多数输出都集中在 $y=0$ 和 $y=1$ 附近,剩下的输出随机分布在中间区域。

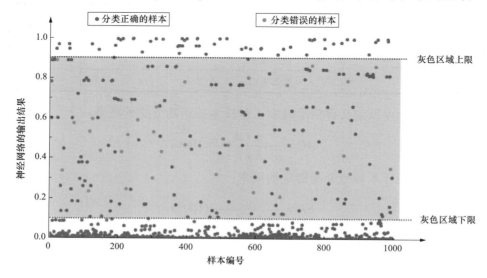

图 5-27 标准算例 GA-BP 神经网络输出中的灰色区域

在此结果的基础上，我们按照如下规则进行判断：

$$\begin{cases} 0 \leqslant y_{\text{out}} \leqslant 0.5 & \text{系统判为稳定} \\ 0.5 < y_{\text{out}} \leqslant 1 & \text{系统判为失稳} \end{cases} \tag{5-58}$$

按照上述规则，测试样本输出中有 654 个稳定，346 个失稳，准确率为 96.40%，这对于暂态稳定评估并不理想。下面将分析这些样本输出的组成成分，将图 5-27 中分类正确的样本标记为蓝色，分类错误的样本标记为红色，从图中可以得出以下结论：

（1）分类错误的样本主要集中在中间的某个区域；

（2）$y=0$ 和 $y=1$ 附近的样本基本上都分类正确。

基于上述现象，定义"灰色区域"和"白色区域"，为了将两者划分开来，保守地选取 $y=0.1$ 和 $y=0.9$ 作为区域边界，y_{out} 为神经网络的输出值，定义如下：

白色区域：若 $y_{\text{out}} \in [0,0.1) \cup (0.9,1]$，则定义该样本为白色样本，该区域也称为白色区域。在白色区域中，分类准确率达到 99.88%，因此认为该区域样本的分类结果可信度很高。

灰色区域：若 $y_{\text{out}} \in [0.1,0.9]$，则定义该样本为灰色样本，该区域也称为灰色区域。在灰色区域中，分类准确率仅为 64.8%，该区域样本的分类效果明显不如白色区域的理想，因此，有必要做进一步的修正。

5.2.3 双分类器暂态功角判稳模型

上一节在 10 机 39 节点系统中验证了 GA-BP 神经网络分类器的结果中存在着灰色区域，在该区域中神经网络分类器准确率较低，因此引入 GA-SVM 分类器对灰色区域的分类结果进行修正。SVM 与神经网络有着截然不同的映射方法，SVM 通过满足 Mercer 条件的核函数将样本映射到特征空间，再进行分类，因此对灰色区域的样本分类有不一样的效果。将 10 机 39 系统中的样本随机组合成 5 个不同的训练—测试样本集，表 5-5 显示了 GA-BP 神经网络分类器和 GA-SVM 分类器在灰色区域中的分类表现，可以看出，GA-SVM 分类器的准确率要远高于 GA-BP 神经网络，达到了 96.6%。

表 5-5   两个分类器在灰色区域中的表现

样本集序号	GA-BP 分类器准确率	GA-SVM 分类器准确率
1	76.3%	97.3%
2	72.6%	96.5%
3	79.3%	96.0%
4	81.2%	96.5%
5	78.8%	96.5%
平均准确率	77.6%	96.6%

基于上述现象，本书给出了基于双分类器的数据驱动功角判稳模型，它把灰色区域作为分类器接口，将支持向量机和神经网络结合在一起，能够弥补神经网络的分类缺陷，提高分类结果的准确度、泛化性和稳定性。整个评估框架如图 5-28 所示，包括离线数据库的构建、在线数据采集及预处理，分类器判稳以及灰色区域判别四个部分，通过离线得到的

海量数据样本训练一个完整的分类器模型，在以后的每一次评估中，利用该模型即可对采集的数据完成稳定评估过程。

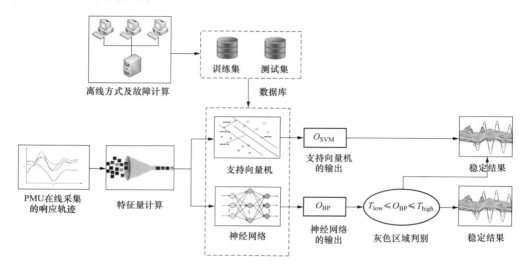

图 5-28　基于双分类器的数据驱动型暂态稳定评估框架

为了使该方案适用于在线分析，双分类器采用并行结构，以减少计算时间，特征集计算完成后，其作为输入分别导入到两个分类器中进行处理，如果 GA-BP 神经网络的输出结果在阈值范围内，则认为该样本位于灰色区域，以 GA-SVM 分类器的结果为最终结果。反之，如果不满足，则认为该样本位于白色区域，以 GA-BP 的分类结果为最终结果。

表 5-6 为六种分类器的评价指标对比，图 5-29 和图 5-30 为六种分类器的精度比较和六种分类器漏判率与误报率的比较。可以发现，总体上看，多分类器的分类效果要好于单一分类器，基于双分类器的评估方法准确度最高，并且漏判率和误判率均为最低，双分类器能够保证较高的精度。

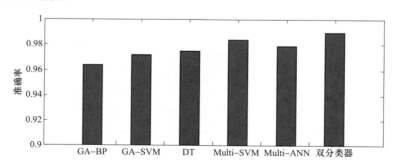

图 5-29　六种分类器的精度比较

表 5-6　　　　　　　　　　标准算例中六种分类器的评价指标对比

分类器类型	准确率	误判率	漏判率	t（s）
GA-BP	96.4%	2.0%	1.6%	0.065
GA-SVM	97.2%	1.3%	1.5%	0.052

分类器类型	准确率	误判率	漏判率	t（s）
DT	97.5%	1.1%	1.4%	0.048
Multi-SVM	98.4%	1.0%	0.6%	0.145
Multi-ANN	97.9%	1.2%	0.9%	0.153
双分类器	99.0%	0.40%	0.60%	0.083

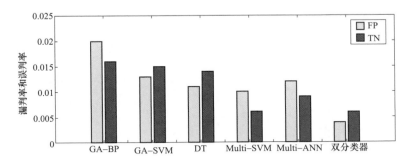

图 5-30 六种分类器的漏判率和误判率比较（FP—误判率；TN—漏判率）

图 5-31 为六种分类器的计算时间比较。双分类器耗费的时间是三个多分类器方法中最少的，得益于它的并行结构，也只比单一分类器多耗费了不到一倍的时间，花费了 4 个周波的时间，属于在线应用的可接受范围。

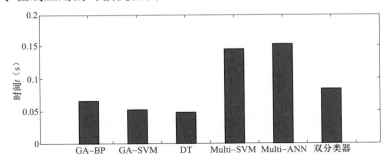

图 5-31 六种分类器的计算时间比较

5.2.4 仿真实例

5.2.4.1 算例设置

1. 三华同步电网概况

国家电网公司所辖电网成为统一的特高压同步电网是相关研究提出的规划网架格局之一，选择三华电网进行研究，不但是为了研究成果本身，也是为了找到适用于特高压电网的快速暂态功角稳定判别方法，为特高压电网的安全稳定运行提出有效建议。

按照相关研究，三华电网将首先建成"两纵两横一环网"特高压网架。如图 5-32 所示，"两纵两横"格局下，"西纵"在原特高压试验示范工程加强方案的基础上，扩建为三回线，并向北延伸至晋中、蒙西，向南延伸至长沙和南昌，将北部火电输往华中负荷中心；

"东纵"北起锡林郭勒盟，经北京—济南—徐州—南京，接入华东特高压环网；"北横"西起蒙西，经晋北和石家庄特高压电站接入"东纵"的济南站，将晋北、蒙西和陕北的火电，送往华北和华东负荷中心；"南横"西起四川的雅安特高压站，将重庆、万县站接入"西纵"的荆门站，并进一步通过荆门—武汉—皖南与华东特高压环网连接，将西南富余水电送入华中和华东负荷中心。

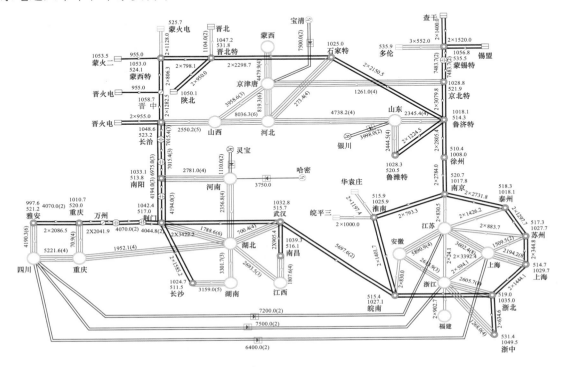

图 5-32　三华同步电网网架结构图

该格局下，华北电网与华中电网通过长南线三回线特高压工程交流互联，华中电网与华东电网通过复奉、锦苏、溪浙等多回直流线路以及武汉—芜湖特高压交流双回线路互联，华北电网与华东电网通过济南—徐州双回交流特高压线路互联。华中电网通过德宝直流、灵宝直流背靠背、哈郑直流等与西北电网互联，通过江陵—惠州直流与南方电网互联；华北电网通过高岭直流背靠背与东北电网互联，通过宁东直流与西北电网互联；华东电网通过宁东太阳山—绍兴直流与西北电网互联。

2. 故障设置

考虑到大电网运行情况复杂，网架结构坚强，在 N–1 等典型故障下基本保持暂态稳定运行，因此，进一步设置几种较典型的严重、极端严重故障类型，以考察数据驱动型方法在大电网暂态稳定判别中的应用：

（1）500kV 及以上线路三永 N–1 短路故障；

（2）省内 500kV 线路三永 N–2 短路故障；

（3）省间 500kV 线路三永 N–2 短路故障；

（4）省内变压器三永 N–2 短路故障；

（5）省内变电站全停故障；

（6）省间断面变电站全停故障；

（7）省间断面线路一侧三相短路，断路器单相拒动，跳故障线路及联跳此侧变电站出线；

（8）省间断面线路对侧三相短路，断路器单相拒动，跳故障线路及联跳此侧变电站出线；

（9）特高压变压器三相永久性 $N-2$ 短路故障；

（10）特高压线路三相永久性 $N-2$ 短路故障；

（11）特高压变电站全停故障；

（12）直流单极闭锁故障；

（13）直流双极闭锁故障。

3．仿真条件

以 $N-2$ 三相短路为例，设定故障发生时刻 0.1s，故障切除时刻 0.2s，故障位置为线路的 0% 和 50% 处，仿真软件为 BPA，暂态功角失稳的仿真判据为发电机最大功角差大于 360°。

4．仿真硬件

仿真在配置为 Intel core i5、3.2GHzCPU，2GB RAM，64 位 Windows 操作系统的个人计算机上进行。

5．样本集概述

通过上述仿真，最终得到 6110 个样本，根据故障类型分类，这些样本的总体概况如表5-7 所示，部分失稳样本展示如表 5-8 所示。

表 5-7　　　　　　　　　　离 线 仿 真 数 据 集

故 障 类 型	总样本	稳定样本	失稳样本
500kV 及以上线路 $N-1$	2000	2000	0
省内 500kV 线路 $N-2$	1670	1360	310
省间 500kV 线路 $N-2$	830	690	140
省内变电站全停	440	165	275
省内变压器 $N-2$	235	210	25
省间断面变电站全停	215	135	80
省间断面三相永久性故障、单相断路器拒动、跳本侧	100	65	35
省间断面三相永久性故障、单相断路器拒动、跳对侧	60	30	30
特高压变压器 $N-2$	120	115	5
特高压线路 $N-2$	155	120	35
特高压站全停	155	48	107
直流单极闭锁	75	65	10
直流双极闭锁	55	40	15
总共	6110	5043	1067

表 5-8 部 分 失 稳 样 本 展 示

故障类型	故障编号	故 障 描 述
华东—浙江变压器 $N-2$	1	浙由拳，三相短路故障
	2	浙含山，三相短路故障
	3	浙万象，三相短路故障
	4	浙回浦，三相短路故障
	5	浙妙西，三相短路故障
华中—四川 500kV 线路 $N-2$	6	川洪沟—渝板桥，三相短路故障
	7	川甘谷地—川雅特，三相短路故障
	8	川广安—川黄岩，三相短路故障
	9	川锦屏—川裕隆，三相短路故障
	10	川石棉—川九龙，三相短路故障
浙江变电站全停	11	万象—西直，万象侧两相故障，主保护拒动，1s 跳开万象站所有 500kV 出线及变压器
	12	瓯海—万象，瓯海侧两相故障，主保护拒动，1s 跳开瓯海站所有 500kV 出线及变压器
	13	天柱—乐清，天柱侧两相故障，主保护拒动，1s 跳开天柱站所有 500kV 出线及变压器
	14	南雁—苍南，南雁侧两相故障，主保护拒动，1s 跳开南雁站所有 500kV 出线及变压器
	15	温西—四都，温西侧两相故障，主保护拒动，1s 跳开温西站所有 500kV 出线及变压器
四川变电站全停	16	川甘谷地—川雅特，川甘谷地侧两相故障，川甘谷地侧主保护拒动，1s 跳开川甘谷地所有 500kV 出线
	17	川蜀州—川雅特，川蜀州侧两相故障，川蜀州侧主保护拒动，1s 跳开川蜀州所有 500kV 出线
	18	川雅安—川雅特，川雅安两相故障，川雅安侧主保护拒动，1s 跳开川雅安所有 500kV 出线
	19	川石棉—川雅安，川石棉两相故障，川石棉侧主保护拒动，1s 跳开川石棉所有 500kV 出线
	20	川九龙—川石棉 川九龙侧两相故障，川九龙侧主保护拒动，1s 跳开川九龙所有 500kV 出线
直流双极闭锁	21	川奚落—浙浙西，直流双极闭锁
	22	川复龙—沪奉贤，直流双极闭锁
	23	川裕隆—苏同里，直流双极闭锁
直流单极闭锁	24	川奚落—浙浙西，直流单极闭锁
	25	川裕隆—苏同里，直流单极闭锁
省间 500kV 联络及特高压与省间 500kV 断面 $N-2$	26	川雅特—川甘谷地 $N-2$ 故障
	27	渝板桥—川洪沟 $N-2$ 故障

故障类型	故障编号	故障描述
省间 500kV 联络及特高压与 省间 500kV 断面 N–2	28	蒙丰泉—张丰万 N–2 故障
	29	闽宁德—浙西直 N–2 故障
特高压变压器 N–2	30	京北特 1050kV 变压器高压侧 N–2 故障
特高压线路 N–2	31	鄂武汉—国芜湖 N–2
	32	鲁济特—国徐州 N–2
	33	晋北—冀石家 N–2
	34	京北特—鲁济特 N–2
	35	蒙查干—蒙锡特 N–2
特高压站全停	36	石家特—晋北特，石家特侧两相故障，主保护拒动，1s 跳开石家特所有 500kV 出线
	37	鲁济特—京北特，鲁济特侧两相故障，主保护拒动，1s 跳开鲁济特所有 500kV 出线
	38	南京—徐州，南京侧两相故障，主保护拒动，1s 跳开南京所有 500kV 出线
	39	荆门—南阳，荆门侧两相故障，主保护拒动，1s 跳开荆门所有 500kV 出线
	40	武汉—皖南，武汉侧两相故障，主保护拒动，1s 跳开武汉所有 500kV 出线

5.2.4.2 针对全网的仿真结果分析

如表 5-7 和表 5-8 所示，三华电网的仿真共生成了 6110 个样本，其中稳定样本 5043 个，失稳样本 1067 个。为了得到稳定可靠的测试结果，采用 K-fold 交叉验证的方法，原始样本被分割成 5 个子样本集，一个单独的子样本被保留作为测试的数据，其他 4 个样本用来训练。交叉验证重复 5 次，每个子样本验证一次，平均 5 次的结果，得到最终的结果。该方法的优势在于，同时重复运用随机产生的子样本进行训练和验证，每次的结果验证一次。采用 DT、ANN、SVM 与双分类器四种分类器进行建模和对比，结果如表 5-9 所示。

表 5-9 　　　　　　　　　　 四种分类器在三华电网全网的判稳结果

分类器	准确率	漏判率	误判率	判稳时间（s）
ANN	93.3%	3.0%	3.7%	0.042
DT	94.7%	3.1%	2.2%	0.049
SVM	95.1%	2.9%	2.0%	0.038
BP-SVM	99.1%	0.4%	0.5%	0.063

（1）各个分类器的准确率均在 90% 以上，说明数据驱动型方法对于三华电网的功角稳定判别有效；

（2）相比于其他三种单分类器，基于双分类器的数据驱动型功角判稳模型有着 99.1% 的准确率，是所有分类器中最高的，同时漏判率和误判率均为最低，判稳效果明显好于单分类器；

（3）从响应数据输入到稳定结果输出的时间仅为 0.063s，这意味着加上故障切除后 5 个周波的数据采集时间，基于双分类器的数据驱动型功角判稳模型在故障发生后 0.16s 左右即可判断出系统是否能够继续保持暂态稳定运行，为后续的控制提供了快速、可靠的信息。

（4）由于数据驱动型方法可以不依赖于模型，因此其判稳速度极快，如故障发生后 0.16s 左右即可给出判稳结果，在充分考虑其故障样本和测试样本不足问题的前提下，可以作为基于响应信息的辅助判稳手段，与基于相轨迹的暂态功角判稳方法互相补充。

5.2.4.3 针对不同故障类型的仿真结果分析

将全网的 6110 个样本作为训练样本，构建三华电网的数据驱动型功角判稳模型，再将各种故障类型下的样本单独输入已有的模型中，以考察该模型对于不同的故障类型的适应性。

1. 省内 500kV 线路 $N–2$ 三相短路

省内 500kV 线路 $N–2$ 三相短路一共生成了 1670 个原始样本，其中稳定样本 1360 个，失稳样本 310 个，将这些样本输入到模型中，得到的测试结果如表 5-10 所示。BP-SVM 的准确率最高，达到了 98.5%，误判和漏判情况也最少，说明该模型对于省内 $N–2$ 三相短路的故障场景适应性较好。

表 5-10　　　　　省内 500kV 线路 $N–2$ 三相短路场景不同分类器的准确度

分类器	仿真分类准确结果	误判结果	漏判结果	准确率
ANN	1580	35	55	94.6%
DT	1600	24	46	95.8%
SVM	1623	20	27	97.2%
BP-SVM	1645	10	15	98.5%

2. 省间 500kV 线路 $N–2$ 三相短路

省间 500kV 线路 $N–2$ 三相短路故障一共生成 830 个原始样本，将这些样本输入到模型中，得到的测试结果如表 5-11 所示。BP-SVM 的准确率最高，达到了 98.8%，误判和漏判情况也最少，说明该模型对于省间 500kV 线路 $N–2$ 三相短路故障场景适应性较好。

表 5-11　　　　　省间 500kV 线路 $N–2$ 三相短路场景不同分类器的准确度

分类器	仿真分类准确结果	误判结果	漏判结果	准确率
ANN	774	26	30	93.3%
DT	783	17	30	94.3%
SVM	809	7	14	97.5%
BP-SVM	820	4	6	98.8%

3. 省内变电站全停

省内变电站全停故障一共生成了 440 个原始样本，将这些样本输入到模型中，得到的测试结果如表 5-12 所示。BP-SVM 的准确率最高，达到了 98.9%，误判和漏判情况也最少，说明该模型对于省内变电站全停故障场景适应性较好。

表 5-12 省内变电站全停故障场景不同分类器的准确度

分类器	仿真分类准确结果	误判结果	漏判结果	准确率
ANN	405	15	20	92%
DT	411	12	17	93.4%
SVM	422	8	10	95.9%
BP-SVM	435	2	3	98.9%

4. 省内变压器 N–2 三相短路

省内变压器 N–2 故障共生成了 235 个原始样本,将这些样本输入到模型中,得到的测试结果如表 5-13 所示。BP-SVM 的准确率最高,达到了 99.1%,误判和漏判情况也最少,说明该模型对于省内变压器 N–2 三相短路故障场景适应性较好。

表 5-13 省内变压器 N–2 三相短路故障场景不同分类器的准确度

分类器	仿真分类准确结果	误判结果	漏判结果	准确率
ANN	219	6	10	93.2%
DT	223	4	8	94.9%
SVM	227	3	5	96.6%
BP-SVM	233	1	1	99.1%

5. 省间断面变电站全停

省间断面变电站全停故障一共生成了 215 个原始样本,将这些样本输入到模型中,得到的测试结果如表 5-14 所示。BP-SVM 的准确率最高,达到了 99.1%,说明该模型对于省间断面变电站全停故障场景适应性较好。

表 5-14 省间断面变电站全停场景不同分类器的准确度

分类器	仿真分类准确结果	误判结果	漏判结果	准确率
ANN	198	7	10	92.1%
DT	202	5	8	94%
SVM	206	4	5	95.8%
BP-SVM	213	0	2	99.1%

6. 省间断面一侧三相永久性故障、单相断路器拒动、联跳变电站出线

省间断面三相永久性故障单相拒动一共生成了 100 个原始样本,将这些样本输入到模型中,得到的测试结果如表 5-15 所示。BP-SVM 的准确率最高,达到了 99.0%,误判和漏判情况也最少,说明该模型对于省间断面三永单相拒动故障场景适应性较好。

表 5-15 省间断面三相永久性故障单相拒动场景不同分类器的准确度

分类器	仿真分类准确结果	误判结果	漏判结果	准确率
ANN	92	3	5	92%

分类器	仿真分类准确结果	误判结果	漏判结果	准确率
DT	94	3	3	94%
SVM	96	1	3	96%
BP-SVM	99	0	1	99%

7. 省间断面对侧三相永久性故障、单相断路器拒动、联跳变电站出线

省间断面对侧三相永久性故障单相拒动一共生成了 60 个原始样本,将这些样本输入到模型中,得到的测试结果如表 5-16 所示。BP-SVM 的准确率最高,达到了 98.3%,说明该模型对于省间断面对侧三相永久性故障单相拒动场景适应性较好。

表 5-16　　　　　　省间断面对侧三相永久性单相拒动不同分类器的准确度

分类器	仿真分类准确结果	误判结果	漏判结果	准确率
ANN	56	1	3	93.3%
DT	57	1	2	95%
SVM	58	1	1	96.7%
BP-SVM	59	0	1	98.3%

8. 特高压变压器 N–2

特高压变压器 N–2 一共生成了 120 个原始样本,将这些样本输入到模型中,得到的测试结果如表 5-17 所示。BP-SVM 的准确率最高,达到了 99.2%,说明该模型对于特高压变压器 N–2 故障场景适应性较好。

表 5-17　　　　　　　特高压变压器 N–2 场景不同分类器的准确度

分类器	仿真分类准确结果	误判结果	漏判结果	准确率
ANN	110	4	6	91.7%
DT	112	3	5	93.3%
SVM	116	1	3	96.7%
BP-SVM	119	0	1	99.2%

9. 特高压线路 N–2

特高压线路 N–2 一共生成了 155 个原始样本,将这些样本输入到模型中,得到的测试结果如表 5-18 所示。BP-SVM 的准确率最高,达到了 99.4%,误判和漏判情况也最少,说明该模型对于特高压线路 N–2 故障场景适应性较好。

表 5-18　　　　　　　特高压线路 N–2 场景不同分类器的准确度

分类器	仿真分类准确结果	误判结果	漏判结果	准确率
ANN	144	5	6	92.9%
DT	146	4	5	94.2%
SVM	148	3	4	95.5%
BP-SVM	154	1	0	99.4%

10. 特高压站全停

特高压站全停一共生成了 155 个原始样本,将这些样本输入到模型中,得到的测试结果如表 5-19 所示。BP-SVM 的准确率最高,达到了 100%,说明该模型对于特高压站全停故障场景适应性较好。

表 5-19　　　　　　　　　　特高压站全停场景不同分类器的准确度

分类器	仿真分类准确结果	误判结果	漏判结果	准确率
ANN	145	4	6	93.5%
DT	146	4	5	94.2%
SVM	149	2	4	96.1%
BP-SVM	155	0	0	100%

11. 直流单极闭锁

直流单极闭锁一共生成了 75 个原始样本,将这些样本输入到模型中,得到的测试结果如表 5-20 所示。BP-SVM 的准确率最高,达到了 100%,说明该模型对于直流单极闭锁故障场景适应性较好。

表 5-20　　　　　　　　　　直流单极闭锁场景不同分类器的准确度

分类器	仿真分类准确结果	误判结果	漏判结果	准确率
ANN	69	2	4	92%
DT	70	1	4	93.3%
SVM	73	1	1	97.3%
BP-SVM	75	0	0	100%

12. 直流双极闭锁

直流双极闭锁一共生成了 55 个原始样本,将这些样本输入到模型中,得到的测试结果如表 5-21 所示。BP-SVM 的准确率最高,达到了 100%,说明该模型对于直流双极闭锁故障场景适应性较好。

表 5-21　　　　　　　　　　直流双极闭锁场景不同分类器的准确度

分类器	仿真分类准确结果	误判结果	漏判结果	准确率
ANN	50	2	3	90.9%
DT	51	1	3	92.7%
SVM	53	1	1	96.4%
BP-SVM	55	0	0	100%

5.2.4.4 针对典型失稳模式的仿真结果分析

1. 省间电网失稳模式

以两纵两横模型中蒙丰泉—张丰万 $N-2$ 故障为例,该故障最后根据最大发电机功角判断为功角失稳,失稳模式为:蒙西省级电网相对于主网暂态功角失稳,振荡中心在蒙西外送 500kV 断面蒙汗海—沽源上,为典型的省间电网失稳模式。

功角曲线如图 5-33 所示，在故障发生后 2.7s 时，发电机最大相对功角达到 360°，失去同步运行。采用数据驱动型功角稳定判别方法，在故障发生后 0.3s 时，即预判出系统的失稳趋势。

2. 电源基地失稳模式

以两纵两横模型中京北特 1050kV 变压器高压侧 $N-2$ 故障为例，该故障最后根据最大发电机功角判断为功角失稳，失稳模式为：蒙锡特电源基地相对于主网暂态失稳，为典型电源基地失稳模式。

功角曲线如图 5-34 所示，在故障发生后 1.2s 时，发电机最大相对功角达到 360°，失去同步运行。采用数据驱动型功角稳定判别方法，在故障发生后 0.28s 时，即预判出系统的失稳趋势。

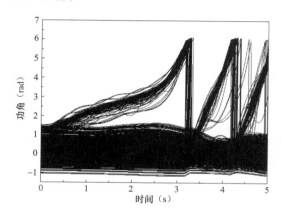

图 5-33　省间失稳模式功角曲线

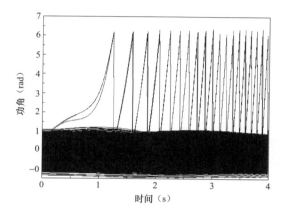

图 5-34　电源基地失稳模式功角曲线

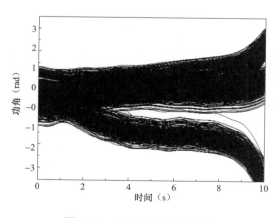

图 5-35　大区相对失稳模式

3. 大区相对失稳模式

以两纵两横模型中鄂武汉—国芜湖 $N-2$ 故障为例，该故障最后根据最大发电机功角判断为功角失稳，失稳模式为：华东电网相对于华北、华中电网失稳，振荡中心在徐州—南京特高压线路上，为典型的大区失稳模式。

功角曲线如图 5-35 所示，在故障发生后 10s 时，发电机最大相对功角达到 360°，失去同步运行。采用数据驱动型功角稳定判别方法，在故障发生后 0.28s 时，即预判出系统的失稳趋势。

5.2.4.5　针对小样本特性的仿真结果分析

在仿真样本获取部分，10 机 39 节点系统共生成了 3625 个原始样本，其中 2562 个为稳定样本，占总数 70.7%，1063 个为失稳样本，占总数 29.2%。而三华电网系统共生成了 6110 个原始样本，其中 5043 个样本为稳定样本，占总数 82.5%，剩余 1067 个样本为失稳样本，占总数量 17.5%。三华电网的失稳样本与稳定样本的比例约 1:5，属于典型的小样本问题。而且三华电网的失稳样本由多种极端故障组成，对于每种故障来说小样本特性更加突出，这主要源于大型互联电网的坚强性和复杂性，对故障后的暂态不平衡能量缓冲能力很强。由于数据驱动方法自身的限制，在训练样本较少的情况下，判断准确率将下降。因此，很有必要针对小样本特性对各个分类器的性能进行比较和分析。

三华电网系统中一共有 1067 个失稳样本，从这些样本中依次随机取出 300、500、700、900、1067 个样本，与原有的稳定样本组成新的样本集，然后按照样本数量 3:1 的原则划分训练集与测试集，重新进行暂态功角稳定判别。

测试结果如表 5-22 所示，不管失稳样本数多少，BP-SVM 双分类器均保持了最高的准确率。图 5-36 则展示出了随着样本数减少，分类器性能的变化趋势，可以看出双分类器的准确率缓慢下降，但是仍然保持着97.5%以上的准确率，而单分类器准确率下降迅速，不能适应小样本的情况。因此，所用的 BP-SVM 双分类器方法能够解决实际系统中的小样本问题。

表 5-22 　　　　　　　各分类器在不同样本数时的功角判稳准确率

分类器类型	失 稳 样 本 数				
	300	500	700	900	1069
DT	88.7%	89.8%	91.6%	92.4%	93.3%
ANN	91.6%	92.7%	93.5%	94.5%	94.7%
SVM	94.1%	94.5%	95.1%	95.4%	95.1%
BP-SVM	97.5%	98.0%	98.6%	98.8%	99.1%

5.2.4.6　针对不同运行方式的仿真结果分析

在样本获取部分，10 机 39 节点系统通过调节发电机出力和负荷模拟了多种不同的运行状态，同时，三华电网计算了目标年典型的运行工况。但是三华电网每年都有新增的规划线路、机组和负荷，长期看系统的运行工况和网络拓扑在不断变化，基于现有网架和运行工况的数据驱动型功角判稳方法能否应用于未来的系统，这个问题一直阻碍着数据驱动型方法应用于实际生产。因此，很有必要针对不同运行方式对分类器的适应性进行研究。

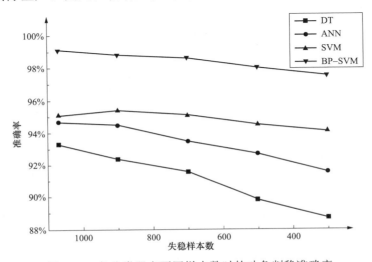

图 5-36　各分类器在不同样本数时的功角判稳准确率

所采用的三华电网模型为某目标年的规划模型，前述的样本均是基于该模型的计算，然而电力系统的拓扑结构会由于机组的启停、线路的检修、设施的投退而变化，系统的运行状态也随着负荷需求而不断变化,此时需要针对多种运行场景进行仿真,测试模型在"陌生"场景下的适应性。设置故障的种类与原始样本相同，并且仿真条件不变。

在目标年模型基础上进行相应的改动，最终得到 5 种运行方式作为测试样本，重新进行暂态功角稳定判别。

测试结果如表 5-23 所示,基于目标年模型构建的分类器模型对五种其他运行状态的样本进行判稳，其中 BP-SVM 双分类器仍然保持了较高的准确率，在96%以上，泛化性强，而单分类器对运行状态和拓扑结构的变化较敏感，准确率差距较大。因此，所用的 BP-SVM 双分类器方法一定程度上能够适应系统的局部变化。但是，每隔一段时间基于规划对功角判稳模型进行及时更新也十分必要。

表 5-23   **不同运行方式下的判稳准确率**

多种方法 判稳准确率	运 行 方 式				
	1	2	3	4	5
DT	85.7%	86.8%	87.6%	86.4%	89.3%
ANN	91.6%	91.1%	91.8%	92.5%	92.7%
SVM	91.8%	92.5%	93.1%	92.4%	93.2%
BP-SVM	96.5%	96.0%	97.6%	97.8%	96.6%

5.3   基于动态响应的数据驱动型暂态电压稳定判别方法

本节将数据驱动型方法与电压分区监控方法相结合，提出一种基于分区和数据驱动的电压判稳方法。该方法能够较准确地判断出区域性的暂态电压失稳，并及时采取预防控制措施,将有利于遏制暂态电压失稳事故中部分节点所引起的大范围连锁性电压失稳或崩溃，提高区域整体稳定性。

5.3.1   数据驱动型暂态电压稳定判别模型

与暂态功角稳定判别的数据驱动型方法类似，暂态电压稳定的判别，是将电力系统的暂态电压稳定视为一个二分类问题，将故障后系统的一些实时响应量输入到离线训练的模型中，实时测量的 PMU 等响应数据可以迅速转化为系统稳定与否的状态信息以及紧急状态下的决策支持信息。这些信息可以实现系统告警，最终自动触发合适的控制动作，避免或最小化系统失稳带来的损失。

但是暂态电压稳定的判别与功角稳定判别也有较大的区别，由于电压稳定是一个区域性的问题，有必要对其进行分区监控、决策和控制。因此，有必要将数据驱动型方法与电压分区方法相结合，进行基于分区和数据驱动的暂态电压稳定判别，从而快速地判断出区域性的暂态电压失稳，并及时采取控制措施，将有利于遏制暂态电压失稳事故中部分节点所引起的大范围连锁性电压失稳或崩溃，提高区域整体稳定性。

数据驱动的电力系统暂态电压评估通过对一个蕴含电力系统电压稳定信息的数据库进行知识提取，形成一个输入—输出模型。其中，"输入"一般是电力系统可观测的变量，如潮流工况或者故障后的轨迹等；"输出"即与之对应的稳定状态。其数学模型可以简略地表示为 $y = f(X)$。基于分区和数据驱动的暂态电压判稳模型如图 5-37 所示，包括大电网监控分区，构建电压稳定数据集、在线特征提取、基于分类器的暂态电压判稳和评价指标计算等五个部分，通过离线仿真得到的海量数据样本训练一个完整的电压判稳模型。在以后的每一个数据采集节点，利用该模型即可对系统实时获取的数据完成一次电压稳定评估过程。

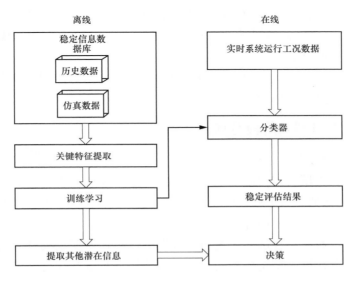

图 5-37　基于分区和数据驱动的暂态电压判稳模型

（1）大电网监控分区。大电网监控分区是暂态电压判稳中重要的一步，其能够依据无功电压特性，在保证可观性的基础上，进行网络区域划分，实现精细化的稳定判别计算。以对数电压灵敏度作为电气距离测度的理论依据，采用 K-均值聚类法对电网进行初始分区；在此基础上，引入综合表征无功电压区域划分的多项指标，构建适用于不同运行方式的多目标函数，从而将传统的一阶段分区方法变为双阶段分区，弥补了传统分区方法无法进行量化评估的缺陷，使得无功电压分区决策更具科学性。

（2）稳定信息数据库。稳定信息数据库包含电力系统稳定的性质，作为一个数据库，它由样本组成。每一个样本包括特征集和目标，其中特征集是电力系统的运行状态描述，对应"输入"，而目标是当前状态所对应的稳定水平，对应"输出"。

数据库应当尽可能多的包含系统稳定信息，它可以通过离线仿真来生成，在仿真的过程中，应该模拟尽可能多的工况及故障。对于每一个工况/故障场景，可以采用确定性稳定评估方法来获得准确的稳定性信息。此外，历史运行数据也可以被用来生成或者当作稳定信息数据库的一部分，从而尽可能多的提取电力系统的稳定性质。

（3）在线特征提取。在线特征提取对于数据驱动的暂态稳定评估策略是极其重要的环节，它不仅决定着评估的最终形式，而且适当的特征提取还能够提高暂态稳定评估的精度。

对于输入特征量，其特征集可分为故障前特征和故障后特征。前者一般是系统的稳态运行信息，后者一般包括系统故障期间/清除后的轨迹变量。选择不同的输入不仅决定了稳定评估的时机，也决定了后续的控制措施。

在 4.2 节中已经提出了一些电压稳定特征量，这些特征量包含了故障前后丰富的轨迹特征，并且以分区为单位进行提取，可以减少数据量，加快处理时间。分区提取的特征量对局部的电压稳定更加敏感，基于这些特征量的判稳结果更加可靠。

（4）基于分类器的暂态电压判稳。这一阶段的任务有两个：①通过分类器的训练来实现知识的提取和关系的挖掘；②对在线采集的数据进行分类，完成暂态电压判稳的计算。从数据驱动的角度来说，分类器的训练即为一个"输入—输出"间非线性映射关系的提取，分类器的在线分类即为针对输入的映射关系计算。

（5）评价指标计算。一般选取常用的分类结果指标衡量稳定判别模型的性能，主要包括准确率、误判率、漏判率以及计算时间等。

5.3.2 多目标的大电网两阶段分区

1. 大电网电压监控分区的必要性

由于无功功率和电压稳定问题的区域特性，对于大规模电力系统而言，若将大量变量（尤其是耦合程度较低的变量）整体控制和优化，计算的时间代价和空间代价（控制优化的边际成本）很高，但以此换得的计算准确性的提高（控制优化的边际收益）幅度不大，采用变量统一优化的策略并不经济。通过电压控制分区将控制变量划分为若干组高内聚、低耦合的子区域，对存在电压稳定问题的部分薄弱区域分别进行优化，可以大大提高无功控制优化的效率。

电压控制分区的价值愈发凸显，不仅能够提高全局电压优化控制度的性能和质量，而且可以对动态无功备用和电压稳定的在线监测、辅助市场的无功定价和竞价等方面产生重要的指导意义。研究表明，合理的电压控制分区方案应该满足以下三个要求：

（1）中枢节点代表性：区域中枢节点的电压水平和波动特性能够反映区域内所有节点的电压行为特征。

（2）区域可控性：区域内要有足够的动态无功备用以控制该区域电压。

（3）区域间解耦性：区域电压由该区域的无功源控制，受其他区域的影响很小。

具有多目标量化评估特性的无功电压双阶段分区方法以对数电压灵敏度作为电气距离测度的理论依据，采用 K-均值对电网进行初始分区；在此基础上，引入综合表征无功电压区域划分的多项指标，构建适用于不同运行方式的多目标函数，从而将传统的一阶段分区方法变为双阶段分区，弥补传统分区方法无法进行量化评估的缺陷，使无功电压分区决策更具科学性。

2. 基于 K-均值聚类的互联电网初始分区

（1）电气距离测度的确定。电气系统分区问题是一个图划分问题，电力网中无功电压幅值灵敏度可以作为一个合适的距离测度。应用距离测度评估网络中节点间无功传输对节点电压的影响。灵敏度是用来反映节点间耦合程度大小的指标，它是电气距离计算的基础，采用下式进行定义。

$$\alpha_{ab} = \frac{\Delta U_a}{\Delta U_b} = \frac{\Delta U_a}{\Delta Q_b}\left(\frac{\Delta U_b}{\Delta Q_b}\right)^{-1} \qquad （5-59）$$

式中：α_{ab} 为无功源节点 a 对被控节点 b 的电气灵敏度；ΔU 为节点的电压偏移量；ΔQ 为节点的无功注入变化量。

常规系统的潮流方程可采用下式进行描述：

$$\begin{bmatrix} \Delta P \\ \Delta Q \end{bmatrix} = \begin{bmatrix} H & N \\ K & L \end{bmatrix}\begin{bmatrix} \Delta\theta \\ \Delta U \end{bmatrix} \qquad （5-60）$$

系统电压稳定性受有功功率和无功功率影响，但是在每一个运行点，可保持有功功率不变，即令$\Delta p = 0$，可得如下关系式：

$$\Delta U = [L - KH^{-1}N]^{-1}\Delta Q = J\Delta Q \qquad （5-61）$$

矩阵 J 中第 a 行第 b 列数值j_{ab} 表示节点 b 无功发生变化所对应的节点 a 电压的变化值，那么 $d_{ab} = |\lg(j_{bb}/j_{ab})|$ 则表示节点 b 无功发生变化时其自身电压变化值与节点 a 电压变化值的比。其值越大，则表明 b 对 a 节点电压的影响越小，可理解为两个点之间的距离较远。节点 a 和节点 b 的空间电气距离为：

$$e_{ab} = [(d_{a1} - d_{b1})^2 + (d_{a2} - d_{b2})^2 + \cdots + (d_{an} - d_{bn})^2] \qquad （5-62）$$

（2）基于 K-均值聚类的互联电网初始分区。K-均值聚类是数据挖掘领域应用最普遍的聚类算法之一，该算法采用自上而下的方式，从一个完整的网络开始，将该网络划分成不同的区域，最后再根据一些标准来调整这些区域。

K-均值算法根据区域数量 k，将 n 个电力系统节点划分到 k 个区，使每个分区中的节点到该分区中无功源的电气距离与到其余分区中无功源的电气距离相比最小。算法流程如图 5-38 所示。在聚类过程中，通过迭代寻找最优分类结果：在每一轮中，依据 k 个参照点将其周围的点分别组成 k 个区，而每个区域的中心点（即区中所有点的平均值）将作为下一轮迭代的参照点，迭代使得选取的参照点越来越接近真实的聚类中心。如果相邻两次的聚类中心的变化小于某个设定的阈值，则说明迭代完成，聚类函数已经收敛。

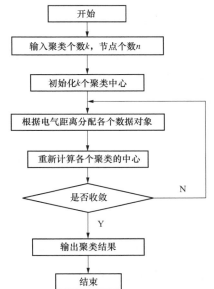

图 5-38　互联电网 K-均值聚类分区流程

3. 具有多目标量化评估特性的第二阶段分区方法

（1）映射评价指标。结合上文分析的无功电压分区的目标，提出了五个指标用于对无功电压分区结果的多目标量化评估。为了保持一致性，每个指标都被归一化到［0，1］范围内，其中1代表质量最高。

1）区域内电气聚合指数。针对区域内无功源能维持本区域的电压水平的目标，提出区域内电气聚合指数（Electrical Cohesiveness Index，ECI），该指标用 $\hat{e}(C)$ 来测量每个分区内的母线与区内其他母线间的电气接近程度，如下式所示：

$$ECI = 1 - \frac{\hat{e}(C)}{\hat{e}_{\max}} = 1 - \frac{\sum_{a=1}^{n} \sum_{b \in Ma} e_{ab}}{\sum_{a=1}^{n} \sum_{b=1}^{n} e_{ab}} \tag{5-63}$$

其中， $\hat{e}(C) = \sum_{a=1}^{n} \sum_{b \in Ma} e_{ab}$ 为某个给定区域 C 的总体类内距离。

当所有的节点都位于独立的分区中时，M_a 是位于与母线 a 同一分区内的母线组；当所有的节点都位于单一的、完全连接的分区中时，M_a 代表的是 E 中所有元素的总和。分区结果越好时，节点之间的电气距离越小。在同一个区间内，节点之间的电气距离越低，聚合指数越高。

式（5-63）评估了所有节点均被独立分区 $p=n$ 时，计算结果为1。相反，方程式也评估了所有节点位于同一区域时计算结果为0。

2）区域间隔离指数。针对区域间近似解耦，彼此影响较小的目标，提出区域内区域间隔离指数（Between-Cluster Segregation Index，BCSI）用于测量不同区域所有节点之间连接的松散程度，如下式所示：

$$BCSI = 1 - \frac{h(C)}{h_{\max}} = 1 - \frac{\sum_{a=1}^{n} \sum_{b \notin Ma} \frac{1}{e_{ab}}}{\sum_{a=1}^{n} \sum_{\substack{b=1 \\ a \neq b}}^{n} \frac{1}{e_{ab}}} \tag{5-64}$$

其中，$h(C) = \sum_{a=1}^{n} \sum_{b \notin Ma} \frac{1}{e_{ab}}$ 为测量区域间连接的强度总和，$h_{\max}$ 是 $h（C）$ 的最大可能值。

当所有节点都位于同一个区域中时，其计算结果为1，因为不存在跨区域连接。对于所有节点分属不同区域 $p=n$ 而言，$BCSI$ 是0，因为所有节点都与其区域外的节点紧密连接在一起。

3）区域计数指数。针对各区域内的节点数目基本平衡，无功源分布均匀的目标，提出区域计数指数（Cluster Count Index，CCI），测量在给定的区域的解 p 中区域数目的接近性，以确定理想的区域数目，p 是用户自定义参数。定义 CCI 使用的是对数正态分布的概率密度函数的形状，如下式所示：

$$CCI = e^{\frac{-(\ln p - \ln p^*)^2}{2\sigma^2}} \tag{5-65}$$

其中，$\sigma = \omega \ln（n）$。

当 $p=p*$ 时，可以得到 $CCI=1.0$，且在 $p \rightarrow n$ 时，该数值趋于零。ω 这个参数设定的是与有 n 关的适应度函数的宽度，即 ω 是一个有效的补偿系数，随着 ω 的值越大，补偿系数 p 的值就越远离 p^*，取值为 $\omega=0.05$。

4）区域大小指数。针对区域电网之间边界节点数目尽量少的目标，提出区域大小指数（cluster size index，CSI）计算区域大小接近理想区域大小 $s^*=n/p$ 的程度，如下式所示：

$$CSI = e^{\frac{-(\ln\bar{s} - \ln s^*)^2}{2\sigma^2}}$$ （5-66）

其中，$\bar{s} = \sum_{i=1}^{n} \frac{s_i}{n}$ 为区域大小的加权平均值，s_* 代表的是节点 i 所在分区的大小。

与 CCI 一样，CSI 所遵循的也是对数正态分布的形状，其宽度参数为 $\sigma = \omega\ln(n)$。

5）连通性原则。针对节点连通性的目标，提出分区连通性原则（Node Connectedness，NC）。若分区后，与某一无功源节点直接相连的所有节点并不都在同一个分区内，则将该无功源节点划分到离它电气距离最近的节点所在的分区中，这是无功电压分区的连通性原则。若分区结果满足连通性原则，则 $NC=1$；若不满足，则 $NC=0$。

（2）基于权重的适应度函数。为了对上述多目标问题进行综合最优分析，同时评价不同运行方式下的分区结果，基于上述五个分区结果评价指标通过加权构建了一个适应度函数，如下式所示：

$$f = ECI^{\alpha} \cdot BCSI^{\beta} \cdot CCI^{\gamma} \cdot CSI^{\zeta} \cdot NC$$ （5-67）

其中，$\{\alpha, \beta, \gamma, \zeta\} \in [0,1]$ 是用户自定义矢量，分别定义了 ECI、BCSI、CSI 和 CCI 四个指标的权重。上式由上述五个指标组合而成，其原因有以下三点：

1）寻求的是能够满足五个单独质量指标"优先独立性"的适用度函数。优先独立性由 $(\partial^2 f / \partial a \partial b) \neq 0$ 的条件来定义不同的独立质量指标 a 和 b 的任意两个值，因此，任何适应度函数都应满足优先独立性（在不能满足优先独立性时加上适应度指标）。采用不满足优先独立性的适应度函数可能会产生更高适应度的集群解，但是其他的一个或多个指标数值将会很低。

2）乘法形式的适应度函数在分区结果不满足连通性原则时，所得出的值为 $f=0$。

3）五个独立的分区指标之间的相互作用可以防止遗传算法过早地陷入局部最优，例如创建只有一个节点的区间。

4. 无功电压两阶段分区算法实现

（1）算法总体流程。第一阶段分区采用的 K-均值聚类算法在计算效率上虽具有显著优势，但其忽略区域大小均衡性的特点，使之难以单独求出电力系统无功电压分区最优解。因此，将 K—均值聚类与改进遗传算法（Genetic Algorithm，GA）相结合，提出了一种双阶段优化分区算法。该方法首先应用 K—均值算法生成一组初始的候选解，然后基于改进 GA 算法，利用上面适应度函数寻求最优解，同时检验最优解是否满足帕累托最优。分区算法总体流程如图 5-39 所示。

分区算法具体步骤如下：

1）由前面各式计算表征系统各节点间电气距离的矩阵；

2）基于电气距离计算结果，采用 K-均值对电网进行初始分区；

3）根据电网实际运行情况，确定四个目标的权重，通过构建适用于不同运行方式的适应度函数进行多目标求解；

4）基于改进遗传算法，计算适应度函数，求取最佳分类结果，并根据实际情况进行分区调整。

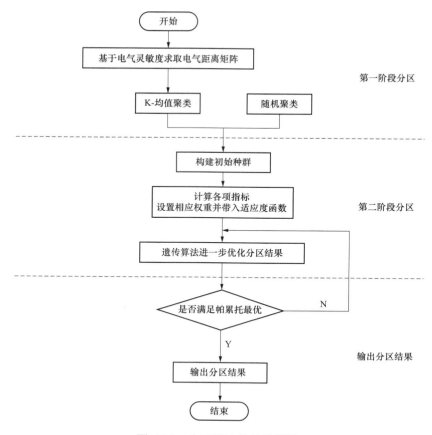

图 5-39　分区算法总体流程图

通过上述步骤，计算得到最优分区解。

（2）基于改进遗传算法的最优分区求解。多目标优化问题就是寻找对于决策者而言所有的子目标函数都可以接受的较好的解方案。多目标优化问题和单目标优化问题有着本质上的区别，即多目标优化问题的最优解不可能是单独的一个解，而是一个解集，即现在广泛使用的帕累托最优解集。采用了改进遗传算法，对基于权重的适应度函数进行了最优分区求解，并验证了该解是帕累托最优解集中能够满足要求的一个折中最优解。

遗传算法是模拟自然界遗传和选择过程的优化算法，已经在电力系统中获得了广泛应用。传统遗传算法使用二进制编码，频繁解码降低了计算效率。通过对标准遗传算法进行了调整，使种群变异具有选择性，从而提高了算法的计算效率。改进后的算法流程如下：

1）基于 CSI 判据的初始种群生成。使用随机聚类与 K-均值聚类两种方法获得 GA 的初始种群。随机聚类随机选择母线节点作为聚类中心并反复扩大分区，直到每个节点都被分配给唯一的集群为止。为了保证分区大小的均衡性，在所得到的初始分区中选择 CSI 值大于 0.9 的分区结果作为初始种群。

2）改进十进制编码。传统遗传算法中，每个个体都由一串二进制数表示。改进遗传算法中，每个个体 s 都由一串十进制数表示（$s=[s_1, s_2, \cdots, s_n]$），$n$ 是该网络内的节点数。s_i 描述母线节点 i 位于同一分区的临近点的拓扑距离。当 $s_i=1$ 时，节点 i 与其首个拓扑临近点位于同一分区；当 $s_i=2$ 时，节点 i 与其第二个拓扑临近点位于同一分区，以此类推。当 $s_i=0$ 时，节点 i 不一定与任何其他节点位于同一分区内，但是它可以与临近的一个节点或多个节点聚类。

3）基于多目标适应度函数的选择、重组与突变。改进遗传算法根据式（5-67）中的适应度函数，将选择的个体结合（交叉）并在代与代之间进行保护（精英主义）。交叉操作的母体使用标准的比赛选择法进行选择，而无需更换，其中每个个体的选择取决于与给定数量的不同个体的适应度函数进行比较所得的适应度值。每一代都会产生一组新的个体，这相当于通过交叉所繁殖的后代的 80%。新个体使用轮盘赌法概率性取代现有的个体，并且能以更大的概率跳出该局部最优解所在区域，找到其他区域中的更优秀个体，从而较为有效地避免局部最优性或"早熟"。

4）帕累托最优检验。基于改进遗传算法，根据适应度函数求取最优分区结果，在不同权重设置下，最优分区结果应是唯一且属于帕累托最优解集的。输出改进遗传算法最优分区，检验产生的分区结果是否满足帕累托最优解集的条件。若满足，则输出最优分区结果；若不满足，则所得分区结果不是最优，需进行调整，直至输出结果最优。

5.3.3　基于核心向量机的暂态电压稳定判别方法

选取核心向量机（core vector machine，CVM）作为电压稳定判别的分类器，核心向量机是 SVM 的一种改进算法，该算法最显著的优势在于相比于其他分类器而言其拥有高准确率和低时空复杂度，在计算机数据挖掘领域已得到应用，将其引入电力系统的暂态电压稳定判别能够实现对响应轨迹的快速处理和精确计算。其总体流程如图 5-40 所示，包括

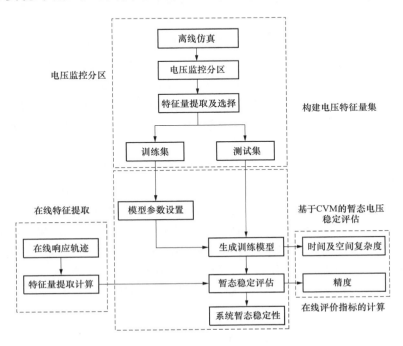

图 5-40　基于 CVM 的暂态电压判别流程

大电网监控分区，构建电压稳定数据集、在线特征提取、基于分类器的暂态电压判稳和评价指标计算等五个部分，通过离线仿真得到的海量数据样本训练一个完整的电压判稳模型，在以后的每一个数据采集节点，利用该模型即可对系统实时获取的数据完成一次电压稳定评估过程。

给定一系列的点 $S = \{x_1, x_2, \cdots, x_m\}$，所有的点都满足 $x_i \in R^d$，MEB（S）是将 S 里所有的点都包起来的最小闭包球。1857 年，Sylvester 最早提出最小闭包球（minimum enclosing ball，MEB）问题，在平面上寻找出能包含所有 m 点的最小半径。最小闭包球问题在如计算机图形学（如碰撞检测、可见性剔除技术）、机器学习（相似性搜索）和设施位置选择等问题上都有良好的应用。同时，最小闭包球问题也属于形状拟合问题的范畴内。形状拟合问题旨在寻找到对于给定点来说最适合的模型（例如平板、圆柱、柱状壳体或者球壳等）。

MEB 的传统算法对于解决半径 $d > 30$ 的问题并不有效，因此，寻找到一个能够将结果近似到最优值的 $1+\varepsilon$ 倍（ε 是一个非常小的正数）的更快而又更加近似的算法非常必要。假设 B（c，R）是圆心为 c、半径为 R 的球，给定 $\varepsilon > 30$，当 $R \leqslant r_{MEB(S)}$ 且球 $B(c, (1+\varepsilon)R)$ 是 MEB（S）的 $1+\varepsilon$ 倍近似。在诸多形状拟合的问题中，需要靠一个子集来求解，这个子集为核心集。S 集中的子集 Q 能够给出精确有效的近似值。形式上，当 $1+\varepsilon$ 倍的最小闭包球全部包含 S 中所有的点的时候（$S \subset B(c, (1+\varepsilon)r)$），子集 $Q \subseteq S$ 是 S 的核心集，有 $B(c,r) = MEB(Q)$，如图 5-41 所示。内圆是 MEB，外圆（$1+\varepsilon$ 倍膨胀后）能够包含所有的点，方框标记的点集为核心集。

2002 年 Badoiu 和 Clakson 在 $1+\varepsilon$ 倍近似中有了重要突破。他们运用一个简单的迭代组合，在 t 次迭代过程中，现行估计值 $B(c_t, r_t)$ 通过包含 $1+\varepsilon$ 倍球 $B(c_t, (1+\varepsilon)r_t)$ 的外部最远点而逐渐递增。当 S 中所有的点都被 $B(c_t, (1+\varepsilon)r_t)$ 覆盖的时候，迭代过程结束。这个方法不仅简便，而且最突出的特点在于整个过程的迭代次数和最终核心集的大小不依赖于直径 d 或者点的个数 m，而是仅仅与 ε 有关。因为内核诱导特征空间能够是无限大的，所以 d 的独立性对于算法的应用非常重要。而对于 m 的独立性可以使算法的时间复杂度和空间复杂度的增长速度变得很慢，从而能够实现快速有效的计算。

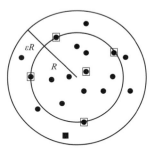

图 5-41　MEB 球与其（$1+\varepsilon$）倍近似球

MEB 问题能够简单地看作是支持向量机分类问题的等效，也能够在边界半径问题上用来寻找半径组成。MEB 方法能够用于收集支持向量，同时也能够对 SVM 进行参数调整。但是，其他核相关的问题，例如一型支持向量机（L1-SVM）和二型支持向量机（L2-SVM）也能够被看作是 MEB 问题。寻找一型支持向量机本质上来说和将最小闭包球适用于异常值是一样的问题。但是，这种方法的瓶颈在于为了使结果能够尽量准确有效，异常值的数目需要非常少。给出一个内核 k 和相关特征映射 φ，使得 MEB 在内核诱导特征空间内为 B（c，R）。在支持向量数据描述 SVDD 中最原始的问题是

$$\min R^2 : \|c - \varphi(x_i)\|^2 \leqslant R^2, i = 1, 2, \cdots, m \tag{5-68}$$

其对偶形式为：

$$\max_{\alpha i} \sum_{i=1}^{m} \alpha_i k(x_i, x_i) - \sum_{i,j=1}^{m} \alpha_i \alpha_j k(x_i, x_j) \tag{5-69}$$

$$\alpha_i \geqslant 0, i = 1, 2, \cdots m, \sum_{i=1}^{m} \alpha_i = 1$$

其矩阵形式为：

$$\max \alpha' diag(K) - \alpha' K \alpha \tag{5-70}$$
$$\alpha \geqslant 0, \alpha' 1 = 1$$

式中，$\alpha = [\alpha_i, \cdots, \alpha_m]'$ 为拉格朗日乘子，$0 = [0, 0, \cdots, 0]'$，$1 = [1, 1, \cdots, 1]'$，$K_{m \times m} = [k(x_i, x_j)]$ 为内核矩阵。众所周知，这是一个二次规划（Quadratic Programming，QP）问题，原始变量能够通过最优的 a 求解得到，于是有：

$$c = \sum_{i=1}^{m} \alpha_i \varphi(x_i), R = \sqrt{\alpha' diag(K) - \alpha' K a} \tag{5-71}$$

将核方法看作 MEB 问题，考虑到

$$k(x, x) = \kappa \tag{5-72}$$

是一个常数的情况。所有的模型在特征空间中都被映射进了球中。

在一型支持向量机中求解权向量 w 的方法和在 SVDD 中求解圆心 c 的方法是一样的。

结合前面的 $\alpha' 1 = 1$ 的条件考虑上式，能够得到 $\alpha' diag(K) = \kappa$。将这个恒等式代入到式（5-70）中，优化问题被简化：

$$\max(-\alpha' K \alpha): \alpha \geqslant 0, \alpha' 1 = 1 \tag{5-73}$$

相反的，当内核 k 满足前面式子的时候，上式中的所有二次规划问题都能够被看作成一个 MEB 问题。前式都服从 α 的最优集合。此外，上两式的优化目标（分别定义为 d_1^* 和 d_2^*）服从以下关系：

$$d_1^* = d_2^* + \kappa \tag{5-74}$$

当条件满足的情况下，一系列二元核方法能够写成式（5-74）的形式。在这个理论中，异常值并不会突出得太明显。

给出一个未标记的集合 $\{z_i\}_{i=1}^{m}$，z_i 只含有 x_i 的输入部分，L1-SVM 通过解决以下的首要问题将异常值从正常数据中分开：

$$\min_{w, p, \xi_i} \|w\|^2 - 2\rho + C \sum_{i=1}^{m} \xi_i^2 \tag{5-75}$$
$$w' \varphi(x_i) \geqslant \rho - \xi_i, i = 1, 2, \cdots, m$$

$w' \varphi(x_i) = \rho$ 是所需要的超平面，C 是自定义的参数，不像 LSVM，这种方法的偏差并没有不利。此外，考虑到约束条件 $\xi_i \geqslant 0$ 不是 L2-SVM 的必要条件，其对偶形式为：

$$\min - \alpha' \left(K + \frac{1}{C} I \right) \alpha \tag{5-76}$$
$$\alpha \geqslant 0, \alpha' 1 = 1$$

I 是 $m \times m$ 维单位矩阵，通过 KKT 条件，可以得到：

$$w = \sum_{i=1}^{m} \alpha_i \varphi(x_i) \tag{5-77}$$

并且，$\xi_i = \dfrac{\alpha_i}{C}$，$x_i$ 为支持向量，$\rho = w'\varphi(x_i) + \dfrac{\alpha_i}{C}$。

上式可以重新写成：

$$\max -\alpha'\tilde{K}\alpha$$
$$\alpha \geq 0, \alpha'1 = 1 \tag{5-78}$$

同时

$$\tilde{K} = [\tilde{k}(z_i, z_j)] = \left[k(x_i, x_j) + \frac{\delta_{i,j}}{C}\right] \tag{5-79}$$

因为有 $k(x,x) = \kappa$，则有 $\tilde{k}(z,z) = \kappa + \dfrac{1}{C} = \tilde{\kappa}$ 仍然是一个恒等式。这个一型 L2-SVM 因此相当于 MEB 问题，其中 φ 被非线性映射 $\tilde{\varphi}$ 替换，满足方程 $\tilde{\varphi}(z_i)'\tilde{\varphi}(z_j) = \tilde{k}(z_i, z_j)$。很容易发现这个 $\tilde{\varphi}$ 能够将训练集 $z_i = x_i$ 映射到高维空间，如 $\tilde{\varphi}(z_i) = \begin{bmatrix} \varphi(x_i) \\ \dfrac{1}{C}e_i \end{bmatrix}$，其中 e_i 是 m 维空间向量，其第 i 项为 1，其余项均为 0。

给出一个未标记的训练集 $\{z_i = (x_i, y_i)\}_{i=1}^{m}$，$y_i \in \{-1, 1\}$，L2-SVM 解决的首要问题为：

$$\min_{w,b,\rho,\xi_i} \|w\|^2 + b^2 - 2\rho + C\sum_{i=1}^{m}\xi_i^2 \tag{5-80}$$
$$y_i(w'\varphi(x_i) + b) \geq \rho - \xi_i, i = 1, 2, \cdots, m$$

其对偶形式为：

$$\max -\alpha'\left(K \odot yy' + yy' + \frac{1}{C}I\right)\alpha \tag{5-81}$$
$$\alpha \geq 0, \alpha'1 = 1$$

$\odot$ 表示矩阵的 Hadamard 积，$y = [y_1, y_2, \cdots, y_m]'$，同样通过 KKT 条件，可以得到：

$$\begin{cases} w = \sum_{i=1}^{m}\alpha_i y_i \varphi(x_i), b = \sum_{i=1}^{m}\alpha_i y_i \\ \xi_i = \dfrac{\alpha_i}{C} \end{cases} \tag{5-82}$$

z_i 为支持向量，从最优解 α 可得到 $\rho = y_i(w'\varphi(x_i) + b) + \dfrac{\alpha_i}{C}$。或者，$\rho$ 可以从二次规划问题没有对偶间隙这个特性之中得到。将前式的对偶式等效可以得到：

$$\|w\|^2 + b^2 - 2\rho + C\sum_{i=1}^{m}\xi_i^2 = -\sum_{i,j=1}^{m}\alpha_i\alpha_j\left(y_i y_j k(x_i, x_j) + y_i y_j + \frac{\delta_{ij}}{C}\right) \tag{5-83}$$

将它代入前式，可以得到：

$$\rho = \sum_{i,j=1}^{m}\alpha_i\alpha_j\left(y_i y_j k(x_i, x_j) + y_i y_j + \frac{\delta_{ij}}{C}\right) \tag{5-84}$$

前式可以重新写成：

$$\max -\alpha'\tilde{K}\alpha$$
$$\alpha \geq 0, \alpha'1 = 1 \tag{5-85}$$

同时

$$\tilde{K} = [\tilde{k}(z_i, z_j)] = \left[y_i y_j k(x_i, x_j) + y_i y_j + \frac{\delta_{i,j}}{C} \right] \tag{5-86}$$

同样有 $\tilde{k}(z, z) = \kappa + 1 + \frac{1}{C} = \tilde{\kappa}$ 仍然是一个恒等式。这个 L2-SVM 因此相当于 MEB 问题，

其中 φ 被非线性映射 $\tilde{\varphi}$ 替换，$\tilde{\varphi}$ 能够将训练集 $z_i = x_i$ 映射到高维空间，如：$\tilde{\varphi}(z_i) = \begin{bmatrix} y_i \varphi(x_i) \\ 1 \\ \frac{1}{C} e_i \end{bmatrix}$。

现在分类问题已经重构成一个 MEB 问题，标记的信息需要在特征映射中重新被编码，此外，对于 L2-SVM，包括那些被定义和没有被分类的向量，所有的支持向量都在 $\tilde{k}$ 诱发的特征空间的球中。

在系统阐述将核方法当作 MEB 问题之后，可以得到一个变形的内核 $\tilde{k}$ 和与此相关的特征空间 $\tilde{F}$，映射 $\tilde{\varphi}$ 和一个恒等式 $\tilde{\kappa} = \tilde{k}(z, z)$。为了解决这个内核诱导的 MEB 问题，我们使用在之前论证的近似算法。在之前提到的算法中，球的半径随着外部最远点而逐渐递增。下面给定，在 t 时刻，球的圆心和半径分别为 c_t 和 R_t，核集合为 S_t。同样的，球 B 的圆心和半径分别为 c_B 和 r_B 给出一个正数 ε。

CVM 算法的步骤如下：

1. 初始化过程

选择集合中的一个任意点 $z \in S$，寻找出在特征空间 $\tilde{F}$ 中离 z 最远的点 $z_a \in S$，然后找到在特征空间中离 z_a 最远的点 $z_b \in S$，初始的核集合即是 $\{z_a, z_b\}$。显然在 $\tilde{F}$ 中，$MEB(S_0)$ 的圆心为 $c_0 = \frac{1}{2}(\tilde{\varphi}(z_a) + \tilde{\varphi}(z_b))$，利用前式可以得到 $\alpha_a = \alpha_b = \frac{1}{2}$，其余所有的 α_i 均为 0。初始的半径为：

$$\begin{aligned} R_0 &= \frac{1}{2} \|\tilde{\varphi}(z_a) - \tilde{\varphi}(z_b)\| \\ &= \frac{1}{2} \sqrt{\|\tilde{\varphi}(z_a)\|^2 + \|\tilde{\varphi}(z_b)\|^2 - 2\tilde{\varphi}(z_a)'\tilde{\varphi}(z_b)} \\ &= \frac{1}{2} \sqrt{2\tilde{\kappa} - 2\tilde{k}(z_a, z_b)} \end{aligned} \tag{5-87}$$

在分类问题中，需要使得 z_a 和 z_b 来自不同的类别。由前式得到，$R_0 = \frac{1}{2}\sqrt{2\left(\kappa + 2 + \frac{1}{C}\right) + 2k(x_a, x_b)}$，因为 κ 和 C 都是恒定的，选择能够使 R_0 最大的训练值对 (x_a, x_b) 便是选择在不同分类中距离最近的特征值对。

2. 计算距离

在步骤 2 和步骤 3 中，对于 $z_1 \in S$ 需要计算 $\|c_t - \tilde{\varphi}(z_1)\|$，利用前式中的 $c = \sum_{z_i \in S} \alpha_i \tilde{\varphi}(z_i)$，可以得到：

$$\|c_t - \tilde{\varphi}(z_1)\|^2 = \sum_{z_i, z_j \in S_t} \alpha_i \alpha_j \tilde{k}(z_i, z_j) - 2\sum_{z_i \in S_t} \alpha_i \alpha_j \tilde{k}(z_i, z_j) \tag{5-88}$$

因此，因为空间无限的特性计算出 $\tilde{\varphi}(z_1)$ 太复杂，计算针对核方法的评估进行，相反，目前存在的 MEB 问题都只能在有限空间的基础上考虑。

但是，在特征空间中，c_t 只能被求出成一个 $|S_t|\tilde{\varphi}(z_i)$ 的凸组合，而不能得到精确的点集。在 t 时刻的迭代过程需要时间 $O(|S_t|^2+m|S_t|)=O(m|S_t|)$，这使得当 m 非常大的时候所需时间会非常长。有一种方法是将 S 中随机取出一系列的点构成集合 S'，然后取出 S' 中离 c_t 最远的点作为 S 中的最远点。因此，迭代时间能够从 $O(m|S_t|)$ 缩短到 $O(|S_t|^2+|S_t|)=O(|S_t|^2)$。在初始化过程中同样能够使用这样的技巧。

3．加入最远点

在 $MEB(S_t)$ 外面的点，其 α_i 为 0，违反了对偶问题的 KKT 约束条件。有一种方法是简单地将这些违反条件的点加入进 S_t 中。在一型分类器的情况下，由式（5-88）及 $\alpha_1=0$ 可得，

$$\arg\max_{z_1\notin B(c_t,(1+\varepsilon)R_t)}\|c_t-\tilde{\varphi}(z_1)\|^2=\arg\min_{z_1\notin B(c_t,(1+\varepsilon)R_t)}\sum_{z_i\in S_t}\alpha_i\tilde{k}(z_i,z_1)$$
$$=\arg\min_{z_1\notin B(c_t,(1+\varepsilon)R_t)}\sum_{z_i\in S_t}\alpha_i\tilde{k}(x_i,x_1) \qquad(5\text{-}89)$$
$$=\arg\min_{z_1\notin B(c_t,(1+\varepsilon)R_t)}w'\varphi(x_1)$$

同样的，由式（5-88）和 $\alpha_1=0$，对于二型分类器我们也可以得到，

$$\arg\max_{z_1\notin B(c_t,(1+\varepsilon)R_t)}\|c_t-\tilde{\varphi}(z_1)\|^2=\arg\min_{z_1\notin B(c_t,(1+\varepsilon)R_t)}\sum_{z_i\in S_t}\alpha_iy_iy_1(k(x_i,x_1)+1)$$
$$=\arg\min_{z_1\notin B(c_t,(1+\varepsilon)R_t)}\sum_{z_i\in S_t}y_1(w'\varphi(x_1)+b) \qquad(5\text{-}90)$$

因此，在两种情况下，步骤 3 都选择了最差情况下的违反约束条件的点。

同样的，因为前式中有 $-2\tilde{K}\alpha$ 的梯度，于是由前式和 $\alpha_1=0$ 可得到在球外的点有：

$$(\tilde{K}\alpha)_1=\sum_{i=1}^m\alpha_i\left(k(x_i,x_1)+\frac{\delta_{i1}}{C}\right)=w'\varphi(x_1) \qquad(5\text{-}91)$$

对于二型 L2-SVM 分类器来说，由前式和 $\alpha_1=0$ 同样也有：

$$(\tilde{K}\alpha)_1=\sum_{i=1}^m\alpha_i\left(y_iy_1(k(x_i,x_1)+y_iy_1+\frac{\delta_{i1}}{C}\right)=y_1(w'\varphi(x_1)+b) \qquad(5\text{-}92)$$

4．寻找到 MEB

对于步骤 4 中的每次迭代过程来说，我们都利用之前所提到的 QP 重构来寻找 MEB 球。在实际中，因为核集合的 $|S_t|$ 比 m 要小很多，每一个 QP 的子问题计算出的复杂度都要比解决整个 QP 问题要小得多。此外，因为在每次迭代过程中只有一个核向量被加入，也可以使用有效的排序更新。

5.3.4　仿真算例

1．IEEE 118 节点仿真算例

（1）分区。

以 IEEE 118 节点为例，设定分区个数 p_* 为 7，利用 K-均值聚类算法求解得到初始分区结果如表 5-24 所示。其直观结果在图 5-42 中用虚线标出。

采用量化评估方法计算初始分区的四个指标如表 5-25 所示。对应的初始分区量化评估

结果雷达图如图 5-43 所示。

表 5-24　　　　　　　　　　　　　IEEE 118 节点初始分区

分区号	区内母线	母线数
1	1～20，33，117	22
2	21～23，25～32，113～115	14
3	34～46	13
4	47～69，116	24
5	24，70～82，95～99，118	20
6	83～94，100～102	15
7	103～112	10

表 5-25　　　　　　　　　　　　　初始分区量化评估结果

ECI	BCSI	CCI	CSI
0.72	0.39	1.00	0.92

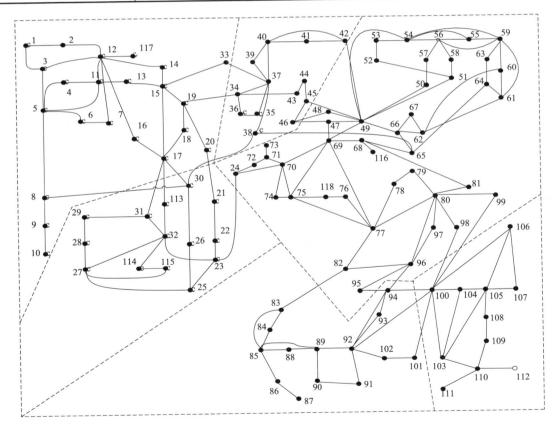

图 5-42　IEEE 118 节点初始分区示意图

在丰大运行方式下，负荷较重，系统稳定问题较为突出。在区域内电气距离小，区域间电气距离大的情况下，更有利于电压稳定的控制。因此，区域内的电气聚合指数和区域间的隔离指数的权重设置较高。

在枯小运行方式下，负荷较轻，系统电压稳定裕度较大，可以更多考虑计算的效率。设定各区域的节点数目趋向于平衡提高计算速率。因此，区域计数指数和区域大小指数的权重设置较高。

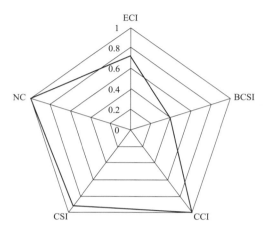

图 5-43　初始分区量化评估结果雷达图

两种运行方式下的权重设置如表 5-26 所示。

表 5-26　两种运行方式下权重设置

运行方式 ＼ 权重	α	β	γ	ς
丰大	1	1	0.8	0.8
枯小	0.8	0.8	1	1

将初始分区结果为初值，利用改进遗传算法求解第二阶段的分区结果。由于目标函数不同指标权重设置差异，丰大和枯小两种运行方式最终分区结果有所不同。丰大、枯小两种运行方式下的分区示例如表 5-27 和表 5-28 所示。

表 5-27　丰大运行方式下第二阶段分区

分区号	区 内 母 线	母线数
1	1~16，18~20，117	20
2	17，21~23，25~32，113~115	15
3	33~45	13
4	46~69，116	25
5	24，70~82，95~99，118	20
6	83~94，101，102	14
7	100，103~112	11

表 5-28   枯小运行方式下第二阶段分区

分区号	区 内 母 线	母线数
1	1~16, 33, 117	18
2	17~23, 25~32, 113~115	18
3	34~49, 68, 69, 116	19
4	50~67	18
5	24, 70~81, 97~99, 118,	17
6	82~96, 101, 102	17
7	100, 103~112	11

为了验证双阶段分区算法的有效性,将其所得分区结果与谱聚类和 Tabu 搜索两种分区算法的分区结果进行比较, 如表 5-29 和表 5-30 所示。

表 5-29   丰大运行方式下三种方法指标比较

指标 分区方法	ECI	BCSI	CCI	CSI	f
双阶段分区	0.78	0.52	1.00	0.93	0.3974
谱聚类	0.73	0.41	1.00	0.94	0.3083
Tabu 搜索	0.75	0.45	1.00	0.95	0.2951

表 5-30   枯小运行方式下三种方法指标比较

指标 分区方法	ECI	BCSI	CCI	CSI	f
双阶段分区	0.74	0.42	1.00	0.98	0.3848
谱聚类	0.73	0.41	1.00	0.94	0.3814
Tabu 搜索	0.75	0.45	1.00	0.95	0.3698

不同运行方式下的双阶段分区结果与初始分区的量化评估结果如图 5-44 和图 5-45 所示。

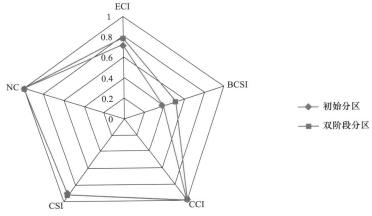

图 5-44   丰大运行方式下初始分区与双阶段分区量化评估结果

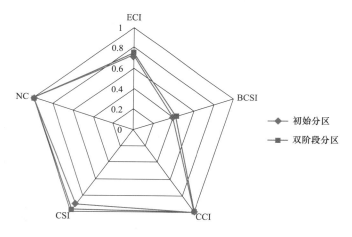

图 5-45 枯小运行方式下初始分区与双阶段分区量化评估结果

不同运行方式下的双阶段分区结果与谱聚类和 Tabu 搜索两种分区算法的量化评估结果如图 5-46 和图 5-47 所示。

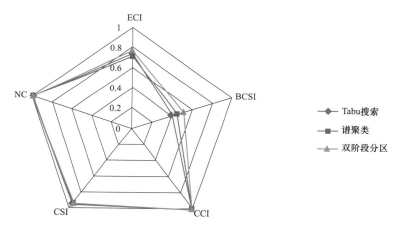

图 5-46 丰大运行方式下三种方法指标比较

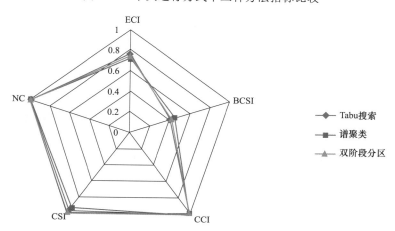

图 5-47 枯小运行方式下三种方法指标比较

通过比较计算结果，可以得到如下结论：

1）比较表 5-25、表 5-27～表 5-30 可知，相较于初始分区，第二阶段分区的结果更为优化，具体比较结果如图 5-44 和图 5-45 所示。

2）由表 5-26、表 5-29、表 5-30 纵向比较可知，基于权重的适应度函数更高，说明针对不同的运行方式，双阶段分区比直接分区具有更好的准确性，具体比较如图 5-44 和图 5-45 所示。

3）由表 5-26、表 5-29、表 5-30 横向比较可知，在不同运行方式下，通过调整指标权重的设置可以得到更为工程实用化的分区效果。例如，丰大运行方式 ECI 和 BCSI 两项指标的值大于枯小运行方式下所得的值，满足丰大运行方式下区域内电气耦合指数高，区域间电气分割指数高的要求。

（2）判稳。下面在前述分区的结果上，进行 118 节点系统的电压稳定分区判别，采用数据驱动型评估方法。

首先，通过时域仿真获得样本库。发电机使用 5 阶模型，交流励磁。由于负荷模型是影响电压稳定的关键因素，因此在仿真中必须考虑异步电动机的模型，负荷类型选择多类混合型负荷：采用 60%的异步电动机负荷+40%的静态负荷。其中静态负荷模型按照 30%恒阻抗+40%恒电流+30%恒功率分配。

选定丰大、枯小两种基准潮流运行方式。假设在每条线路上发生三相短路，发生短路的位置为 0%、25%、50%和 75%处，系统在 0.15s 发生故障，0.35s 切除故障；仿真时长 30s；以故障发生后，母线电压低于 0.8 标幺值，并且持续时间 10s 作为暂态电压失稳的判据；仿真软件采用中国电力科学研究院开发的 BPA。最后，仿真得到 800 个样本如表 5-31 所示。基于这 800 个样本分别构建训练集与测试集。

表 5-31　　　　　　　　　　　仿 真 数 据 集

潮流运行方式	总样本	稳定样本	失稳样本
丰大	400	306	94
枯小	400	322	78

1）丰大运行方式分区判稳结果。按照表 5-27 中的分区结果，针对每个区域进行电压判稳，判稳结果如表 5-32 所示，总体判稳准确率比较高，在部分分区中能够达到 100%的理想效果，并且判稳时间控制在故障发生后 0.3s 以内，能够实现暂态电压稳定的预判。

表 5-32　　　　　　　　　　　丰 大 方 式 判 稳 结 果

分区号	准确率	漏判率	误判率	判稳时间（s）
1	96.4%	1.8%	1.8%	0.048
2	97.7%	0%	2.3%	0.041
3	96.8%	3.2%	0%	0.048
4	97.0%	1.5%	1.5%	0.043
5	100%	0%	0%	0.040
6	98.5%	1.5%	0%	0.040
7	100%	0%	0%	0.043

2）枯小运行方式分区判稳结果。按照表 5-28 中的分区结果，针对各个区域进行电压判稳，判稳结果如表 5-33 所示，总体判稳准确率比较高，在部分分区中能够达到 100%的理想效果，并且判稳时间控制在 0.3s 以内，能够实现暂态电压稳定的预判。

表 5-33　　　　　　　　　　　　枯 小 方 式 判 稳 结 果

分区号	准确率	漏判率	误判率	判稳时间（s）
1	100%	0%	0%	0.045
2	97.7%	2.3%	0%	0.047
3	98.4%	0%	1.6%	0.049
4	97.0%	1.5%	1.5%	0.045
5	98.3%	1.7%	0%	0.042
6	98.5%	0%	1.5%	0.049
7	100%	0%	0%	0.043

3）分区与不分区判稳结果对比。将分区与不分区的暂态电压稳定判别结果进行对比，如表 5-34 和图 5-48 所示，不论在何种运行方式下，相对于不分区，基于分区对系统进行暂态电压判稳都更加准确，更有优势。

表 5-34　　　　　　　　　　　　分区与不分区判稳结果对比

运行方式	分区与否	准确率	漏判率	误判率	判稳时间（s）
丰大	是	98.0%	1.2%	0.8%	0.045
	否	96.0%	2.2%	1.8%	0.065
枯小	是	98.5%	0.7%	0.8%	0.047
	否	96.1%	1.7%	2.2%	0.071

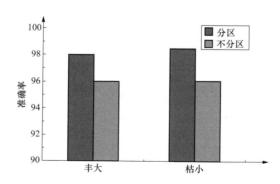

图 5-48　分区与不分区判稳结果对比

2. "两纵两横"系统算例

"两纵两横"特高压交流规划网架如图 5-49 所示。以河南电网所属区域为例，进行暂态电压稳定评估。在河南电网中嵩郑地区外受电力比例达到 52%，开商地区外受电力比例则达到 83%，属于典型的经交流通道馈入的局部受端电网，平常的运行电压水平已经偏低，并且无功支撑薄弱，因此这些地区在开机严重不足的情况下发生电压失稳事故的风险较高。

首先针对该电网进行线路及主变压器 N–2 故障扫描，并设定其他线路及主变压器过载后，设备随即跳开。在 PSD-BPA 软件中进行仿真，设定故障发生时刻为 0.1s，线路跳开时刻 0.2s，在 500kV 及以上线路设置以下几种故障：①500kV 及以上线路 N–1 三相短路故障；②500kV 及以上线路 N–2 三相短路故障；③主变压器 N–2 三相短路故障；④500kV 及以上线路三相短路单相断路器拒动，共得到 1135 个样本。以故障发生后，母线电压低于 0.8p.u.，并且持续时间 10s 作为暂态电压失稳的判据，该样本库中包含失稳样本 156 例，稳定样本 979 例。全部样本的仿真概况和部分样本的详细仿真描述如表 5-35 和表 5-36 所示。

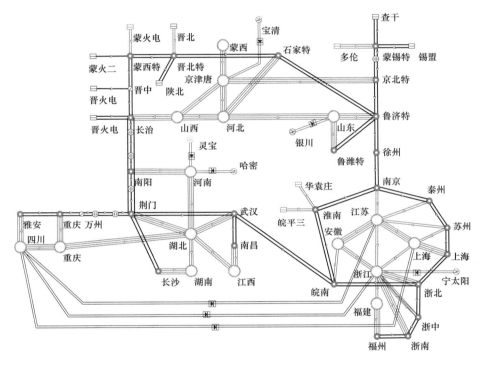

图 5-49 "两横两纵"特高压交流规划网架

表 5-35　　　　　　　　　　　　全部样本的仿真概况

故 障 类 型	总样本	稳定样本	失稳样本
500kV 及以上线路 N–1 三相短路	275	275	0
500kV 及以上线路 N–2 三相短路	365	298	67
主变压器 N–2 三相短路	258	225	33
500kV 及以上线路三相短路单相断路器拒动	237	181	56
总共	1135	979	156

表 5-36　　　　　　　　　　　　部分电压失稳的详细仿真描述

序号	故 障 形 式	电压失稳形式
1	郑换—汴西三相永久性故障 N–2，同时导致官渡—汴西因过载跳开	500kV 母线电压恢复至 0.85p.u.以上，开商地区部分 220kV 母线电压低至 0.78p.u.左右

序号	故 障 形 式	电压失稳形式
2	换流站—汴西线路汴西侧三相短路单相断路器拒动，同跳汴西—庄周线路	
3	郑换—汴西线汴侧三相短路单相断路器拒动，同跳汴西—庄周线路，500kV 郑换—汴西Ⅱ回因过载跳开，同时导致 500kV 官渡—汴西线路过载跳开	500kV 庄周、永城电压迅速跌落至 0.5p.u.左右，电压崩溃；开商地区部分 220kV 母线电压迅速跌落至 0.4p.u.。但 500kV 郑换、官渡母线电压仍可恢复至 0.95p.u.
4	祥符—庄周三相永久性故障 N–2	500kV 庄周、永城电压迅速跌落至 0.5p.u.左右，电压崩溃；开商地区部分 220kV 母线电压迅速跌落至 0.4p.u.
5	群英—白河三相永久性故障 N–2	500kV 白河电压快速跌落至 0.7p.u.左右，10s 后未恢复至 0.8p.u.上，电压失稳
6	多塔多—多宝三相永久性故障 N–2	500kV 多塔多电压跌落至 0.75p.u.左右，10s 后未恢复至 0.8p.u.以上，电压失稳
7	多塔多—塔铺三相永久性故障 N–2	
8	郑州主变压器三相永久性故障 N–2，同时导致官渡 1 台主变压器因过载跳开	500kV 母线电压恢复至 0.9p.u.以上，嵩郑地区部分 220kV 低至 0.55～0.8p.u.，电压失稳
9	郑换—汴西三相永久性故障 N–2 故障，导致官渡—汴西线路因过载同跳，导致郑换—郑北双回同跳	500kV 郑换、官渡母线电压最低达到 0.7p.u.，引起哈郑直流换相失败；嵩郑地区部分 220kV 低至 0.55～0.8p.u.，电压失稳
10	郑换—汴西Ⅰ回三相短路单相断路器拒动，跳开郑换—汴西Ⅰ回，同时跳开汴西—庄周线路、郑换—汴西Ⅱ回、官渡—汴西线路、郑北—获嘉双回、郑州—郑州南双回	500kV 郑换、官渡母线电压最低达到 0.5～0.6p.u.，引起哈郑直流换相失败；嵩郑地区部分 220kV 低至 0.4p.u.，电压失稳

1）河南区域仿真结果分析。如表 5-35 所示，在河南区域的仿真共生成了 1135 个样本，其中稳定样本 979 个，失稳样本 156 个，随机选取 755 个样本作为训练样本，380 个样本作为测试样本，得到最终的仿真结果。采用 DT、ANN、SVM 与 CVM 四种分类器进行建模和对比，结果如表 5-37 和图 5-50 所示。

①各个分类器的准确率均在 90%以上，说明数据驱动型方法对于大电网的暂态电压稳定判别有效。

②相比于其他三种分类器，基于 CVM 的数据驱动型电压判稳模型有 98.1%的准确率，是所有分类器中最高的，同时漏判率和误判率均为最低，判稳效果好于其他分类器。

③从响应数据输入到稳定结果输出的时间仅为 0.033s，这意味着基于 CVM 的数据驱动型电压判稳模型在故障切除后 0.1s 以内即可判断出系统是否能够继续保持暂态稳定运行，为后续的控制提供了快速、可靠的信息。

④数据驱动型方法完全基于响应，判稳准确率较高，且判稳速度极快，在故障发生后 0.1s 左右即能给出判稳结果，是其他方法难以达到的。综合考虑，在大电网中数据驱动型电压判稳方法可以作为辅助判稳手段，与其他类型的判稳方法相互补充。

表 5-37 　　　　　　　　　　　 四种分类器在河南区域仿真结果分析

分类器	准确率	漏判率	误判率	判稳时间（s）
ANN	95.8%	2.6%	1.6%	0.069
DT	94.7%	3.7%	1.6%	0.062

分类器	准确率	漏判率	误判率	判稳时间（s）
SVM	96.8%	2.1%	1.1%	0.042
CVM	98.1%	0.8%	1.1%	0.033

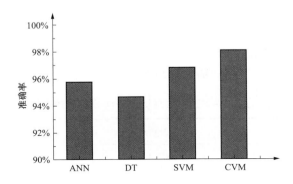

图 5-50　四种分类器电压判稳准确率比较

2）各故障类型的仿真结果分析。将全网的样本作为训练样本，构建数据驱动型电压判稳模型，再将各种故障类型下的样本单独输入已有的模型中，以考察该模型对于不同故障类型的适应性。

500kV 及以上线路 $N-1$ 三相短路。500kV 及以上线路 $N-1$ 三相短路一共生成了 275 个原始样本，其中稳定样本 275 个，失稳样本 0 个，将这些样本输入到模型中，得到的测试结果如表 5-38 所示。CVM 的准确率最高，达到了 99.6%，误判和漏判情况也最少，说明该模型对于 500kV 及以上线路 $N-1$ 三相短路的故障场景适应性较好。

表 5-38　　　　　　　**500kV 及以上线路 $N-1$ 三相短路场景不同分类器的准确度**

分类器	仿真分类准确结果	误判结果	漏判结果	准确率
ANN	269	6	0	97.8%
DT	269	6	0	97.8%
SVM	270	5	0	98.2%
CVM	274	1	0	99.6%

500kV 及以上线路 $N-2$ 三相短路。500kV 及以上线路 $N-2$ 三相短路故障一共生成 365 个原始样本，其中稳定样本 298 个，失稳样本 67 个，将这些样本输入到模型中，得到的测试结果如表 5-39 所示。CVM 的准确率最高，达到了 99.4%，误判和漏判情况也最少，说明该模型对于 500kV 及以上线路 $N-2$ 三相短路故障场景适应性较好。

表 5-39　　　　　　**省间 500kV 及以上线路 $N-2$ 三相短路场景不同分类器的准确度**

分类器	仿真分类准确结果	误判结果	漏判结果	准确率
ANN	347	13	5	95.1%
DT	343	16	6	94.0%

分类器	仿真分类准确结果	误判结果	漏判结果	准确率
SVM	358	5	2	98.1%
CVM	363	1	1	99.4%

主变压器 $N–2$ 三相短路。省内变电站全停故障单相拒动跳一回线故障一共生成了 258 个原始样本，其中稳定样本 225 个，失稳样本 33 个，将这些样本输入到模型中，得到的测试结果如表 5-40 所示。CVM 的准确率最高，达到了 99.2%，误判和漏判情况也最少，说明该模型对于主变压器 $N–2$ 三相短路故障场景适应性较好。

表 5-40　　　　主变压器 $N–2$ 三相短路场景不同分类器的准确度

分类器	仿真分类准确结果	误判结果	漏判结果	准确率
ANN	250	6	2	96.9%
DT	249	7	2	96.5%
SVM	252	5	1	97.7%
CVM	256	2	0	99.2%

500kV 及以上线路三相短路单相断路器拒动。华北断面主保护拒动故障一共生成了 237 个原始样本，其中稳定样本 181 个，失稳样本 56 个，将这些样本输入到模型中，得到的测试结果如表 5-41 所示。CVM 的准确率最高，达到了 99.6%，误判和漏判情况也最少，说明该模型对于 500kV 及以上线路三相短路单相断路器拒动场景适应性较好。

表 5-41　　　500kV 及以上线路三相短路单相断路器拒动场景不同分类器的准确度

分类器	仿真分类准确结果	误判结果	漏判结果	准确率
ANN	230	5	2	97.0%
DT	230	4	3	97.0%
SVM	233	3	1	98.3%
CVM	236	0	1	99.6%

5.4　基于动态戴维南等值的电压稳定判别方法

5.4.1　基于动态戴维南等值的判稳流程

利用 PMU 量测和戴维南等值模型进行电压稳定在线监测的基本思路是：首先根据 PMU 量测建立系统的戴维南等值模型；再根据戴维南等值模型建立等值系统，计算系统的电压稳定指标。其优点是，戴维南等值模型的参数通过系统对实际扰动的真实物理响应获得，可以有效避免系统模型参数不准确的问题；在负荷快速变化时，RTU 量测可能由于不同步带来较大误差，而 PMU 量测可有效避免这一问题。基于动态戴维南等值的电压稳定评估流程如图 5-51 所示。

一般来说，电压失稳通常发生在最大功率处附近，如果此时再增加少量的负荷，系统电压将急剧下降，导致电压失稳。发生这种扰动后，系统结构可能发生变化，同时负荷随着电压的变化而变化，系统最大传输能力也将发生变化。本书提出一种基于动态戴维南等值阻抗的动态电压稳定裕度的计算方法，可以计算扰动后系统最大传输能力的变化，进而计算当前运行点的电压稳定裕度。当电压稳定裕度小于 0 时，表明该运行点的负荷功率大于系统传输的最大极限功率，系统发生电压失稳。

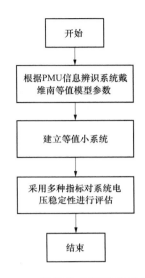

图 5-51 基于动态戴维南等值的电压稳定评估流程

5.4.2 基于动态戴维南等值的判稳指标

PV 曲线是一种基本的电压稳定分析工具，其中 P 可表示为某区域的总负荷，也可表示传输断面或区域联络线上的传输功率，V 为关键母线电压。它通过建立负荷与节点电压间的关系，形象、连续地显示随着负荷的增加，系统电压降低乃至崩溃的过程。同时，通过计算系统中各节点的 PV 曲线，能够得到关于系统电压稳定性的两个重要参量：负荷点的临界电压和极限功率，可用以指示系统的电压稳定裕度，表征各负荷节点维持电压稳定性能力的强弱。

下面通过电力系统的潮流方程来推演系统的功率与电压的关系。由图 5-52，可得

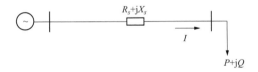

图 5-52 单机单负荷系统示意图

$$\dot{U} = \dot{E} - \mathrm{j}X\dot{I} \tag{5-93}$$

负荷吸收的功率，可按下式计算（假设 $\dot{E} = E\angle 0°$）

$$\dot{S} = \dot{U}\frac{\overset{*}{E}-\overset{*}{U}}{R_{\mathrm{s}} - \mathrm{j}X_{\mathrm{s}}} = (U\cos\theta + \mathrm{j}U\sin\theta)\left(\frac{E - U\cos\theta + \mathrm{j}U\sin\theta}{R_{\mathrm{s}} - \mathrm{j}X_{\mathrm{s}}}\right) \tag{5-94}$$

可分别得到 P、Q：

$$P = \frac{UE(R_{\mathrm{s}}\cos\theta - X_{\mathrm{s}}\sin\theta) - U^2 R_{\mathrm{s}}}{R_{\mathrm{s}}^2 + X_{\mathrm{s}}^2} \tag{5-95}$$

$$Q = \frac{UE(R_{\mathrm{s}}\sin\theta + X_{\mathrm{s}}\cos\theta) - U^2 X_{\mathrm{s}}}{R_{\mathrm{s}}^2 + X_{\mathrm{s}}^2} \tag{5-96}$$

通过求解，得到电压解：

$$U = \sqrt{\frac{E^2}{2} - PR_{\mathrm{s}} - QX_{\mathrm{s}} \pm \frac{1}{2}\sqrt{(2PR_{\mathrm{s}} + 2QX_{\mathrm{s}} - E^2)^2 - 4Z_{\mathrm{s}}^2(P^2 + Q^2)}} \tag{5-97}$$

为简便起见，忽略传输电阻 R，则有：

$$U = \sqrt{\frac{E^2}{2} - QX_s \pm \sqrt{\frac{E^4}{4} - X_s^2 P^2 - X_s E^2 Q}} \tag{5-98}$$

可在（P，Q，U）空间中做如上关系曲面，如图 5-53 所示。其中曲面的上半部分对应式（5-98）中电压的正号解，为高电压解；下半部分对应负号解，为低电压解。

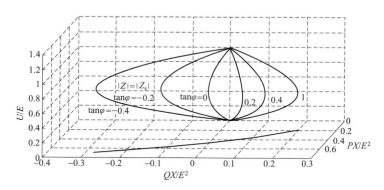

图 5-53　PUQ 曲线

曲面中由实线所画的曲线与 $Q=P\tan\varphi$ 相交。这些曲线在（P，U）平面上的投影即为 PV 曲线，或称鼻形曲线，如图 5-54 所示。PV 曲线在电压稳定的分析中具有重要意义。

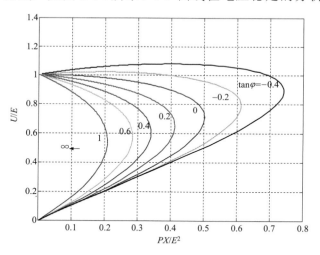

图 5-54　标准化的 PV 曲线

当式（5-98）满足：

$$(2PR_s + 2QX_s - E^2)^2 - 4Z_s^2(P^2 + Q^2) = 0 \tag{5-99}$$

电压有唯一解：

$$U = \sqrt{\frac{E^2}{2} - PR_s - QX_s} \tag{5-100}$$

此时负荷阻抗 Z 满足：

$$Z^2 = R^2 + X^2 = \frac{U^4}{P^2 + Q^2} \qquad (5-101)$$

将式（5-100）代入式（5-101），可得：

$$Z^2 = \frac{\left(\dfrac{E^2}{2} - PR_s - QX_s\right)^2}{P^2 + Q^2} = \frac{Z_s^2(P^2 + Q^2)}{P^2 + Q^2} = Z_s^2 \qquad (5-102)$$

即有：

$$|Z| = |Z_s| \qquad (5-103)$$

PV 曲线的顶点（$|Z| = |Z_s|$），对应着系统的负荷能力极限状态，即电压稳定的临界点。

通过前述基于时域仿真的动态戴维南等值跟踪算法，可以得到系统在扰动后的每一时刻的动态戴维南等值参数，同时通过计算扰动后每一时刻的系统最大传输能力，比较当前时刻系统传输的有功（无功）功率与最大输电功率，即可得到当前运行点的系统电压稳定裕度，有功功率计算公式为：

$$k_p = \frac{P_{max} - P_0}{P_{max}} \qquad (5-104)$$

$$k_q = \frac{Q_{max} - Q_0}{Q_{max}} \qquad (5-105)$$

由于电压稳定临界点满足负荷等值阻抗的模值等于系统等值阻抗的模值，假定负荷增长方式保持初始稳态下的恒功率因数，则有：

$$k_p = k_q \qquad (5-106)$$

因此，在计算过程中，可采用无功功率或有功功率计算。在正常运行方式以及 $N-1$ 方式下，系统保持稳定运行，$k>0$。若 $k<0$，则表明此时运行点的负荷功率大于系统传输的最大极限功率，系统发生电压失稳。

5.4.3　仿真算例

目标年，溪洛渡—浙西±800kV 特高压直流输电工程双极高端投运，西起四川省宜宾市双龙换流站，东至浙江省金华市浙西换流站，最大输电功率 8000MW，输电距离约1680km。浙西换流站开断环入双龙—万象双线、双龙—宁德双线，同步投产浙西—丹溪通道。2014 年底，建成永康站，浙西换流站通过 10 回 500kV 出线向浙南电网供电。

浙北—福州特高压交流输变电工程建成投运，在特高压交流受端环网基础上，初步形成华东特高压主网架。工程新建特高压福州站 2×3000MVA、浙南站 2×3000MVA 和浙中站 2×3000MVA。浙中站 6 回 500kV 出线，作为通道的支撑 2 回接入凤城站，2 回接入双龙站，2 回接入富阳站，2015 年上半年新建萧浦 500kV 变电站接入浙中—富阳双线；浙南站 4 回 500kV 出线将福建来电疏散至浙南电网；浙南—万象和浙南—瓯海；福州站通过 4 回 500kV 大截面导线线路接入福建主网，其中 2 回接入笠里站，另外 2 回直接接到晴川核电厂。

宁东—浙江直流输电工程双极投运，西起宁夏回族自治区灵武市太阳山换流站，途经宁夏、陕西、山西、河南、安徽、浙江 6 省区，东至浙江省诸暨市绍兴换流站，最大输电功率 8000MW，输电距离约 1735.5km。绍兴换流站开断环入兰亭—涌潮双线，新建绍兴—舜江双线、舜江—古越双线，同时舜江—古越双线与兰亭—舜江双线搭接形成兰亭—古越双线，宁浙直流通过 6 回 500kV 线路接入系统。

目标年，浙江电网 500kV 及以上主网架如图 5-55 所示。计算表明，当浙江电网线路 N-1 故障可能导致浙南地区故障后电压无法恢复，引起浙南地区电压失稳。其主要原因：

（1）从开机水平来看，浙南地区受电比例约为 40%，开机较少，系统电压支撑较弱；

（2）从直流响应来看，故障清除后直流有功功率恢复期间需要从系统吸收大量无功，使得系统电压无法恢复，最终电压失稳。以 500kV 浙乔司—浙仁和前侧三相短路 N-1 故障为例，电压、直流有功、换流母线无功功率分别如图 5-56～图 5-58 所示。

利用基于动态戴维南等值跟踪的电压稳定裕度指标计算，可以得到 500kV 浙乔司—浙仁和前侧 N-1 故障后各负荷母线的电压稳定裕度。以杭州 110kV 负荷母线为例，电压稳定裕度曲线如图 5-59 所示。可以看出，在故障前，该运行方式下的负荷母线裕度仅为 0.3 左右，1s 发生故障后，电压稳定裕度最低至-70，系统发生电压失稳。

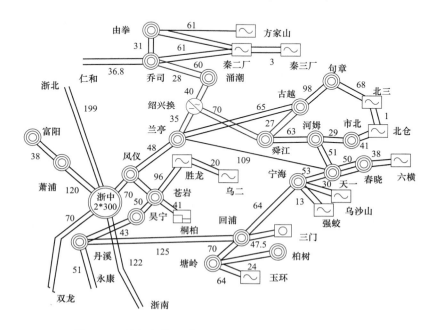

图 5-55　目标年浙江电网 500kV 及以上主网架示意图

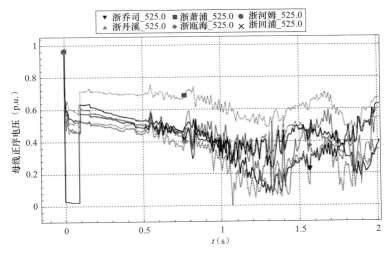

图 5-56 故障后电压曲线

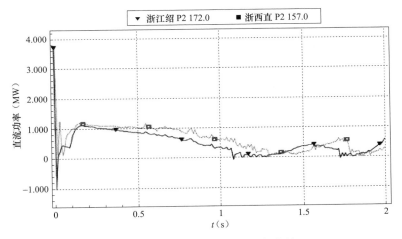

图 5-57 故障后直流有功功率曲线

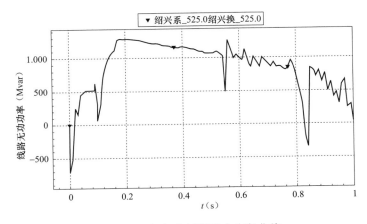

图 5-58 故障后直流无功功率曲线

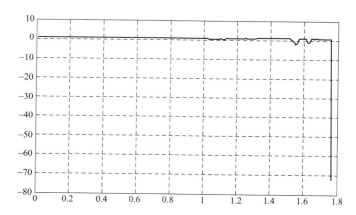

图 5-59　故障后杭州 110kV 负荷母线电压稳定裕度曲线

6 基于响应的电网安全稳定紧急控制技术

6.1 基于相轨迹动态特征的暂稳控制技术

当系统发生故障无法保持稳定运行时，需要施加紧急控制才能使得系统重新恢复稳定。当判别出系统失稳时，如何基于响应信息计算控制量，以及选择控制地点，是本章研究的重点。

6.1.1 基于相轨迹的单机控制量计算方法

6.1.1.1 相轨迹中控制量信息的挖掘

1. 控制措施对相平面凹凸性区域的影响

对于单机系统，在其输电线路上发生单相短路，由于故障持续时间较长，故障清除后的系统仍然失稳，通过采取一定的控制措施，可以使得系统恢复稳定。

采取控制措施前后的系统相轨迹和拐点曲线如图 6-1 所示，可以看出：

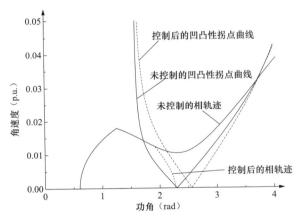

图 6-1 采取控制措施前后的系统相轨迹和拐点曲线

（1）未施加控制措施时，系统的相轨迹穿过凹凸性拐点曲线，相轨迹在到达不稳定平衡点之前，一直处于凸区域内，角速度到达不稳定平衡点后开始加速，系统失去稳定；

（2）采取控制措施之后，系统的凹凸性拐点曲线发生了变化，控制措施改变了相平面上的凹区域，控制后的凹区域扩大了，使得已经位于凸区域的相轨迹再一次处于新的凹区域内；

（3）当采取合适的控制措施时，相轨迹将一直处于新的凹区域内，不会越过新的拐点曲线，角速度到达 FEP 点时降为零，系统开始回摆，恢复稳定。

拐点曲线的解析表达式只与系统的电磁输出功率、机械输入功率和发电机的惯量有关。以切机控制为例，切机控制措施改变了系统的机械功率和机组惯量，使得拐点曲线的表达式发生变化，从而改变了拐点曲线的形状，进而影响了相平面内的稳定区域（凹区域）。因此有效的切机控制措施，可以使得系统相平面内的稳定区域（凹区域）变大，使得已经处于凸区域内的相轨迹再一次位于新的凹区域内；当采取的控制量合适时，相轨迹将一直处于新的凹区域内，不会越过新的拐点曲线，系统恢复稳定。

在$\delta-\Delta\omega$相平面内，相轨迹发展和凹凸性拐点曲线均与控制措施有关，但是无法通过该相平面的几何特性得到所需要的控制措施，因此引入其他的相平面。

2. 相轨迹斜率与系统稳定性的关系

根据发电机的转子运动方程，$\delta-\Delta\omega$相平面轨迹上任意点处的斜率可以写成：

$$k=\frac{\mathrm{d}\Delta\omega}{\mathrm{d}\delta}=\frac{\mathrm{d}\Delta\omega/\mathrm{d}t}{\mathrm{d}\delta/\mathrm{d}t}=\frac{\Delta P}{M\Delta\omega} \tag{6-1}$$

由式（6-1）可以看出，系统的相轨迹斜率与系统的不平衡功率、惯量以及角速度偏差满足一定的关系式。在没有其他网络操作时，发电机组的惯量保持不变，其转子角速度不会发生突变，因此每一时刻的相轨迹斜率都与系统的不平衡功率一一对应。相轨迹斜率与相轨迹未来的发展有关，控制措施可以改变系统的不平衡功率，进而影响相轨迹的发展趋势。

对于双回路的单机无穷大系统，在其中一条回路上发生短路故障，通过跳开故障线路消除故障。对于不稳定的故障，在相轨迹穿过拐点曲线的时刻切除不同比例的发电机功率进行控制。不同的故障切除时间、不同的切机量对应的相轨迹、相轨迹斜率曲线如图6-2所示。

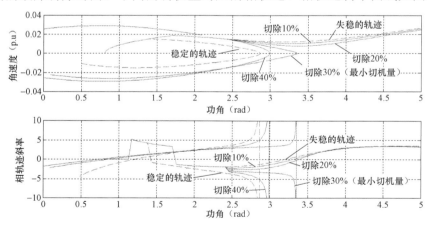

图6-2 不同的故障切机量对应的相轨迹斜率

观察相轨迹斜率$k(t)$的变化趋势，对于稳定的轨迹，其相轨迹斜率持续减小并在最大摇摆角处发生符号跃变，因为在最大摇摆角处角度随时间变化率为零，而角速度偏差随时间变化率改变符号。稳定的轨迹不会到达功率平衡点，轨迹在最大摇摆角处回摆。对于不稳定的轨迹，其相轨迹斜率并非持续减小，在凹凸性拐点处开始增大并在功率平衡点处开始大于零。对于经切机控制后的轨迹，切机使得相轨迹斜率发生突变，切机量越大相轨迹斜率的突变量越大。如果切机量不足，在凹凸性拐点处相轨迹斜率开始增大并在功率平衡点处开始大于零，系统仍然失稳；如果切机量足够，相轨迹斜率持续变小，在最大摇摆角处发生符号跃变，轨迹不会到达拐点，轨迹回摆，系统经切机控制后稳定；对于使得系统稳定的最小切机量控制后轨迹，相轨迹斜率持续变小，并在功率平衡点处发生符号跃变，轨迹回摆，系统经切机控制后临界稳定。

根据上述分析发现，无论是控制与否，稳定的系统其相轨迹斜率在到达最大摇摆角之前一直在减小，而不稳定的系统其相轨迹斜率在到达拐点曲线之后开始增大。凹凸性量化指标可以写成式（6-2），稳定系统的相轨迹斜率一直减小，表示 $l<0$，意味着轨迹一直处于凹区域内，因此提出推论 1。

$$l = \frac{\mathrm{d}k}{\mathrm{d}\delta} \qquad (6\text{-}2)$$

推论 1： 在轨迹到达功率平衡点前，欲使系统恢复稳定，施加的控制措施必须使得相轨迹由控制前的凸区域进入控制后的凹区域且不再进入控制后的凸区域。

对于这个推论，分两步证明：①控制措施实施后稳定的系统，其相轨迹必然由控制前的凸区域进入控制后的凹区域，且不会到达控制后的凸区域；②控制后的相轨迹位于控制后的凹区域内不再进入控制后的凸区域，必然会到达其最远点（FEP）处开始回摆。

对于单机自治系统来说，首先，通过控制措施能够改变发电机的机械功率和电磁功率，功率的变化影响到相平面上拐点曲线形状和位置的变化，改变了控制后相平面凹区域和凸区域的大小，因此控制措施实施之后，轨迹的凹凸性是会发生突变的；其次，相轨迹在拐点曲线上的运动方向只与电磁功率和功角的正弦函数有关，因此在（0，π）范围内相轨迹从凹区域内穿过拐点曲线进入凸区域或者已经位于凸区域内，任由其自由发展，相轨迹只会向凸区域继续运动而无法再回到凹区域。结合以上两点，控制措施实施后稳定的系统，其相轨迹必然由控制前的凸区域进入控制后的凹区域，且不再进入控制后的凸区域。

在轨迹到达功率平衡点之前，轨迹若一直处于凹区域内，则 $l<0$，即 $\frac{\mathrm{d}k}{\mathrm{d}\delta}<0$，相轨迹斜率一直减小。在不施加其他措施的情况下，发电机的惯量不会发生变化，因此相轨迹斜率的大小与不平衡功率和角速度偏差有关。在轨迹到达功率平衡点之前，不平衡功率恒小于零，而角速度恒大于零，相轨迹斜率 $k(t)$ 总为负值，相轨迹斜率 $k(t)$ 一直减小，意味着其绝对值 $|k(t)|$ 一直在增大，则 $\left|\frac{\Delta P}{\Delta \omega}\right|$ 一直增大，可以得到角速度的下降速度要大于不平衡功率的下降速度。不平衡功率在 UEP 处降为零，因此角速度肯定要在 UEP 前就降为零，角速度降为零的点即为最大摇摆角，相轨迹在该点处回摆，系统恢复稳定。因此相轨迹位于凹区域内不再返回凸区域，必然会到达其最远点（FEP）处开始回摆。

综上，推论 1 得证。

对于控制后稳定的系统来说，控制后的相轨迹始终位于新的凹区域内，等价于控制后的相轨迹斜率在到达最大摇摆角之前持续减小，由此得到了控制后相轨迹斜率需要满足持续减小的特性，而在后续控制量近似计算中将会用到这个特性。

6.1.1.2 基于相轨迹特性的最小控制量的计算方法

1．控制量的计算

对于稳定的系统，角速度偏差在最大摇摆角处为零，相轨迹在该点开始回摆；而不稳定的系统，角速度偏差在功率平衡点处达到最小，但不为零，经过不稳定平衡点之后，角速度继续增大，从而失去稳定。对于将要失稳的系统，通过切机控制使得系统在指定的最大摇摆角或在功率平衡点之前角速度偏差降为零，才能恢复稳定，以此为控制目标计算需要的切机控制量。

对相轨迹斜率进行积分，取积分下限为切机时刻的功角 δ_a，积分上限为功角 δ_b，可以得到：

$$\int_{\delta_c}^{\delta_b} k(t)\mathrm{d}\delta = \int_{\delta_c}^{\delta_b} \frac{\mathrm{d}\Delta\omega}{\mathrm{d}\delta}\mathrm{d}\delta = \Delta\omega_b - \Delta\omega_a \tag{6-3}$$

式中：$\Delta\omega_c$ 为发电机转子在功角 δ_a 处的角速度偏差，p.u.；$\Delta\omega_b$ 为发电机转子在功角 δ_b 处的角速度偏差，p.u.。

式（6-3）表达了相轨迹斜率与角速度偏差间的关系，对于稳定的系统，当 δ_b 对应于系统的最大摇摆角时，对应的角速度偏差 $\Delta\omega_b$ 为零时，相应式（6-3）的第一项为零。因此控制后稳定的系统满足下式：

$$\int_{\delta_c}^{\delta_u} k(t)\mathrm{d}\delta = -\Delta\omega_c \tag{6-4}$$

式中：δ_c 为控制时刻所对应的发电机功角；δ_u 为系统的最大摇摆角；$\Delta\omega_c$ 为控制措施执行时刻的角速度。

若能得知最小切机量在切机时刻对应的相轨迹斜率，通过式（6-1）就能求得系统所需要的最小切机量。

2. 最小控制量的近似计算方法

观察图 6-2 中切机控制后的 $k(t)$，它是非线性变化的，控制量越大则 $k(t)$ 向负方向突变量越大，对应的控制后稳定系统的最大摇摆角越小。当在功率平衡点处角速度偏差为零时，对应一个临界最小切机量，则该切机量就是使得系统由不稳定变稳定需要的最小切机量。如果想要求取临界的最小切机量，则需要已知控制后的功率平衡点，而控制后的功率平衡点又与控制量有关，因此控制时刻相轨迹斜率的求取显然与计算需要的切机量构成了一个"环锁"问题。再加上相轨迹斜率的非线性变化，控制时刻相轨迹斜率的计算只能进行近似计算。

对于稳定的系统，由于轨迹在到达功率平衡点之前，相轨迹斜率持续减小，通过积分中值定理，可以找到一个常数 k' 满足：

$$\int_{\delta_c}^{\delta_u} k'd\delta = k'(\delta_u - \delta_c) = -\Delta\omega_c \tag{6-5}$$

$$k' = \frac{-\Delta\omega_c}{\delta_u - \delta_c} \tag{6-6}$$

式中：δ_u 为系统的最大摇摆角；$\Delta\omega_c$ 为控制措施执行时刻的角速度。

k' 可以近似认为是使得系统恢复稳定的控制措施实施时刻所对应的相轨迹斜率。当 δ_u 对应于系统的不稳定平衡点时，计算得到的控制量即为最小控制量。通过式（6-6）得到的相轨迹斜率要略小于系统的最小控制量对应的切机时刻的相轨迹斜率，因此通过 k' 求取的切机量是偏大的且与所需要的最小控制量比较接近，结果偏保守，如图 6-3 所示。

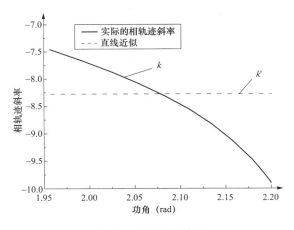

图 6-3 相轨迹斜率图

得到控制时刻近似的相轨迹斜率 k' 之后，根据式（6-1）可以得到：

$$\Delta P' = k' M \Delta \omega \qquad (6\text{-}7)$$

因此可以通过控制措施，改变系统的不平衡功率大小，使得控制后的系统不平衡功率满足式（6-7）。

对于单机系统，可以假定切机比例为 λ，根据式（6-1），切机后 k' 与切机量 λ 的对应关系为：

$$k' = \frac{(1-\lambda)P_{\mathrm{m}} - P_{\mathrm{ec}}}{M \Delta \omega_{\mathrm{c}}} \qquad (6\text{-}8)$$

$$\lambda = 1 - \frac{P_{\mathrm{ec}} + M \Delta \omega_{\mathrm{c}} k'}{P_{\mathrm{m}}} \qquad (6\text{-}9)$$

式中：P_{ec} 为控制措施执行时刻的电磁功率；$\Delta \omega_{\mathrm{c}}$ 为控制措施执行时刻的角速度。

当已知 k' 时，用式（6-9）计算单机系统的切机量。

3. 最大摇摆角的求取

控制量计算的表达式当中，其他的变量均可以通过 WAMS 系统得到，而切机后的最大摇摆角需要通过给定或自动计算事先获得，采用两种方法得到系统的最大摇摆角。

方案一：最大摇摆角定在切机后系统的功率平衡点（也称不稳定平衡点），进行自动计算。对于实际的多机电力系统，等值 OMIB 系统的电磁传输功率可用时变的功角函数表达如式（6-10），机械输入功率在短时间内认为不变。当执行切机操作时，认为电磁功率没有发生变化，而机械功率按切机量相应的减少。

$$P_{\mathrm{e}} = P_{\mathrm{c}}(t) + \lambda_1(t)\sin\delta + \lambda_2(t)\cos\delta \qquad (6\text{-}10)$$

其中的 $P_{\mathrm{c}}(t)$、$\lambda_1(t)$、$\lambda_2(t)$ 为待辨识的时变参数。就某一确定时刻的系统运行状态而言，只要等值输电断面中不发生大的网络操作，参数在短时间内可当成定常不变，即只需要利用判出不稳定时刻前的等值实测功率差，利用最小二乘法辨识一次参数，确定出电磁传输功率。

对于切机后的功率平衡点的求取，需要已知切机量，因此可以通过迭代的方法求取，迭代的步骤如下：

1）完成电磁传输功率的预测；

2）初始迭代时，给定切机量为 0；

3）机械输入功率根据切机量而相应的减小；

4）找到电磁功率和机械功率相等对应的功角即为不稳定平衡点 $\delta_u^{(n)}$；

5）通过不稳定平衡点返回计算切机量 $\Delta P_m^{(n)}$；

6）若 $\left|\delta_u^{(n)} - \delta_u^{(n-1)}\right| \leqslant \varepsilon$，则完成迭代计算输出结果，程序结束；反之，返回步骤 3。

其中，n 表示迭代次数，ε 为收敛条件。

方案二：限定系统的最大摇摆角。根据实际系统的运行控制需要，给定系统允许的最大摇摆角。所选取的最大摇摆角必须在系统的不稳定平衡点之内，否则计算出的控制量无法使系统恢复稳定。

自动计算最小切机量准确性校验如表 6-1 所示。

表 6-1   自动计算最小切机量准确性校验

故障切除时间（s）	判别失稳时间（s）	本文计算得到的切机量	仿真凑得最小切机量
0.18	稳定	无（稳定）	无（稳定）
0.19	0.46	5.6%	4.5%
0.20	0.37	14.1%	13.5%
0.21	0.34	22.4%	20.6%
0.22	0.33	30.1%	28.4%

6.1.2 基于相轨迹的多机控制量计算方法

对于多机系统，假定失稳系统为两群模式，可把系统中的发电机分为两群：超前机群（S）和落后机群（A）。对超前机群 S 群和落后机群 A 群分别进行等值，两个机群的等值方程为：

$$\delta_s = \frac{\sum_{i \in S} M_i \delta_i}{\sum_{i \in S} M_i} \qquad \delta_a = \frac{\sum_{i \in A} M_i \delta_i}{\sum_{i \in A} M_i} \tag{6-11}$$

M_s 和 M_a 分别为 S 和 A 群的等值惯量，P_{ms} 和 P_{ma} 分别为 S 和 A 群的等值机械输入功率，P_{es} 和 P_{ea} 分别为 S 和 A 群的等值电气输出功率，其具体表达式分别为：

$$\begin{cases} M_s = \sum_{i \in S} M_i & M_a = \sum_{i \in A} M_i \\ P_{ms} = \sum_{i \in S} P_{mi} & P_{ma} = \sum_{i \in A} P_{mi} \\ P_{es} = \sum_{i \in S} P_{ei} & P_{ea} = \sum_{i \in A} P_{ei} \end{cases} \tag{6-12}$$

于是多机系统的动态方程可简单的表示为下式：

$$\begin{cases} M_s \ddot{\delta}_s = P_{ms} - P_{es} \\ M_a \ddot{\delta}_a = P_{ma} - P_{ea} \end{cases} \tag{6-13}$$

式中：

$$\ddot{\delta}_s = \frac{\sum\limits_{i \in S} M_i \ddot{\delta}_i}{M_s} \ , \quad \ddot{\delta}_a = \frac{\sum\limits_{i \in A} M_i \ddot{\delta}_i}{M_a}$$

定义各发电机转子角相对于所属群惯量中心角的偏移量分别为：

$$\begin{cases} \xi_i = \delta_i - \delta_s \ \ \forall \ \ i \in S \\ \xi_j = \delta_j - \delta_a \ \ \forall \ \ j \in A \end{cases} \tag{6-14}$$

于是各台发电机的输出电磁功率为：

$$P_{ei} = E_i^2 Y_{ii} \cos\theta_{ii} + E_i \sum_{k \in S, \ k \neq i} E_k Y_{ik} \cos(\xi_i - \xi_k - \theta_{ik}) +$$
$$E_i \sum_{j \in A} E_j Y_{ij} \cos(\delta_s - \delta_a + \xi_i - \xi_j - \theta_{ij}) \qquad \forall \ i \in S \tag{6-15}$$

$$P_{ej} = E_j^2 Y_{jj} \cos\theta_{jj} + E_j \sum_{l \in A, \ l \neq j} E_l Y_{jl} \cos(\xi_j - \xi_l - \theta_{jl}) +$$
$$E_j \sum_{i \in S} E_i Y_{ij} \cos(\delta_s - \delta_a + \xi_i - \xi_j - \theta_{ij}) \qquad \forall \ j \in A \tag{6-16}$$

其中导纳矩阵 Y 的各元素在故障前、故障各阶段以及故障切除后都可能突变或者连续的变化。

令等值的功角为：

$$\delta_{eq} = \delta_s - \delta_a \tag{6-17}$$

于是可以将多机系统等值为单机 OMIB 系统：

$$M\ddot{\delta}_{eq} = P_m - [P_c + P_{max} \sin(\delta_{eq} - \varphi)] \tag{6-18}$$

式中：

$$P_{max} = (C^2 + D^2)^{1/2}, \quad \varphi = -\arg\tan(C/D)$$

$$M = \frac{M_s M_a}{M_T}, \quad P_m = \frac{M_a \sum\limits_{i \in S} P_{mi} - M_s \sum\limits_{j \in A} P_{mj}}{M_T}$$

$$M_T = \sum_{i=1}^{n} M_i, \quad P_c = \frac{M_a \sum\limits_{i,k \in S} g_{ik} \cos(\xi_i - \xi_k) - M_s \sum\limits_{j,l \in A} g_{jl} \cos(\xi_j - \xi_l)}{M_T}$$

$$C = \sum_{i \in S} \sum_{j \in A} b_{ij} \sin(\xi_i - \xi_j) + \frac{M_a - M_s}{M_T} \sum_{i \in S} \sum_{j \in A} g_{ij} \cos(\xi_i - \xi_j)$$

$$D = \sum_{i \in S} \sum_{j \in A} b_{ij} \cos(\xi_i - \xi_j) + \frac{M_a - M_s}{M_T} \sum_{i \in S} \sum_{j \in A} g_{ij} \sin(\xi_i - \xi_j)$$

$$g_{ij} = E_i E_j Y_{ij} \cos\theta_{ij}, \ b_{ij} = E_i E_j Y_{ij} \sin\theta_{ij}$$

6.1.2.1 切机切负荷控制量的计算方法

1. 切负荷控制的启动条件

电力系统发生暂态问题时，造成的经济损失与负荷挂钩，因此当滞后机群有功缺额不大时，应优先考虑切机控制使得系统恢复暂态稳定，而后可以通过调速器和调压器等措施使得低频低压问题得到改善。当滞后机群有功缺额较大时，若只通过切机控制使系统恢复暂态稳定，将会导致低频低压减载装置动作，因此暂态稳定控制应考虑切机切负荷联合控制措施，减少经济损失。下面将快速估算滞后机群有功缺额的大小作为切负荷措施的启动条件。

对于多机系统，假定失稳系统为两群模式，按照第五章提到的实时分群方法，将系统实时分群聚合成两群：超前机群（S）和落后机群（A）。通过 CCCOI-RM 变换，可以得到一个等值单机无穷大系统。

根据发电机的转子运动方程，落后机群 N 台机组的转子微分方程叠加整理，可以得到：

$$M_a \frac{\mathrm{d}\Delta\omega_a}{\mathrm{d}t} = \Delta P_a \tag{6-19}$$

设 $t=t_0$ 时刻系统遭受扰动，在不考虑电压跌落对负荷带来的影响时，式（6-19）对应一个具体时刻 $t=T$（$T>t_0$），可以写成：

$$M_a \frac{\mathrm{d}\Delta\omega_a}{\mathrm{d}t}\bigg|_{t=T,U=U_0} = \Delta P_{a,t=T,U=U_0} \tag{6-20}$$

定义 t_0^-,t_0^+ 分别为扰动前瞬间、扰动后瞬间。系统初始有功缺额 $\Delta P_{t=t_0^-}$ 定义为：

$$\Delta P_{t=t_0^-} = P_{m,t=t_0^-} - P_{e,t=t_0^-} \tag{6-21}$$

$$\Delta P_{t=t_0^+} = P_{m,t=t_0^+} - P_{e,t=t_0^+} \tag{6-22}$$

式中，$P_{e,t=t_0^-}$，$P_{m,t=t_0^-}$ 分别是扰动前系统的电磁功率和机械功率，$P_{e,t=t_0^+}$，$P_{m,t=t_0^+}$ 分别是扰动后系统的电磁功率和机械功率。

扰动前后的不平衡功率差为：

$$\varepsilon = \Delta P_{t=t_0^+} - \Delta P_{t=t_0^-} = \Delta P_m - \Delta P_e \tag{6-23}$$

由于旋转备用容量和调速器惯性环节限制，ΔP_m 值很小。因此有：

$$\varepsilon \approx -\Delta P_e = P_{e,t=t_0^+} - P_{e,t=t_0^-} \tag{6-24}$$

式（6-24）定量定义了系统电压偏移对 ΔP 估算影响。

因此滞后机群在 $t=T$（$T>t_0$）时刻的不平衡功率为：

$$\Delta P_{a,t=T} = M_a \frac{\mathrm{d}\Delta\omega_a}{\mathrm{d}t}\bigg|_{t=T} + \varepsilon \tag{6-25}$$

将滞后机群的不平衡功率大小作为切负荷措施的使用条件。当滞后机群的有功缺额大小达到一定比例 η 时，需选择切机切负荷联合控制措施。

$$\frac{\Delta P_{a,t=T}}{P_{ea,t=t_0^-}} > \eta \tag{6-26}$$

这里，η 可以根据实际系统的运行情况进行设定。本文仿真过程中，η 取值为 15%。当系统的有功缺额满足式（6-26）的联合控制使用条件时，选择切机切负荷联合控制；不满足式（6-26）时，则只采用切机控制。

2. 切机切负荷控制量的计算

为了求取联合控制时的切机切负荷控制量，需要将控制量拆分成两部分。可以得到：

$$\frac{\Delta P_{ms}}{M_s} + \frac{\Delta P_{ea}}{M_a} = (k - k')(\Delta\omega_s - 1 + 1 - \Delta\omega_a) \tag{6-27}$$

$$\frac{\Delta P_{ms}}{M_s} + \frac{\Delta P_{ea}}{M_a} = (k - k')((\Delta\omega_s - 1) + (1 - \Delta\omega_a)) \tag{6-28}$$

$$\frac{\Delta P_{ms}}{M_s} + \frac{\Delta P_{ea}}{M_a} = (k - k')(\Delta\omega_s - 1) + (k - k')(1 - \Delta\omega_a) \tag{6-29}$$

这样就将等式右边拆分成了两部分，一部分为 $(k - k')(\Delta\omega_s - 1)$，指的是超前机群的功率过剩量，需要通过超前机群切机来完成；一部分是 $(k - k')(1 - \Delta\omega_a)$，指的是滞后机群的功率不足量，需要通过滞后机群切负荷完成。

因此，可以将式（6-29）拆分成两部分：

$$\frac{\Delta P_{ms}}{M_s} = (k - k')(\Delta\omega_s - 1) \tag{6-30}$$

$$\frac{\Delta P_{ea}}{M_a} = (k - k')(1 - \Delta\omega_a) \tag{6-31}$$

即可分别获得所需要的切机控制量 ΔP_{ms} 与切负荷控制量 ΔP_{ea}：

$$\Delta P_{ms} = M_s(k - k')(\Delta\omega_s - 1) \tag{6-32}$$

$$\Delta P_{ea} = M_a(k' - k)(1 - \Delta\omega_a) \tag{6-33}$$

6.1.2.2 切机切负荷控制地点的选择方法

1. 切机地点的选择

提出一个指标 $W_c(i)$，综合考虑发电机的暂态动能和功角的影响：

$$W_c(i) = \frac{1}{2} M_i |\tilde{\omega}_c| \tilde{\omega}_c \tilde{\theta}_c \tag{6-34}$$

$\tilde{\omega}_c$ 是第 i 台发电机在超前机群局部惯性中心坐标下 T_c 时刻的角速度，$\tilde{\theta}_c$ 是第 i 台发电机在超前机群局部惯性中心坐标下故障发生时刻到 T_c 时刻的功角差。

$W_c(i)$ 的计算考虑了发电机组超前机群局部惯性中心坐标下角速度的正负，可以避免一些相对减速的机组。选择 $W_c(i)$ 大于零的发电机组，并按照 $W_c(i)$ 大小排序，超前失稳机群中发电机组初始的切机顺序集合记为：

$$\Omega(i) = \{i \mid W_c(i) > 0, i \in S\} \tag{6-35}$$

式中：S 为超前机群机组。

电力系统的失稳，其主要是由于超前机群中的机组在故障期间积累的动能导致的，为了保证系统恢复稳定，应优先切除超前机群中的机组。而超前失稳机群还可分为主动失稳机群和被动失稳机群。当切除的机组是被动失稳机组时，不仅不会使得系统向稳定方向发展，甚至可能恶化系统的稳定性，因此切机控制地点应避免被动失稳机群中的发电机。切机措施不仅切除了系统的机械功率 P_m，同时超前机群的系统惯性也受到了影响，因此执行切机操作时，不仅仅需要考虑各机组的功角、角速度等信息，还需要考虑切除的转动惯量对超前机群加速功率的影响。由于切机措施不仅仅切除了机组的机械输入功率，同时也影响了系统的惯性时间常数。因此，当切除的发电机是被动失稳机组时，将会导致系统的 P_M

变大，没有起到控制的效果，反而恶化了系统的稳定性。因此，在候选控制地点中应剔除控制后系统 P_M 增大的被动失稳机组。

多机系统等值为单机无穷大系统，其等值机械功率的表达式：

$$P_m = \frac{M_a P_{ms} - M_s P_{ma}}{M_T} \tag{6-36}$$

式中：M_s 和 M_a 分别为超前群 S 和落后群 A 的等值惯量，P_{ms} 和 P_{ma} 分别为 S 和 A 群的等值机械输入功率，n 为全系统机组总台数，M_T 为所有机组的转动惯量之和。

当发电机被切除时，该发电机的机械功率和惯量在等值系统中作用均为零。因此为寻找被动失稳机组，可以通过假设逐次切除超前机群 S 中的每台发电机，来观察其对等值系统机械输入功率 P_M 的影响。假定第 i 台发电机被切除时，则等值机械功率 $P'_M(i)$ 变为：

$$P'_M(i) = \frac{M_a(P_{ms} - P_{mi}) - (M_s - M_i)P_{ma}}{M_T - M_i} \tag{6-37}$$

表达式中的参数都是可以通过 WAMS 实测获得。

如果 $P'_M(i) > P_M$，则第 i 台发电机就是被动失稳机组，应该从候选切机 S 群中除去这台发电机。

因此在初始切机顺序集合 $\Omega(i)$ 中，由 $P'_M(i) < P_M$ 的机组形成主动失稳机群，被切机组在以下集合中选取，记为：

$$\Omega'(i) = \{i \mid W_c(i) > 0 \text{且} P'_M(i) < P_M, i \in S\} \tag{6-38}$$

将 $\Omega'(i)$ 中的所有发电机按照 $W_c(i)$ 从大到小的顺序进行排序便可得到最终切机地点排序表。

当超前机群所需要的切机控制量 ΔP_{ms} 确定后，可取总容量大于 ΔP_{ms} 且最接近于 ΔP_{ms} 的切机地点排序表中的前几台发电机作为最终的切机控制策略。

2. 切负荷地点的选择

为了保证切负荷控制的有效性，切负荷地点必须属于滞后群，否则将会使得领先机群进一步加速，恶化系统的暂态稳定性。

在分析的过程中，可以通过稳定裕度对该母线负荷的灵敏度系数的符号来严格识别各负荷母线对于互补群的隶属。

当受端由于有功不足而使得滞后机群减速时，往往会伴随着低频低压现象的发生，因此为了满足实时控制的要求，本文的切负荷地点由在暂态过程中电压跌落幅值最大的母线集来近似。

计算此时各负荷节点在判别时刻的电压跌落值：

$$\Delta U_j = U_{j,0} - U_{j,c} \tag{6-39}$$

式中：ΔU_j 为第 j 个节点的电压跌落值；$U_{j,0}$ 为第 j 个负荷节点故障前的电压；$U_{j,c}$ 为第 j 个负荷节点在控制时刻 T_c 的电压幅值。

根据电压跌落幅值大小对各个负荷节点进行排序，即：

$$\Delta U_{max} = \Delta U_1 \geqslant \Delta U_2 \geqslant \cdots \geqslant \Delta U_n \tag{6-40}$$

切负荷时，从电压跌落幅值最严重的负荷节点开始选择切负荷地点。当切负荷量ΔP_{ea}确定时，取总容量大于ΔP_{ea}且最接近于ΔP_{ea}的切负荷地点排序表中的前几个负荷节点作为最终的切负荷控制策略。

6.1.2.3 仿真算例

采用基于轨迹凹凸性的判别方法来识别系统的稳定性，在判别出系统失稳的时刻启动控制量的计算，并且在判别出失稳以后施加紧急控制措施。控制量的计算采用基于控制时刻角速度的紧急控制理论，自动计算最小控制量。

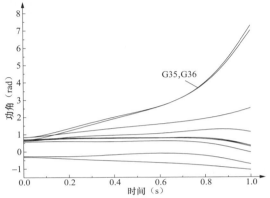

在 IEEE 39 节点系统做了仿真验证，其网架结构如图 5-5 所示。

故障设置为 0s 的时候，母线 21-22 之间发生三相短路接地故障，在 0.1s 保护动作跳开线路清除故障。该故障造成系统失稳，给出不稳定的算例在闭环控制系统得到的结果。

系统不稳定的功角曲线如图 6-4 所示。

依据本闭环控制算法得出的中间及最终结果如表 6-2 所示。

图 6-4　母线 21-22 发生故障后各电厂的功角曲线

表 6-2　　　　　　　　　　　　　闭环控制运行结果

故障类型	母线 1-22 发生三相短路接地故障
故障切除时间	0.10s
判出不稳定时间	0.36s
判出不稳时功角	110.3°
有无不稳定平衡点	129.1°
切机控制量（MW）	1126
初始切机地点排序	G35，G36
剔除被动失稳机组	—
最终执行策略	切除 G35 发电机 600MW（80%），G36 发电机 528MW（80%），共 1128MW

G35 和 G36 发电厂控制子站在 0.41s 收到控制主站发送来的切机命令，在 0.41s 时切机完成，经闭环控制后的功角曲线图如图 6-5 所示。

从仿真结果可以看出，控制措施实施之后，系统能够恢复稳定。

6.1.3　基于响应的暂态稳定性闭环控制系统框架

探讨基于响应的电力系统暂态稳定性闭环控制框架。通过前面的研究，基于实时响应信息，对系统的不稳定性进行甄别，若判别出系统失稳，则实时给出相应的控制量，保证控制措施与故障类型实时匹配。该闭环控制系统，只要是系统不稳定，就能够对其进行控制，使得系统快速恢复稳定。

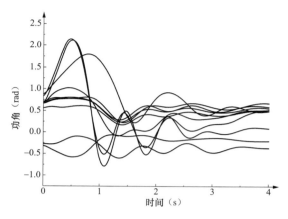

图 6-5　控制措施实施后各发电机组的功角曲线图

1. 系统的物理构架

　　紧急控制系统的体系结构主要分为分散控制和集中控制。目前，控制装置已经建立在计算机基础上，并且数据通信也更为顺畅，已经具备了构建集中式控制的条件。采用集中控制模式，将分散测量的信号集中至控制中心，在筛选出摇摆轨迹主导模式的前提下，可靠预测出全系统的暂态不稳定性。

　　如图 6-6 所示，采用集中控制模式的基于 WAMS 等响应信息的暂态不稳定性预测与闭环紧急控制系统，在物理上其构成为：前置测量与控制子站、控制主站以及广域通信网络。整套系统的主要任务是将 APMU 测得的当地信息通过广域通信网络汇总到控制主站，作为暂态不稳定性判别与紧急控制的依据。

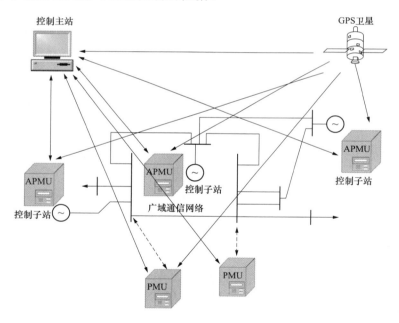

图 6-6　集中控制模式暂态不稳定性预测与紧急控制系统

2. 对各构成单元的配置要求

（1）对前置测量与控制子站的功能和配置要求。

　　前置测量控制单元应配置在各地方的发电厂和变电站，以完成观测和控制任务，其除需具备基本的局部功角、角速度及不平衡功率等信息的测量及数据接收和发送功能以外，为了满足暂态不稳定性预测与紧急控制的要求其还需具有局部不稳定性预测、执行紧急控制命令和检测故障的发生与切除等功能。

基于 WAMS 的暂态不稳定性预测与紧急控制系统对前置单元的测量量有特殊要求。电力系统暂态稳定性的判别理论上应依据发电机转子电角度相对值（功角）的动态过程。当前国内已建或正在建设的 WAMS 系统中实际安装的大部分是测量母线相角的单元（phase Measurment Unit，PMU），然而功角差和电压相角差性质不同，大扰动时电压相角可以突变，而功角是不能突变的，因此根据母线相角进行不稳定性预测可能造成误判。此外，前置单元的测量量中还应包括在基于 WAMS 的暂态不稳定性预测判别中所必需的发电机的转子角速度和不平衡功率，这些量反映了电力系统受扰轨迹运动的高阶信息，能够保证预测结果的可靠性和快速性。

基于 WAMS 的暂态不稳定性预测与紧急控制系统的控制功能是通过分布在各电厂和变电站的控制子站来完成的。由于离散紧急控制措施仅仅应在绝对必要时才可实施，而基于远动通信的控制存在信号缺失以及跳变等不可预计的风险从而导致误动，因此，控制子站应具有基于本地局部观测量的不稳定性判别功能，只有当本地不稳定性预测模块也判别出失稳后才执行控制命令，保证动作的高可靠性，闭锁在子站稳定情况下从主站下达的控制命令。

（2）对控制主站的要求。

作为暂态不稳定性预测与闭环控制系统的核心，控制主站应具备以下基本功能：数据汇总接收、数据预处理、暂态不稳定性预测和控制策略的制定与下达等。图 6-7 给出了控制主站的功能框图。

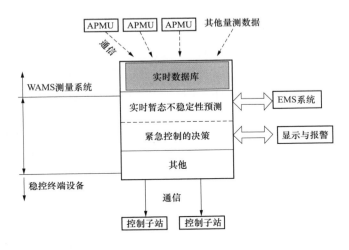

图 6-7 控制主站的功能框图

控制主站的暂态不稳定性预测与闭环控制功能主要是依靠其核心硬件实时数据平台来实现的，实时数据平台的主要功能是完成各子站系统数据的接收、数据规约的转换、数据再同步及数据的转存等。为了提高不稳定性预测的效率，除当前时刻的实测数据外，实时数据库还应储存一段时间的历史数据，这样，在暂态不稳定性分析时就无需再去历史数据库中读取。

此外，基于 WAMS 的暂态不稳定性预测与紧急控制系统应在稳态运行时与能量管理系统（EMS）通过网关进行数据交换，为紧急控制策略的制定做好必要的准备。

（3）对广域通信网络的要求。

整个控制系统响应时间中通信造成的延迟占较大比重，高速可靠的数据通信对基于WAMS 的暂态不稳定性预测与紧急控制系统是非常关键的。当前光纤通信方式由于其在抗干扰、抗气候影响和通信速率等方面的优势，其已成为目前电力系统站间通信的主要方式。

在当前光纤通信条件下，一般光纤介质的传播时延约为 6μs/km，按网内较远距离1000km 计算，传播延时约为 6ms。现有的 WAMS 试验测试结果显示：控制中心—控制子站—控制中心的双向通道延迟在 10～20ms，而基于 WAMS 的预测与控制系统一次断面内的计算延时可保证在毫秒级，因此，现有的光纤通信条件已能满足在扰动后短时间内（200～400ms）实施紧急控制的需要。

3. 控制主站的运行流程

（1）正常运行与通信。

控制主站的暂态不稳定性预测与闭环控制程序从实时数据库读取当前时刻子站的状态信息，然后把数据转换到惯性中心坐标，传给故障启动模块判断是否发生故障；同时，将当前时刻的系统惯性中心转发给各子站单元。

另外，电网的运行方式会受到负荷变化的影响，而控制策略的制订是以当前运行方式下各子站的可调节量作为约束，所以，正常运行时，监控程序还要从 EMS 中获取当前时刻关于系统运行方式的静态信息数据，从而为制订紧急决策做好准备。

（2）故障启动和故障切除判定。

暂态不稳定性预测三要素的研究表明：要快速准确地预测多机电力系统的暂态不稳定性需计及故障切除后系统的网络拓扑以及故障对全系统各机组的影响，因此，在难以获得全系统准确参数和预知故障情况的条件下,基于 WAMS 的暂态不稳定性预测模块应在故障切除后判别系统的稳定性。

当系统中发生故障时，靠近故障点的发电机组的有功出力将发生突然下降；而当继电保护装置将故障切除时,机组的有功出力会大幅回升,此外,还可将继电保护动作与 WAMS的前置子站设计成联动。由此，故障的发生与切除既可以在控制主站根据功率是否突变判别，也可通过接收前置机送来的事故发生信息判别。

（3）不稳定预测模块。

不稳定性预测模块是基于 WAMS 实测数据通过计算不稳定性指标来判别系统的稳定性，对于失稳情况，监控程序将启动闭环紧急控制模块。

（4）中央集中式闭环紧急控制模块。

暂态稳定闭环紧急控制模块根据不稳定性预测模块提供的等值 OMIB 系统的失稳裕度决定投入的控制量，紧急控制措施的对象则应考虑临界机组，尤其应优先选择临界机群中严重的不稳定机组。闭环紧急控制模块将对需要采取切机或切负荷控制的子站发送控制命令。

综上，控制主站的运行流程如图 6-8 所示。

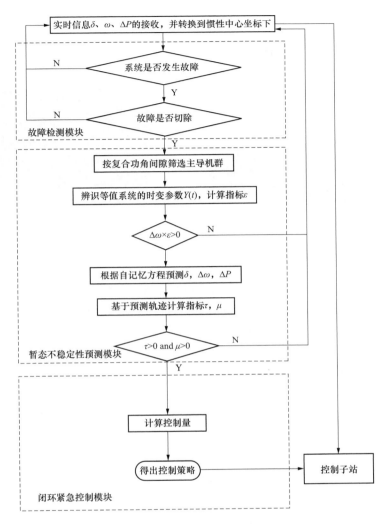

图 6-8 控制主站运行流程

6.1.4 仿真算例

以三华电网为例进行了仿真验证。假设电力系统分析综合程序（PSASP）的仿真结果为 WAMS 的实测信息，仿真步长取 10ms。

6.1.4.1 电厂失稳模式（三华联网系统）

在两横两纵的运行方式下，故障设置为京北特 1050kV 变压器 N–2 故障，在 0.26s 策略表动作，切除了蒙多伦 G2 和蒙多伦 G3 两台发电机，策略表动作之后的系统功角曲线图如图 6-9 所示。

策略表发生失配现象，无法使得系统恢复稳定。基于轨迹的凹凸性判别方法在 0.27s 判别出系统失稳，此时启动控制量的计算，得到的控制量为切除蒙查干 G3，蒙查干 G4，蒙查干 G5 三台发电机机组。考虑到计算、通信等延迟，0.3s 之后控制措施动作之后的功角曲线图如图 6-10 所示。

165

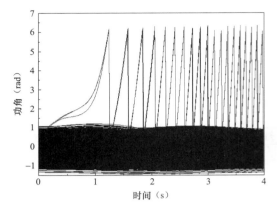

图 6-9　策略表动作之后的功角曲线图

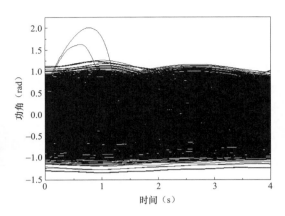

图 6-10　控制措施动作之后的功角曲线图

　　控制系统根据实时的响应信息，可以快速准确地判别系统的稳定性，并给出相应的控制措施。仿真结果表明，基于响应信息的控制系统可以很好地与策略表相结合，当策略表发生漏配或者失配现象时，能够根据实测信息，实时匹配当前故障、当前运行方式下所需要的控制措施。

6.1.4.2　省际失稳模式（三华联网系统）

1. 场景 1

　　在两横两纵的运行方式下，故障设置为 0s 蒙丰泉—张丰万 500kV 联络线发生三相短路接地故障，0.1s 保护动作切除故障，系统的功角曲线图如图 6-11 所示。

　　基于轨迹的凹凸性判别方法在 0.68s 判别出系统失稳，此时启动控制量的计算，得到的控制量为切除 830MW 的机组（蒙海勃 G6，蒙海勃 G5，蒙达旗 G4）。考虑到计算、通信等延迟，0.3s 之后控制策略动作，控制之后的功角曲线图如图 6-12 所示。

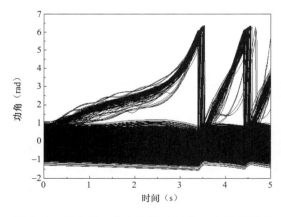

图 6-11　蒙丰泉—张丰万发生故障，未控制时的
功角曲线图

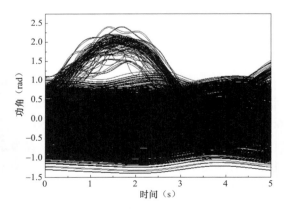

图 6-12　蒙丰泉—张丰万发生故障，控制后的
功角曲线图

控制前后系统的相轨迹如图 6-13 所示。

仿真结果表明，基于响应的控制系统能够适应不同的运行方式，根据系统的实测信息的响应数据，可以计算得到匹配当前故障模式、运行方式下的控制措施。

2. 场景 2

在扩建与东纵的运行方式下，故障设置为渝板桥—川宏沟，未采取控制的功角曲线如图 6-14 所示。

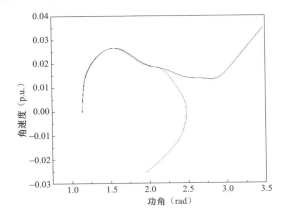

图 6-13　控制与不控制的相轨迹的对比

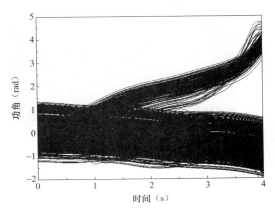

图 6-14　渝板桥—川宏沟故障，未采取控制的功角曲线

基于轨迹的凹凸性判别方法在 2.0s 判别系统失稳，此时启动控制量的计算，得到的控制量为切除 2987MW（二滩 6 台机组 G1281～G1286），考虑到计算、通信的延时，0.3s 之后控制策略动作，控制后的功角曲线如图 6-15 所示。

仿真结果表明，基于响应的控制系统能够及时识别出系统失稳并给出有效的控制策略保证系统在控制后得以恢复稳定。

3. 场景 3

在扩建与东纵的运行方式下，故障设置为 0s 蒙丰泉—张丰万 500kV 联络线发生三相短路接地故障，0.1s 安控动作切除故障，未施加控制时的功角曲线图如图 6-16 所示。

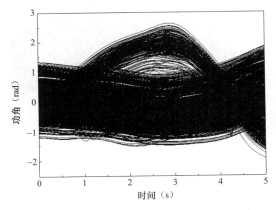

图 6-15　切除 2987MW 机组后的功角曲线

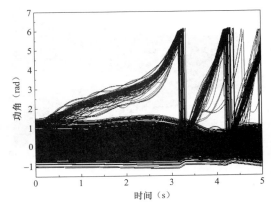

图 6-16　蒙丰泉—张丰万故障后的功角曲线

基于相轨迹凹凸性的判别方法在 0.68s 判处系统失稳，此时启动控制量的计算，得到的控制量为切除 800MW 机组（蒙西来 G1，蒙海勃 G6，蒙海勃 G5），考虑到计算、通信的延时，0.3s 之后控制策略动作，控制后的功角曲线如图 6-17 所示。

采取切机控制与不控制的相轨迹对比如图 6-18 所示。

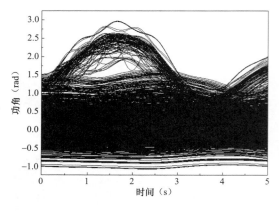

图 6-17　切除 800MW 后的功角曲线

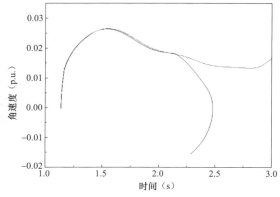

图 6-18　控制与不控制的相轨迹对比

场景 1 和场景 3 表明，对于相同的故障不同的运行方式，基于相轨迹的判稳与控制方法都能准确识别系统的稳定性并计算出有效的控制策略，保证系统及时得到有效的控制使其恢复稳定。

6.1.4.3　区域失稳模式

1. 场景 1

在两横两纵的运行方式下，故障设置为国华新—沪黄渡 N-2 故障，未采取控制的功角曲线如图 6-19 所示，发生两大区域电网之间功角相对失稳。

基于相轨迹凹凸性的判稳方法在 3.05s 识别出系统失稳，此时启动控制量的计算，计算得到的控制策略为切除切机 2480MW，（川福溪#0，川金堂厂，川瀑布 G4，川瀑布 G5，川新平#1），考虑到计算和通信的延时，0.3s 后控制策略动作，控制后的功角曲线如图 6-20 所示。

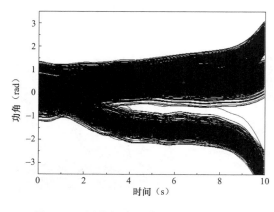

图 6-19　国华新—沪黄渡 N-2 故障时的
功角曲线

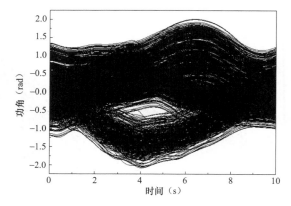

图 6-20　切机 2480MW 后的功角曲线

对应的采取切机控制后的电压曲线如图 6-21 所示。

采取切机控制与不控制的相轨迹对比如图 6-22 所示。

如果在此场景下采取切负荷控制，切除 960MW 负荷后的功角曲线及对应的电压曲线如图 6-23 和图 6-24 所示。

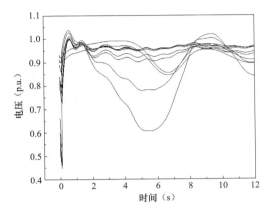

图 6-21　切机控制后的电压曲线

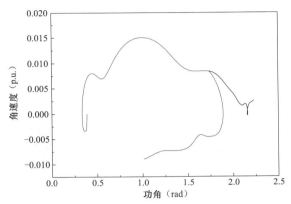

图 6-22　切机与不切机的相轨迹对比

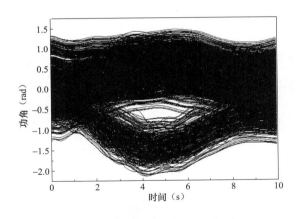

图 6-23　切 960MW 负荷后的功角曲线

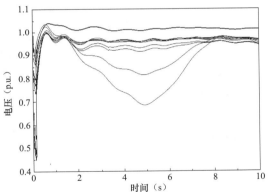

图 6-24　切除 960MW 负荷后的电压曲线

仿真结果表明，在基于相轨迹凹凸性的判稳方法判出系统失稳的基础上，采取切机控制策略与切负荷控制策略都能使得系统恢复稳定。在此场景下，切负荷的控制量明显小于切机控制，且切负荷较切机的电压跌落更小。因此，对于不同的故障场景，采取切机与切负荷的联合控制有利于系统的电压稳定，并降低损失。

2. 场景 2

在两横两纵的运行方式下，故障设置为 500kV 汗海—沽源变电站全停，未采取任何控制措施的功角曲线如图 6-25 所示，发生省际之间功角相对失稳。

基于相轨迹的凹凸性判稳方法在 1.21s 判别出系统失稳，此时启动控制量的计算，计算得出控制量 4480MW，控制地点：蒙布连 G1，蒙海勃 G6，蒙海勃 G5，蒙康热 G2，蒙康热 G1，蒙鄂电 G3，蒙鄂电 G4，蒙海勃 G4，蒙海勃 G3，蒙国胜 G2，蒙乌拉 G5，蒙国胜 G1，蒙鄂电 G2，蒙鄂电 G1。控制之后的功角曲线如图 6-26 所示。

仿真结果显示，一次切机控制后系统仍然失去稳定。失稳模式由原来的省际失稳转变为区域失稳模式。闭环控制系统继续跟踪系统轨迹，在 1.98s 再次判别出系统失稳，控制量 8830MW，控制地点：豫鸭河 4G，豫孟津 G1，豫鸭河 3G，豫多宝山，豫龙泉 2G，豫孟津电，鄂襄樊 G4，豫沁北 4G，豫致远 1G，豫姚孟 6G，豫三火三，豫鲁阳 1G，豫沁北 3G。控制之后的系统功角曲线如图 6-27 所示。

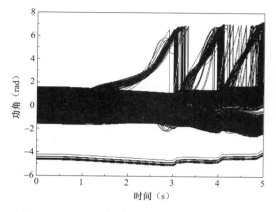

图 6-25　500kV 汗海—沽源变电站全停后的功角曲线

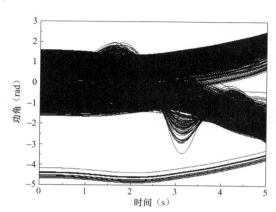

图 6-26　第一次切机控制后的功角曲线

经过两次控制之后，系统恢复稳定。仿真结果表明，基于响应的控制方法能够达到闭环控制的效果，通过实时的监测，一旦判处系统失稳并计算出有效的控制策略，即可实现闭环控制保证系统稳定。

第二次控制，若采取切机与直流紧急调制相结合，降低馈入直流功率 4000MW，同时执行切机操作 5630MW。控制之后，系统也能够恢复稳定，控制后的功角曲线如图 6-28 所示。

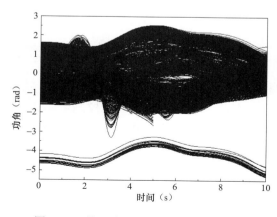

图 6-27　第二次切机控制后的功角曲线

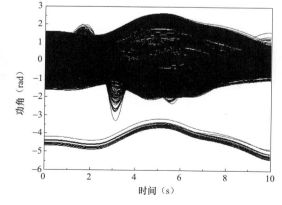

图 6-28　切机与直流紧急调制相结合后的功角曲线

3．场景 3

在两横两纵的运行方式下，川奚落—浙浙西特高压直流（7500MW）双极闭锁，0.26s

二道防线预案式切机安控动作，合计切除 4560MW 配套电源，系统仍然处于失稳状态。系统的功角曲线如图 6-29 所示。

　　基于相轨迹凹凸性的判稳方法在 1.92s 判处系统失稳。由于传输能力不足，导致华东与华北华中失稳，采取的控制措施：①降低传输需求，包括切机，切负荷，切机与切负荷联合控制；②提高输送能力，通过输送断面上的其他直流系统的紧急功率提升，来提高输送断面的功率输送能力。具体的控制措施如下。

　　（1）切机控制。共切除 4300MW，控制地点四川地区（川二滩，川福溪等），控制后的系统功角曲线如图 6-30 所示，控制系统的最低电压为 0.56p.u.。

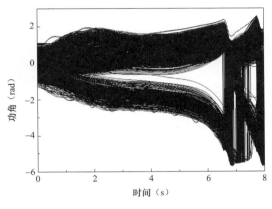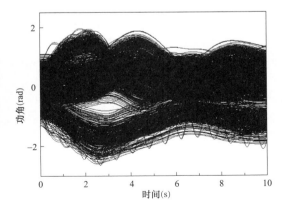

图 6-29　策略表动作后的功角曲线　　　　图 6-30　切机控制后的功角曲线

　　（2）切负荷控制。切除华东地区 1600MW 的负荷，控制后的系统功角曲线如图 6-31 所示，控制后系统的最低电压为 0.59p.u.。

　　（3）切机切负荷联合控制。切机 2750MW，切机地点为川二滩，切负荷 600MW，切负荷地点为华东地区。控制后的系统功角曲线如图 6-32 所示，系统的最低电压为 0.57p.u.。

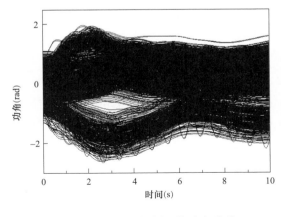

图 6-31　切负荷控制后的功角曲线　　　　图 6-32　切机切负荷控制后的功角曲线

　　（4）直流紧急功率提升与切机控制相结合。沪奉贤—川复龙、苏同里—川裕隆，两条直流各提升 10%，分别由原来的 6400MW 提升到 7040MW、7200MW 提升到 7920MW，提升量合计为 1360MW；切机 2200MW，切机地点川二滩。控制后的系统功角曲线如图 6-33 所示。

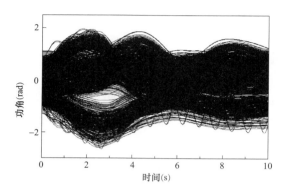

图 6-33　直流紧急功率提升与切机联合控制后的功角曲线

6.2　基于振荡中心响应特征的暂稳解列控制技术

6.2.1　区域失稳模式下解列控制适应性分析

发生故障如下：冀石北—晋忻都两相故障，主保护拒动，故障发生后 1s 后备保护跳开冀石北变电站所有 500kV 出线。

6.2.1.1　电网特性仿真分析

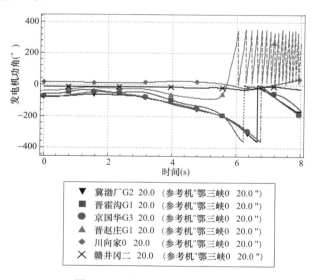

▼	冀渤厂G2 20.0	(参考机"鄂三峡0 20.0 ")
■	晋霍沟G1 20.0	(参考机"鄂三峡0 20.0 ")
●	京国华G3 20.0	(参考机"鄂三峡0 20.0 ")
▲	晋赵庄G1 20.0	(参考机"鄂三峡0 20.0 ")
♦	川向家0 20.0	(参考机"鄂三峡0 20.0 ")
✕	赣井冈二 20.0	(参考机"鄂三峡0 20.0 ")

图 6-34　发电机功角仿真曲线

由图 6-34 可知，系统发生暂态功角失稳。正常方式下华中通过 1000kV 长治—南阳线路向华北送电 5500MW，冀石北—晋忻都两相故障，主保护拒动，跳开冀石北站的所有出线，初始方式下陕西锦界、府谷电厂有功约 3000MW 接入冀石北站后输送主网，跳冀石北站所有出线后，相当于华北缺失了 3000MW 的电源，华中送华北断面的功率加大来补充缺失的电力，进而发生华北相对于华中的失稳。事故前华北是受端，华北机群（除了接入晋长治站的赵庄、高河电厂）相对于华中机群功角滞后失稳；在失稳发展过程中，晋长治电压跌幅较大，接入晋长治站的赵庄、高河电厂电力无法送出，暂态不平衡能量累积到一定程度，两个电厂相对于主网发生暂态功角超前失稳。

6.2.1.2　失步中心及失步断面的确定

由于在一个失步振荡周期内失步中心电压低至约 0，因此，找寻电压幅值跌落较大、较快的母线，一般是失步中心所在的失步断面近区的母线，再观察母线近区的线路两侧母线电压相角差，发生暂态失步的一个显著特征是相角差周期性变化且经过 180°。

可确定此故障下的失步中心落在 1000kV 长南线上，失步断面即为 1000kV 长南线。

6.2.1.3　基于振荡中心响应特征的判稳及解列控制

1.　视在阻抗角 φ 特征的判稳及解列控制

在受端 1000kV 晋长治站配置视在阻抗角 φ 响应控制装置，保护范围低电压定值整定为 0.5p.u.，振荡周期次数定值整定为 1 次。

分析视在阻抗角 φ 以及长治站 1000kV 母线电压响应轨迹图（见图 6-35 和图 6-36）可知：

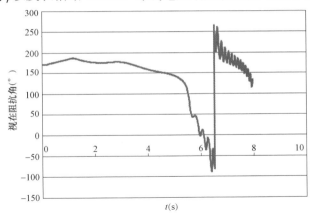

图 6-35　长南断面视在阻抗响应轨迹

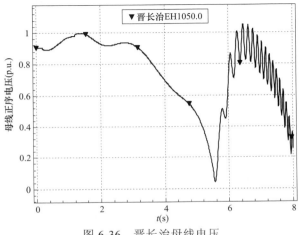

图 6-36　晋长治母线电压

1）响应装置在受端 1000kV 晋长治侧，在第一个失步周期视在阻抗角 φ 由 175°连续变化到−85°左右，即符合一个失步周期的视在阻抗角的动态响应特征：正常运行在Ⅳ区（受端），从Ⅳ区开始按顺序经过Ⅲ区、Ⅱ区、Ⅰ区，因此，判断发生功角失步，同时，可知失步中心在正方向，即落在"1000kV 长南"断面；由于失步振荡周期整定为 1，因此，第一个失步周期完成的时刻，即判定失步时刻，也是 φ 变化到−85°的时刻，约为 6.4s（320 周波）。

2）在第一个失步周期内长治母线电压的最低值约为 0，小于保护范围低电压定值 0.5p.u.。

因此，φ 的动态特征满足 1）、2），长治站的视在阻抗角 φ 可判失步，并可触发解列，由于本地量测，可近似忽略时间延迟，则响应解列时刻也为 6.4s（320 周波），此时断面两侧母线相角差为 358°。

2. $U\cos\varphi$ 特征的判稳及解列控制

在受端 1000kV 晋长治站配置 $U\cos\varphi$ 响应控制装置，以视入线路 1000kV 长南线为正方向；保护范围低电压定值整定为 0.5p.u.，振荡周期次数定值整定为 1 次。

分析 $U\cos\varphi$、晋长治站的母线电压响应轨迹（见图 6-37 和图 6-38）可知：

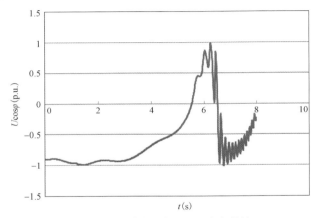

图 6-37　长南断面 $U\cos\varphi$ 响应轨迹

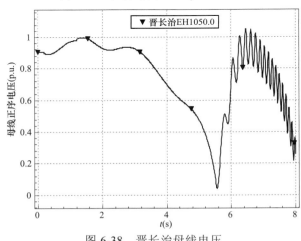

图 6-38　晋长治母线电压

1）在第一个失步周期振荡中心电压 $U\cos\varphi$ 由−1p.u.连续变化到 1p.u.，满足一个减速失步周期（由于晋长治在受端）内 $U\cos\varphi$ 的动态响应特征。第一个失步周期完成的时刻，即判稳时刻，也是 $U\cos\varphi$ 变化到 1p.u.的时刻，为 6.3s（315 周波）。

2）在第一个失步周期内长治母线电压的最低值约为 0p.u.，小于保护范围低电压定值 0.5p.u.。

因此，$U\cos\varphi$ 动态特征满足 1）、2），晋长治站的 $U\cos\varphi$ 响应可判失步并触发解列，由于本地量测，可近似忽略时间延迟，解列时刻与判稳时刻相同，约为 6.3s（315 周波），此时断面相角差为 337°。

3. 多元预测型特征的判稳及解列控制

在长南断面的受端晋长治站配置多元预测型响应装置。多元预测型响应特征包括：

1）$\mathrm{d}\delta/\mathrm{d}t>0$，$\dfrac{\mathrm{d}^2\delta}{\mathrm{d}t^2}>0$，断面两侧相角差的变化趋势为加速变大；

2）$\mathrm{d}P/\mathrm{d}t<0$，断面有功变化趋势为变小；

3）振荡中心落在响应装置配置的断面上，且振荡中心电压小于设定的电压阈值，假定此阈值为 0.6p.u.。

分析响应轨迹（见图 6-39）可知，最早在 4.76s（238 周波）多元动态响应特征都满足，即可预判出暂态失步，并触发解列，此时断面相角差为 84°，充分体现了多元响应特征的预测性。

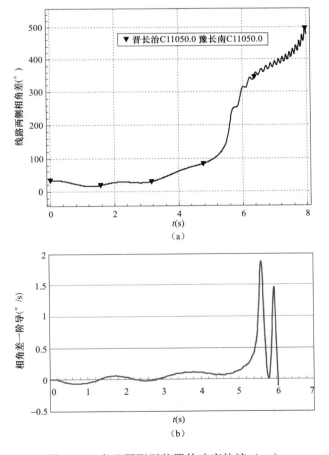

图 6-39　多元预测型装置的响应轨迹（一）

（a）长南线两侧母线电压相角差响应轨迹；（b）相角差对时间的一阶导数响应轨迹

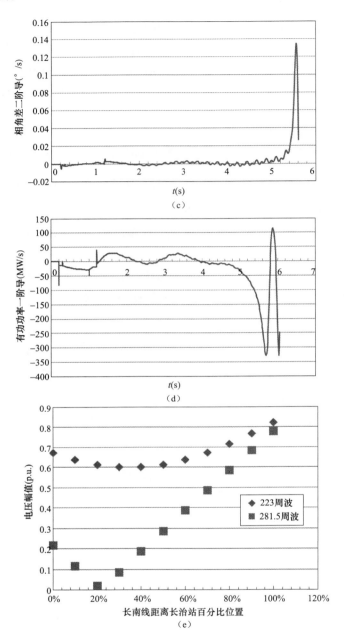

图 6-39　多元预测型装置的响应轨迹（二）

（c）相角差对时间的二阶导数响应轨迹；（d）断面有功功率对时间的一阶导数响应轨迹；

（e）失步振荡演化不同时刻长南线振荡中心的位置以及电压幅值

6.2.1.4　解列效果的仿真分析及解列策略的优化建议

多元预测型响应特征 4.76s（238 周波）判定失步并实施解列；$U\cos\varphi$响应特征在 6.3s（315 周波）判定失步并实施解列；视在阻抗角 φ 响应特征在 6.4s（320 周波）判定失步并实施解列。

对三种原理的响应解列控制结果进行仿真对比如图 6-40 所示。

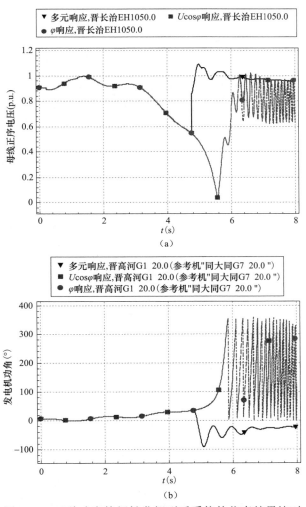

图 6-40 三种响应特征触发解列后系统的仿真结果比对

（a）三者的母线电压仿真曲线比对；（b）三者的晋高河机组发电机组功角仿真曲线比对

由仿真结果可知：

（1）视在阻抗角 φ、$U\cos\varphi$ 响应解列后的功角、频率、电压结果近似，解列后华北、华中主网暂态功角稳定，但是由于解列时晋长治站母线电压幅值较低且持续时间较长，接入晋长治站的赵庄、高河电厂暂态能量积累过大，发生功角加速失稳。

（2）多元预测响应装置判稳具有预测功能，因此基于此的解列较 φ、$U\cos\varphi$ 更快一些，解列时晋长治站母线电压幅值相比较而言更高一些，且持续时间较短，暂态能量累积得也相对较小，接入晋长治站的赵庄、高河电厂暂态稳定。

综上，建议可在此类故障模式下采用"多元预测型"响应特征，振荡中心电压阈值设置为 0.6p.u.，加速判稳及解列，可避免接入长治站的两个电厂暂态失稳。

6.2.2 省间失稳模式下解列控制适应性分析

发生故障如下："川洪沟—渝板桥"两相故障，主保护拒动，后备保护在故障后 1s

跳开川洪沟所有 500kV 出线。

6.2.2.1 电网特性仿真分析

由图 6-41 仿真结果可知，故障发生后，四川省网机组相对于主网加速暂态失稳。

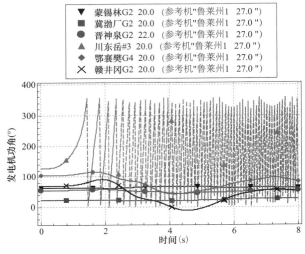

图 6-41 发电机功角仿真曲线

6.2.2.2 失步中心及失步断面的确定

找寻电压跌幅较大、跌落较快母线，在母线近区进一步确定断面相角差在失步振荡周期内连续变化，且穿越 180° 的断面，则失步中心落在此断面，此断面为失步断面。

低电压母线以及断面相角差仿真结果如图 6-42 和图 6-43 所示。

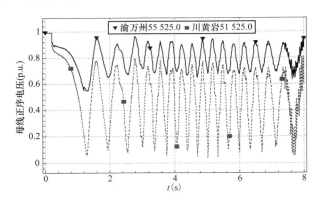

图 6-42 跌幅较大、跌落较快的母线电压仿真结果

由上述仿真结果可知：故障发生后，失步中心落在川渝另一个断面"川黄岩—渝万县"，此断面为失步断面。

6.2.2.3 基于振荡中心响应特征的判稳及解列控制

1. 视在阻抗角 φ 特征的判稳及解列控制

在送端 500kV 川黄岩站配置视在阻抗角 φ 响应控制装置，以视入 500kV 线路川黄岩—渝万州为正方向；保护范围低电压定值整定为 0.5p.u.，振荡周期次数定值整定为 1 次。

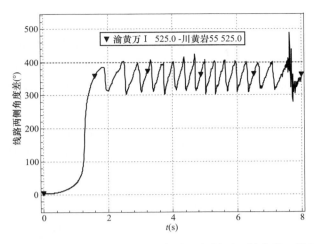

图 6-43　断面两侧母线相角差（川渝另一个断面：川黄岩—渝万县）

分析视在阻抗角 φ 以川黄岩站 500kV 母线电压响应轨迹（见图 6-44 和图 6-45）可知：

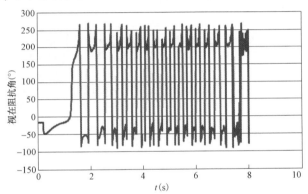

图 6-44　视在阻抗角响应轨迹

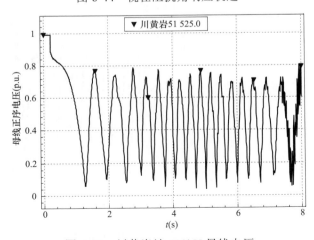

图 6-45　川黄岩站 500kV 母线电压

（1）响应装置在送端川黄岩站侧，在第一个失步周期视在阻抗角 φ 由 -50° 连续变化到 250° 左右，即符合一个失步周期的视在阻抗角的动态响应特征：正常运行在Ⅰ区（送端），从Ⅰ区开始按顺序经过Ⅱ区、Ⅲ区、Ⅳ区，因此，判断发生功角失步，同时，可知失步中心在正方向，即落在"川黄岩—渝万县"断面；由于失步振荡周期整定为1，因此，第一个失步周期完成的时刻，即判定失步时刻，也是φ变化到250°的时刻，约为1.61s（80.5周波）。

（2）在第一个失步周期内"川黄岩"母线电压的最低值约为0.06 p.u.，小于保护范围低电压定值0.5p.u.。

因此，动态特征满足（1）、（2），川黄岩的视在阻抗角φ响应装置可判失步，并触发解列，由于本地量测，可近似忽略时间延迟，则响应解列时刻也为1.61s（80.5周波），此时断面相角差约为360°。

2．$U\cos\varphi$特征的判稳及解列控制

在送端川黄岩站配置$U\cos\varphi$响应控制装置，以视入线路川黄岩—渝万县线路为正方向；保护范围低电压定值整定为0.5p.u.，振荡周期次数定值整定为1次。

分析$U\cos\varphi$、川黄岩站的母线电压响应轨迹见图6-46和图6-47可知：

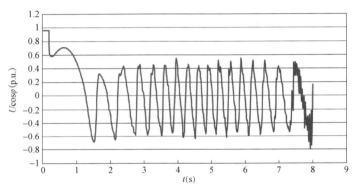

图6-46 $U\cos\varphi$ 响应轨迹

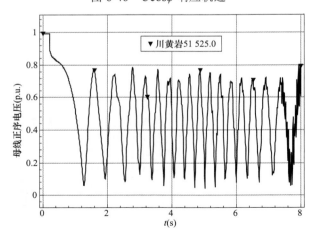

图6-47 川黄岩站500kV母线电压

（1）在第一个失步周期振荡中心电压$U\cos\varphi$由0.7p.u.连续变化到约−0.7p.u.，满足一个加速失步周期（川黄岩在送端）内$U\cos\varphi$的动态响应特征。第一个失步周期完成的时刻，即判稳时刻，也是$U\cos\varphi$变化到−0.7p.u.的时刻，为1.52s（76周波）。

（2）在第一个失步周期内长治母线电压的最低值约为0.06 p.u.，小于保护范围低电压定值 0.5p.u.。

因此，若动态特征满足（1）和（2），则川黄岩站配置的 $U\cos\varphi$ 响应装置可判暂态失步，并触发解列，由于本地量测，可近似忽略时间延迟，解列时刻与判稳时刻相同，约为 1.52s（76 周波），此时断面相角差为 340°。

3. 多元预测型特征的判稳及解列控制

在川黄岩—渝万县断面的送端黄岩站配置多元预测型响应控制装置。多元预测型响应根据"多元"量测量的响应轨迹挖掘出"多元"动态特征，包括：

（1）$d\delta/dt>0$，$\dfrac{d^2\delta}{dt^2}>0$，断面两侧相角差的变化趋势为加速变大；

（2）$dP/dt<0$，断面有功变化趋势为变小；

（3）振荡中心落在响应装置配置的量测断面上，且振荡中心电压小于设定的电压阈值，设定此阈值为 0.6p.u.。

分析此故障下多元响应轨迹（见图 6-48）可知：最早在 1.19s（59.5 周波）多元动态响应特征都满足，即可预判出功角失步、并触发解列，此时断面相角差为 69°，充分体现了多元响应特征的预测性。

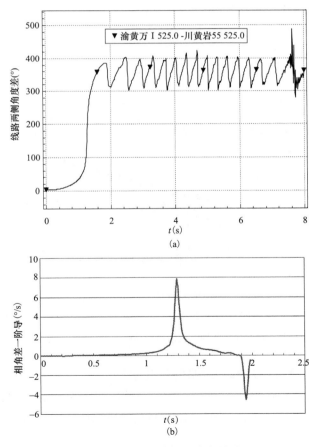

图 6-48 多元预测型特征的响应轨迹（一）

（a）川黄岩—渝万县断面相角差响应轨迹；（b）相角差对于时间的一阶导数响应轨迹

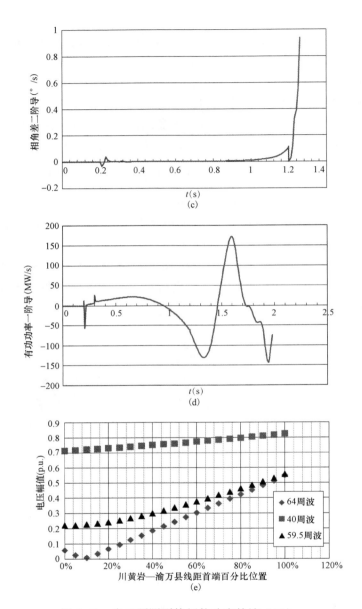

图 6-48 多元预测型特征的响应轨迹（二）

（c）相角差对于时间的二阶导数响应轨迹；（d）断面功率对于时间的一阶导数响应轨迹；

（e）失步振荡演化不同时刻断面振荡中心的位置以及电压幅值

6.2.2.4 解列效果的仿真分析及解列策略的优化建议

多元预测型响应特征在 1.19s（59.5 周波）判定失步并实施解列；$U\cos\varphi$ 响应装置在 1.52s（76 周波）判定失步并实施解列；视在阻抗角 φ 响应特征在 1.61s（80.5 周波）判定失步并实施解列。

对三种原理的响应解列控制结果进行仿真对比，仿真结果如图 6-49 和图 6-50 所示。

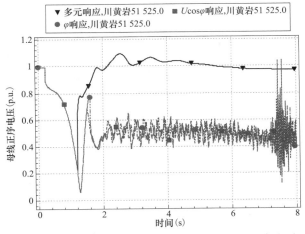

图 6-49　响应解列后川黄岩站母线电压仿真曲线比对

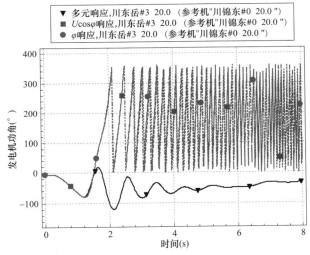

图 6-50　响应解列后发电机功角仿真曲线三者的比对

由仿真结果可知：

1）基于 $U\cos\varphi$ 响应特征的解列在 76 周波解列失步断面，四川有部分机组失稳，包括川东岳、凤仪场、凤仪、金银、临巴、万和等电厂；

2）基于视在阻抗角 φ 响应特征的解列在 80.5 周波解列失步断面，同 $U\cos\varphi$，四川有部分机组失稳；

3）基于多元响应特征的解列在 59.5 周波解列失步断面，四川功角稳定。

可见，具有预测功能的多元响应特征的判稳及控制可提升系统稳定性。

6.3　基于负荷无功电压响应的暂态电压稳定控制技术

6.3.1　负荷电压安全性评估指标

传统的低压减载装置逐轮动作，当系统出现严重扰动时可能造成系统电压失稳。本节

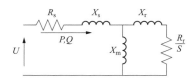

图 6-51 感应电动机一阶等效模型

从感应电动机一阶模型出发，推导了计及节点负荷无功变化和电压偏移程度的负荷电压安全性评估指标。该指标从物理意义上看相当于节点负荷等效电纳的变化量，指标大小不仅能衡量不同负荷模型对电压安全性的影响程度，同时还能反映该节点负荷中感应电动机所占比例大小。

图 6-51 为感应电动机一阶等效模型，U 表示机端电压，R_s+jX_s 表示定子阻抗，$R_r/s+jX_r$ 表示转子阻抗，s 为感应电动机转差率，X_m 为磁化电抗，$P+jQ$ 为感应电动机吸收的功率。

根据图 6-51，忽略磁化电抗 X_m，可得感应电动机所吸收无功功率的表达式为：

$$Q = \frac{U^2(X_s + X_r)}{\left(R_s + \dfrac{R_r}{s}\right)^2 + (X_s + X_r)^2} \tag{6-41}$$

上式中转差率 s 对应的转子运动微分方程如下：

$$2Hs = T_m(s) - T_e(U, s) \tag{6-42}$$

式中：H 为惯性常数，T_m 为机械转矩，T_e 为电磁转矩，其大小与电压 U^2 成正比。

忽略上式转差率 s 对机械转矩 T_m 和电磁转矩 T_e 的影响，当感应电动机机端电压 U 下降时，电磁转矩 T_e 将迅速减小，导致转差率 s 增大；根据式（6-41）可知，虽然无功 Q 随着 U 下降而减少，但 s 增大会造成电动机无功功率在扰动初期减少后又迅速增加，加剧电压失稳过程。因此，转差率 s 的增加可以反映节点负荷暂态电压扰动大小和负荷稳定程度。然而，在实际系统中，负荷成分无法预测，感应电动机的转差率变化也难以获得。故将表达式左右同除以 U^2 得：

$$\frac{Q}{U^2} = \frac{(X_S + X_r)}{\left(R_S + \dfrac{R_r}{s}\right)^2 + (X_S + X_r)^2} \tag{6-43}$$

如式（6-43）所示，可通过测量 Q/U^2 的变化（可测量）来反映转差率 s（不可测量）的变化，进而反映负荷电压安全程度。Q/U^2 从物理意义上看相当于感应电动机的等效电纳，即以等效电纳的变化量 $\Delta Q/U^2$ 构成如下 Y 指标来评估负荷母线的电压安全性：

$$Y(t) = \Delta \frac{Q(t)}{U(t)^2} = \frac{Q(t)}{U(t)^2} - \frac{Q(t_0)}{U(t_0)^2} \tag{6-44}$$

式中：$Y(t)$ 为扰动后 t 时刻的电压安全性评估指标大小；$Q(t)$ 和 $Q(t_0)$ 分别为扰动后 t 时刻以及扰动前负荷吸收的无功功率；$U(t)$ 和 $U(t_0)$ 分别为扰动后 t 时刻以及扰动前的负荷电压。该指标与负荷吸收无功成正比，与负荷电压的平方成反比，在负荷无功需求增加或者电压跌落的情况下该指标将迅速增大，扰动后，节点的 Y 指标越大，则该负荷节点的电压安全性越差。

对于感应电动机，可得其 Y 指标为：

$$Y(t) = \frac{(X_s + X_r)}{\left(R_s + \dfrac{R_r}{s(t)}\right)^2 + (X_s + X_r)^2} - \frac{(X_s + X_r)}{\left(R_s + \dfrac{R_r}{s(t_0)}\right)^2 + (X_s + X_r)^2} \tag{6-45}$$

式中：$s(t)$ 和 $s(t_0)$ 分别为扰动后 t 时刻以及扰动瞬间感应电动机的转差率。当 s 增大时，相应的 Y 指标也增大。

电力系统的负荷中除了感应电动机，还包括恒阻抗负荷、恒电流负荷以及恒功率负荷。由这三种负荷类型构成的节点负荷，其有功、无功功率可用下面两个公式所示多项式模型（ZIP 模型）描述：

$$P = \left(A_p \frac{U^2}{U_0^2} + B_p \frac{U}{U_0} + C_p \right) P_0 \tag{6-46}$$

$$Q = \left(A_q \frac{U^2}{U_0^2} + B_q \frac{U}{U_0} + C_q \right) Q_0 \tag{6-47}$$

式中：A_p、A_q 分别为恒阻抗负荷在该节点的有功和无功负荷中所占比例；B_p，B_q 分别为恒电流负荷所占比例；C_p，C_q 分别为恒功率负荷所占比例；U_0 为负荷的额定电压；P_0，Q_0 为负荷的额定有功功率和额定无功功率。

将这三种负荷模型的无功表达式分别代入 Y 指标可得，恒阻抗负荷、恒电流负荷及恒功率负荷的 Y 指标分别如下式所示：

$$Y(t) = \Delta \frac{X_Z}{(R_Z + X_Z)^2} = 0 \tag{6-48}$$

$$Y(t) = \Delta \frac{U(t) I_c \sin\varphi_c}{U(t)^2} = \left(\frac{I_c \sin\varphi_c}{U(t)} - \frac{I_c \sin\varphi_c}{U(t_0)} \right) \tag{6-49}$$

$$Y(t) = \Delta \frac{Q_c}{U(t)^2} = Q_c \left(\frac{1}{U(t)^2} - \frac{1}{U(t_0)^2} \right) \tag{6-50}$$

式中：$R_z + jX_z$ 表示恒阻抗负荷；I_c 和 $\sin\varphi$ 分别表示恒电流负荷的电流及阻抗角正弦大小；Q_c 表示恒功率负荷的额定无功功率。

ZIP 模型中，恒功率负荷对电压稳定性影响最严重，恒电流负荷次之，恒阻抗负荷对电压稳定性影响最小。当系统发生扰动时，恒功率负荷的 Y 指标与电压平方成反比，恒电流负荷的 Y 指标与电压的一次方成反比，恒阻抗负荷的 Y 指标始终为零。因此，对于恒阻抗负荷、恒电流负荷以及恒功率负荷，其对电压稳定性影响越大，发生扰动时相应的 Y 指标也升高越快。

将 ZIP 模型与感应电动机比较可知，对于 ZIP 模型，当电压跌落时，其无功功率不变或者减少，相应的 Y 指标增长较小；而对于感应电动机，由前述分析已知，其机端电压跌落时会造成转差率升高，使得负荷所吸收的无功功率增加，形成正反馈，从而进一步加快电压跌落，其 Y 指标增长迅速，在相同故障下感应电动机的 Y 指标将大于 ZIP 模型的 Y 指标。

综上所述，对于不同负荷模型（感应电动机、恒阻抗、恒电流、恒功率模型），Y 指标大小差异明显。Y 指标大小不仅能衡量不同负荷模型对电压安全性的影响程度，还能反映感应电动机在该节点负荷中所占比例大小。扰动后负荷节点的 Y 指标越大，则该节点的电压安全性越差，即该节点应切除更多的负荷。

6.3.2　基于负荷无功电压响应的低电压切负荷方案

1. 电压安全性评估节点的选择

在系统正常运行过程中，为保障供电质量，负荷电压偏移量应控制在 10%以内，因此，当负荷母线电压低于 0.85p.u.时，则认为该母线电压可能出现电压安全问题。故在系统内低压减载首次动作时通过 WAMS 获取电压低于 0.85p.u.的负荷母线的无功和电压响应以计算该节点的电压安全性评估指标，从而确定系统的电压薄弱节点。

2. 基于负荷无功电压响应的低电压切负荷方案设计

基于负荷无功电压响应和电压安全性评估指标，对表 6-3 所示传统低压减负荷方案进行以下改进：

（1）在低压减负荷（UVLS）第一轮动作时，计算负荷电压低于 0.85p.u.的各负荷节点的电压安全性评估指标（$Y=\Delta Q/U^2$）并将各负荷节点按 Y 指标从大到小排序，将 Y 指标大小排在前 30%的负荷节点作为电压薄弱节点。

（2）将电压薄弱节点 UVLS 未动作各轮切负荷量增加 50%，相应动作延时缩小 50%。即在如表 6-3 所示传统低压减负荷方案中，将薄弱节点第二轮以后各轮的动作延时缩短为 0.25s，将切负荷量增加为 9%。

表 6-3　　　　　　　　　　　　　　　传统低压减负荷方案

轮次	整定值（p.u.）	动作延时（s）	切负荷量（%）
基本 1 轮	0.85	0.5	6
基本 2 轮	0.80	0.5	6
基本 3 轮	0.75	0.5	6
基本 4 轮	0.70	0.5	6
基本 5 轮	0.65	0.5	6
基本 6 轮	0.60	0.5	6
特殊 1 轮	0.85	10	5

6.3.3　仿真算例

1. 典型系统仿真算例

在图 6-52 所示 IEEE 39 节点系统中对改进方案进行了仿真验证并与传统方案进行了对比。传统低压减载方案如表 6-3 所示。故障设置为 0.5s 时线路 2-3 中点发生三相接地短路故障，故障后 0.5s 该线路切除。

在上述算例中，传统低压减载方案和改进后的低压减载方案的切负荷量如表 6-4 所示，改进方案由于考虑了不同负荷节点电压稳定程度的差异，在电压薄弱节点率先进行切负荷操作并加大了电压薄弱节点的切负荷量，使得系统总切负荷量减小，动作轮次减少。

图 6-53 和图 6-54 分别为减载后的系统最低负荷电压和发电机的励磁电压响应。可以看出，传统方案由于在电压薄弱节点切负荷量不足，在第一波减载后随着负荷电压恢复，励磁电压减小，导致系统提供给负荷的无功功率减小，使得负荷电压再次跌落，继续触发

低电压切负荷，而改进方案在第一波减载后即可使负荷电压恢复稳定。

表 6-4 切 负 荷 量 对 比 （MW）

轮次	传统 UVLS 切负荷量	改进 UVLS 切负荷量	切负荷量差别
基本 1 轮	299.06	299.06	0
基本 2 轮	299.06	365.17	66.11
基本 3 轮	299.06	257.89	−41.17
基本 4 轮	299.06	141.82	−157.24
基本 5 轮	284.21	113.02	−171.19
基本 6 轮	149	0	−149
特殊 1 轮	0	0	0
总计	1629.45	1176.96	−452.49

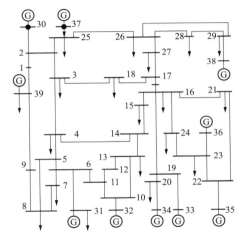

图 6-52 IEEE 39 节点系统

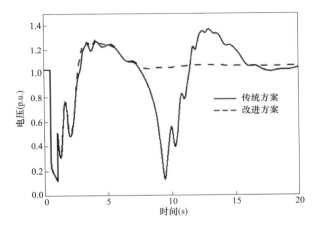

图 6-53 系统最低负荷电压

2. 嵩郑地区实际系统仿真算例

（1）嵩郑地区运行方式以及故障。

2015 年，嵩郑地区装机共计 6570MW，负荷总量 8600MW，其功率缺额主要由哈郑直流和豫西电网经 500kV 官渡、郑州、嵩山站送入。考虑较为严重的系统条件：故障前，嵩郑地区开机方式见表 6-5，因此嵩郑地区外受电力 4450MW，外受电力比重达 52%。故障前，嵩郑地区有功、无功负荷总量分别为 8600MW、2928Mvar，负荷功率因数约 0.95；由于本地开机较少，电压无功支撑能力较弱，在 500kV 官渡、

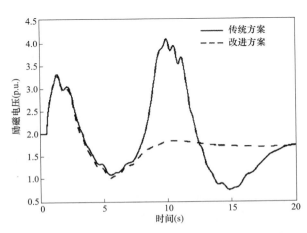

图 6-54 发电机励磁电压

郑州、嵩山站分别投入 240、360、480Mvar 容性无功补偿条件下，500kV 官渡、郑州、嵩山母线电压分别为 503.2、502.0、495.6kV；嵩郑地区 220kV 母线电压运行在 198～216kV 之间，电压水平较低。

表 6-5 嵩郑地区小开机方式（MW）

电厂	装机情况	开机情况
首阳电厂	2×300	1×300
联孚电厂	3×300	1×300
鹏飞电厂	1×135	1×135
泰祥电厂	1×135	1×135
郑热电厂	4×200	1×200
荥阳电厂	2×600	1×600
康盛电厂	2×200	1×200
密东电厂	2×300	1×300
登封电厂	2×600	1×600
润封电厂	2×300	1×300

嵩郑地区网架结构如图 6-55 所示。

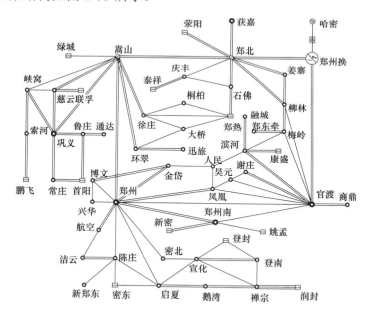

图 6-55 嵩郑地区网架结构示意图

（2）故障：郑州主变压器三相永久性 $N-2$ 故障，同时导致官渡 2 台主变压器因过载跳开。

故障时序：0s 时 500kV 郑州#1 变压器高压侧发生三相永久性 $N-1$ 故障，0.10s 切除变压器，故障清除；0.10s 同时跳开郑州#2 变压器和官渡#1、2 变压器。

故障前，嵩郑地区 220kV 电网通过多台 500kV 变压器与主网相连。当 500kV 郑州变

发生三相永久性 N–2 故障时，大量功率转移至 500kV 官渡变压器、嵩山变压器下送，将导致官渡变压器严重过载，引发变压器跳闸；故障后，嵩郑地区 220kV 电网仅通过 500kV 嵩山站 2 台变压器与主网相连，郑州 500kV 环网上大量潮流大范围转移。

故障后，嵩郑地区发生电压失稳，多地母线电压低于 0.7p.u.。如图 6-56 所示，电压跌落最严重的豫人民和豫石佛地区母线电压始终低于 0.3p.u.，电压崩溃迅速。

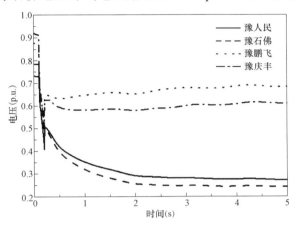

图 6-56　故障后负荷母线电压

嵩郑地区采用如表 6-6 所示的传统逐轮次低压减负荷方案，该方案共配置 3 个基本轮和 1 个特殊轮，每轮动作延时 0.5s，切负荷量为 10%。

表 6-6　　　　　　　　　　　　　　嵩郑地区低压减载方案

轮次	整定值（p.u.）	延时（s）	切负荷量（%）
基本 1 轮	0.8	0.5	10
基本 2 轮	0.75	0.5	10
基本 3 轮	0.7	0.5	10
特殊 1 轮	0.8	5	10

基于负荷的无功电压响应对上述配置方案进行改进：故障后，豫人民和豫石佛的低压减负荷装置率先动作，此时测量得到负荷电压低于 0.85p.u.的负荷节点共 48 个，继而分别计算这 48 个负荷节点的电压安全性评估指标 Y 的大小；将 Y 指标大小排在前 30%的负荷节点（包括豫联孚、豫凤凰、豫翱翔、豫滨河、豫博文、豫大桥、豫金岱、豫柳林、豫人民 1~3、豫石佛、豫索河、豫谢庄、豫徐庄）的第二轮和第三轮的延时缩短为 0.25s，减负荷量增加至 15%。

表 6-7 为该故障后的 15 个电压薄弱节点在传统低压减负荷方案和改进低压减负荷方案中的切负荷量对比。可以看出，薄弱节点的切负荷量共增加了 296.35MW。

表 6-7　　　　　　　　　　　电压薄弱节点减负荷量对比　　　　　　　　　　　（MW）

薄弱节点	传统方案减负荷量	改进方案减负荷量
豫联孚	113.95	121.15

薄弱节点	传统方案减负荷量	改进方案减负荷量
豫凤凰	102.57	136.95
豫翱翔	40.02	49.97
豫滨河	44.82	55.97
豫博文	98.76	131.7
豫大桥	95.18	118.88
豫金岱	83.36	104.21
豫柳林	87.4	109.36
豫人民 1	64.44	80.64
豫人民 2	64.48	80.70
豫人民 3	64.44	80.64
豫石佛	140.64	175.9
豫索河	52.84	66.09
豫谢庄	60.03	79.93
豫徐庄	68.38	85.57
总计	1181.31	1477.66

表 6-8 为传统方案和改进方案的总减负荷量对比。该故障下，采用传统低压减负荷方案，减负荷装置动作 82 次，共切除 1559.967MW 负荷；采用改进的低压减负荷方案，减负荷装置动作 76 次，共切除 1833.567MW 负荷。改进方案较减负荷方案低压减负荷动作次数减少了 6 次，切负荷量增加了 273.6MW。与前述 15 个薄弱节点的切负荷量对比可知，改进方案切负荷量的增加主要是来自电压薄弱节点切负荷量的增加。

表 6-8   **总 减 负 荷 量 对 比**   （MW）

轮次	传统方案减负荷量	改进方案减负荷量
基本 1 轮	778.417	778.417
基本 2 轮	543.514	715.595
基本 3 轮	67.452	256.065
特殊 1 轮	170.584	83.49
总计	1559.967	1833.567

图 6-57 和图 6-58 分别为豫石佛和豫人民负荷母线的电压曲线，可以看出，采用传统低压减负荷方案，负荷电压恢复速度较慢，在减负荷后电压仅能恢复到 0.76p.u.左右，而采用改进方案，增加了电压薄弱节点的切负荷量，负荷电压恢复速度快，减负荷后电压能恢复到接近 0.8p.u.。

为了进一步验证改进方案的优越性和薄弱节点选择的有效性，对传统低压减负荷方案进行修改形成以下 2 个方案，与改进方案进行对比：

（1）对比方案 1：增大传统方案中各负荷节点第二、三轮的减负荷量，直到最低母线电压恢复到约 0.8p.u.。

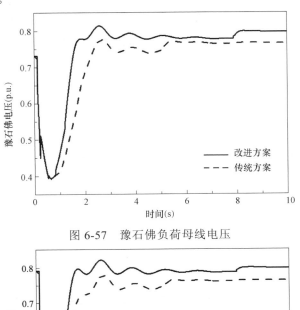

图 6-57 豫石佛负荷母线电压

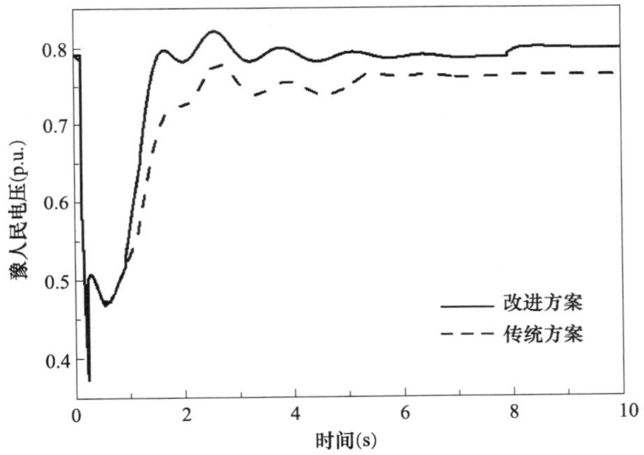

图 6-58 豫人民负荷母线电压

（2）对比方案 2：将各负荷节点第二、三轮的减负荷量均改为 15%，并将延时缩小 50%，即不加选择地对所有负荷节点低压减负荷二、三轮进行优化。

采用上述两方案，减负荷后嵩郑地区电压跌落最严重的石佛母线电压如图 6-59 所示。采用对比方案 1，为使负荷母线电压恢复值与改进方案负荷母线电压恢复值接近，即 0.8p.u.，各负荷节点第二、三轮的减负荷量需增加至 21%，总切负荷量增加至 1961.357MW；采用对比方案 2，减负荷后虽然负荷母线电压比改进方案高出 0.006p.u.，但是减负荷量增加至 2031.430MW，负荷切除量较大。

表 6-9 归总了四种低压减负荷方案的减负荷结果，通过比较可以看出，采用传统低压减负荷方案，减负荷后负荷电压仅恢复到 0.766p.u.；采用改进方案，虽然减负荷量比传统方案多了 273.6MW，但是减负荷后母线电压可以恢复到 0.798p.u.，接近 0.8p.u.，较传统方案提高了 0.032p.u.，有较大提升；采用对比方案 1，即直接增加传统低压减负荷方案的减负荷量使得减负荷后电压恢复至约 0.8p.u.，所需的减负荷量较改进方案增加了 127.79MW，说明按照传统方案单一地增加负荷节点的各轮减负荷量对低压减负荷的优化效果不显著，可能会导致

切负荷总量的增加，因此，需要如改进方案中所述，同时考虑低压减负荷切负荷量和动作延时的影响；采用对比方案 2，即无选择地对所有负荷节点低压减负荷进行优化，减负荷后虽然负荷电压也能恢复到 0.8p.u.，但是减负荷量比改进方案多了 197.863MW，说明薄弱节点的选择有其意义，而有选择性地仅对电压薄弱节点的低压减配置进行优化有助于减小切负荷总量。

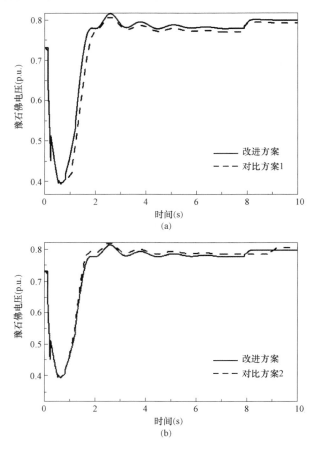

图 6-59　豫石佛母线电压

（a）采用对比方案 1；（b）采用对比方案 2

表 6-9　　　　　　　　　　　四种低压减负荷方案减负荷结果对比

低压减负荷方案	减负荷后母线电压（p.u.）	减负荷量（MW）
传统方案	0.766	1559.967
改进方案	0.798	1833.567
对比方案 1	0.791	1961.357
对比方案 2	0.804	2031.430

综上，提出的低压减负荷改进方案基于实时无功电压响应以寻找电压薄弱节点，并加强对电压薄弱节点的控制，减负荷后电压恢复值较高，切负荷总量较小，与传统低压减负荷方案相比更具有优越性。

7   基于响应的电网追加控制技术

随着特高压交直流输电工程陆续投产，以及大型常规能源基地和大规模风光新能源远距离集中接入，我国互联大电网的稳定运行特性正在发生深刻变化，传统的三道防线防御体系正面临着新的压力和挑战。本章针对第二道防线的控制量不足导致功角失稳的风险，阐述在失稳之前通过稳定预测并实施追加控制措施，在系统失稳之前将系统拉回同步的追加控制技术，包括追加控制的功能定位、应遵循的基本原则和研究重点、对不同功角失步形式的适应性、大区失稳模式下的失稳特征量、基于失稳特征量的大区电网追加控制措施等。

7.1   追加控制的技术特点

7.1.1   追加控制的功能定位和意义

我国电力系统安全稳定防御领域定义了"三道防线"，基于事件触发的安全稳定控制属于第二道防线，目前在现场广泛使用"离线计算、实时匹配"模式，即首先通过大量离线计算建立稳定控制策略表，该策略表包含电力系统的接线方式、潮流参数、故障信息和控制措施，随后将策略表布置于安全稳定控制系统内，一旦电网发生故障，安全稳定控制系统将迅速检索策略表，确定匹配措施项，出口于切机、切负荷等措施。

对于传统检索离线策略表进行运行方式和故障类型匹配的安全稳定控制策略，存在控制量不足而系统暂态失稳的可能性，主要影响因素包括：

（1）网架结构变化的影响，例如有对稳定性有较大影响的线路停电，但制定的安控策略没有考虑到。

（2）潮流方式变化的影响，例如某个重要断面的潮流增加到一定程度，但制定的安控策略没有考虑到。

（3）安控措施执行过程有拒动行为，例如安控系统的信道发生故障或机组的主开关跳闸控制回路发生故障导致切机措施未被执行。

（4）发生了具有多重性或连锁性特点的故障，虽然安控系统检测到符合其策略表的特定故障，但控制量不足以保证系统的稳定。

一旦稳定控制量不足，系统存在失去功角稳定的风险，如果在失稳之前就能够预测到未来失稳，并采取切机、切负荷等控制措施，在系统失稳之前将系统拉回同步，则具有重要意义，这样的控制方法即为追加控制。

追加控制不是在第三道防线之前又设置的一道完整的防线，其针对的只是一些较慢速的系统失稳形态，通过采取预先制定的控制措施，应对某些第二道防线稳控措施失配不严重的故障或者某些连锁性故障不得不依靠第三道防线控制措施的情况，提高系统稳定的充裕度，阻止事故继续发展，以及使系统恢复稳定。追加控制在三道防线中的功能定位如图 7-1 所示。

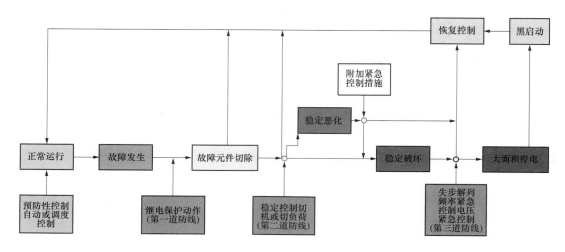

图 7-1　追加控制在三道防线中的功能定位

7.1.2　追加控制遵循的基本原则和研究重点

追加控制遵循的基本原则包括预判性、选择性和适应性。

（1）预判性。追加控制的目标是防止系统失步，它的启动判据要求必须是预判式的，要在第三道防线的解列装置判定系统已失步而动作之前判断系统即将失步的趋势。

（2）选择性。追加控制并非对所有预测到即将功角失稳的状态均予动作，对于即使启动也无法将系统拉回同步的故障状态则不动作，此为其选择性。

（3）适应性。对于具有多重性或连锁性特点的复杂故障形态，传统第二道防线即使启动但控制量不足以保证系统的稳定，这是追加控制需要应对的重点场景，因此要求追加控制策略的制定应适应各种故障形态引起的功角失稳。

追加控制的研究重点包括：

1）研究不同失稳模式下追加控制措施的可行性。

2）研究具有可操作性的实用化功角失稳预判判据及其适用条件。

3）制定追加控制的措施方案。

7.2　基于失稳特征量的电网失步预判方法

7.2.1　追加控制对不同功角失步形式的适应性

（1）电厂失步和区域电网失步。电厂失步包括电厂相对主网失步，以及局部电网及电力外送基地的发电机群失步。区域电网失步主要指省间电网之间的相对失步。一般均具有较快的失步速度，追加控制的难度很大。

（2）大区电网失步。目前华北、华中电网仅通过长治—南阳单回特高压线路相连，规划未来华北与华东电网间也存在通过特高压线路弱互联的过渡方式，在以上电网结构下存在着大区机群之间的慢动态的功角失稳模式，在稳控措施量不足情况下，从稳控措施动作到系统失步，所经历的时间间隔一般都在数秒级以上，在时间上具备实施追加紧急控制的有利条件。

7.2.2 大区失稳模式下的失稳特征量研究

通过设置大量的引发大区失稳模式的故障进行仿真，总结大区间特高压联络线各物理量的变化规律发现，对于那些明显失步的算例，当联络线功率达到最大值时，除联络线两侧电压降低及相角差增大到一定程度外，一个明显的特征是 $d(U_1 U_2)/dt < 0$ 且其绝对数值较大，例如 $d(U_1 U_2)/dt < -0.10$。对于那些明显稳定的算例，当联络线功率达到最大值时，均有 $d(U_1 U_2)/dt > 0$。而对于那些处于临界稳定情况近区的算例，既有 $d(U_1 U_2)/dt > 0$ 也有 $d(U_1 U_2)/dt < 0$ 的情况出现，但对于 $d(U_1 U_2)/dt < 0$ 的情况，其绝对数值均不会太大。

对于导致联络线两侧系统相对失步故障中的大多数故障而言，其失步过程越短，联络线波动的最大值越小、最大值时的 $d(U_1 U_2)/dt$ 及 $d\delta/dt$ 数值也越大。这一特征说明了以下问题：

（1）联络线功率波动大小说明了故障以及措施失配的严重程度。由大量仿真计算结果得到的规律是：对于导致大区电网失步的扰动情况，故障越严重则联络线功率波动峰值越小，措施失配量越大则联络线功率波动峰值越小。对于系统稳定情况，则不是这个规律。

（2）系统失步情况下，一般而言，联络线功率波动幅值越小，失步越快，可供实施追加控制措施的时间段也就越短。

（3）联络线功率波动大小还和故障点与联络线的关联程度有关。与联络线关联较密切的元件故障后，两侧系统间电气距离明显增加，静稳极限明显降低，则联络线允许的功率波动幅值亦随之降低。

三华电网大量仿真计算结果还表明，在特高压联络线两侧系统相对失步故障情况下，当联络线功率波动达到最大值时，大部分情况下线路两侧电压幅值之积以及电压相角差都在一个定值左右。但少数系统稳定情况下，也有特高压联络线两侧电压幅值之积和电压相角差接近于上述确定值。

在互联电网扰动过程中，联络线功率波动峰值 P_{max}、联络线两侧电压乘积 $U_1 U_2$ 及其变化率 $d(U_1 U_2)/dt$、电压相角差 δ 及其变化率 $d\delta/dt$ 这几个特征量及其变化规律，各个算例均具有明显的共性特征，尤其对于系统明显失稳的情况。

7.2.3 联络线失稳特征量判据

将联络线失稳特征量分为三类：

第一类：联络线功率波动峰值 P_{max}，以此作为有效追加和无效追加的判别特征量。此

特征量的判别定值 P_d 主要与运行方式和网架结构相关。当联络线功率波动峰值高于此定值，则认为有足够的时间实施追加控制措施，低于此定值则认为失步速度快，不适于实施追加控制措施。

第二类：联络线两侧电压乘积 U_1U_2、相角差 δ 及其变化率 $d\delta/dt$。此特征量主要是考虑到无论是华北-华中电网，还是华北—华东电网，在发生失稳故障后联络线功率波动到最大值时，两侧系统的电压支撑能力都严重不足，均有 $U_1U_2<0.7$（p.u.），并且，联络线两侧相角差也在一个定值附近。但考虑到少数系统稳定情况下，联络线两侧电压乘积以及相角差也可在此定值附近，较难明确区分，因此，对于这一类的特征量，可考虑作为辅助判别量。

第三类：联络线两侧电压乘积的变化率 $d(U_1U_2)/dt$。无论是华北—华中电网，还是华北—华东电网，在发生失稳故障后联络线功率波动到最大值时，均有 $d(U_1U_2)/dt<0$，并且，在明显失步情况下，特征量 $d(U_1U_2)/dt$ 的数值区分度较为明显。

在"三华"特高压电网中，可以将特征量 $d(U_1U_2)/dt$ 作为预判是否失步的主要特征量。在设置定值时，还要考虑其他特征量 U_1U_2、δ 及 $d\delta/dt$ 的辅助作用，以尽量减少误判现象的发生。

在联络线功率波动达到最大值时，根据 $d(U_1U_2)/dt$ 的大小及方向，以及联络线功率定值 P_d，预测系统是否需要采取追加控制措施。如果判定需要采取措施，且线路两侧 U_1U_2、δ 及 $d\delta/dt$ 亦达到定值，则发出实施追加控制指令。

以华北、华中通过长治—南阳特高压联络线相连的"两华"实际电网为例，考虑联络线送电功率方向为南电北送，送电功率分别为 3000MW 和 5000MW 两种工况，根据大量导致华北机群与华中机群之间发生慢动态功角失稳的故障场景，设置用于失稳预测判断的特征量定值如表 7-1 所示。基于联络线失稳特征量的判别方法可实现对全部失稳场景稳定性的正确预测，仅有少量临界稳定情况会误判为失稳，但从系统稳定控制角度而言，对于误判算例，采取少量切机控制措施会使系统运行点更为安全。

表 7-1   用于失稳预测的判据

联络线功率	起动定值 P_d	主判据定值	辅助判据定值		
	功率波动峰值 P_{max}（MW）	$d(U_1U_2)/dt$（p.u./s）	U_1U_2（p.u.）	δ（°）	$d\delta/dt$（°/s）
3000MW	>5800	<-0.05	<0.7	>50	>0
5000MW	>6000	<-0.05	<0.7	>50	>0

7.3   基于失稳特征量的大区电网追加控制措施

电力系统第二道防线稳定控制系统中，目前采用的都是控制策略表的方法，稳控系统依据事故前电网的运行方式、送电断面功率，以及判出的故障元件与故障类型，查找预先存放的策略表内容确定是否需要采取措施以及措施的控制量，快速在系统内相应厂站实施稳定控制。

目前国内各省网公司对于第三道防线中低频减载和低压减载措施的配置，都是采用的分级定时差按比例切负荷的方法；对于高频切机措施，部分电网采用的也是分级定时差按比例的切机方法。

将安控中的策略表思想与第三道防线中的分级定时差按比例实施控制措施思想结合在一起，可形成一种基于失稳特征量的大区电网失步追加控制方法。该方法具有以下特点：一方面，为保证追加控制效果，追加的控制量足够大，追加控制的时间足够快；另一方面，使追加控制措施量留有裕度，避免一次性切除过多机组或者负荷。

以华北、华中通过长治—南阳特高压联络线相连的"两华"实际电网为例，考虑联络线送电功率方向为南电北送 5000MW 工况，通过设置分轮次追加切机控制的方案为：以三峡电站为切机执行站，每轮切机组 1520MW（2 台），不同轮次时间间隔 0.3s，终止切机的判据为 $d(U_1U_2)/dt > -0.05$。表 7-2 给出了发生的会导致两大区电网间功角失稳的 11 种故障情况，故障后采取的多轮次紧急切机控制方案可以使系统保持稳定，效果良好。

表 7-2   **不同故障场景下分轮次追加切机控制方案的切机量**

案例号	故 障 场 景	分轮次紧急切机控制下三峡电站切机台数
1	复奉直流双极闭锁，安控切除向家坝电站 5 台机组	6
2	溪浙直流双极闭锁，安控切除溪洛渡电站 7 台机组	8
3	锦苏直流双极闭锁，安控切除锦屏电站 8 台机组	8
4	复奉直流双极闭锁，安控切除向家坝 4 台机组	12
5	溪浙直流双极闭锁，安控切除溪洛渡电站 6 台机组	12
6	锦苏直流双极闭锁，安控切除锦屏电站 7 台机组	12
7	华中 500kV 尖山—桃乡双回线路三相短路 0.12s 跳闸	2
8	华北 500kV 锦界—忻都双回线路三相短路 0.1s 跳闸	6
9	华北 500kV 沙岭子—张南双回线路三相短路 0.1s 跳闸	4
10	华北聊城电厂—聊城变双回线路三相短路 0.1s 跳闸	2
11	华北岱海—万全线路三相短路单相开关拒动失灵保护动作跳相关元件	4

基于失稳特征量的追加控制判别及控制流程如图 7-2 所示。通过大量的离线仿真计算，总结各种运行方式和大量故障下系统的失稳特征，设置各类失稳特征量的判断阈值，并制定分轮次紧急切机控制方案。当紧急控制系统监测到联络线的失稳特征量 P_{max}、U_1U_2、$d(U_1U_2)/dt$ 等满足动作阈值时，就启动第一轮紧急追加切机控制措施，并监测 $d(U_1U_2)/dt$ 是否达到稳定条件；如果未达到则继续启动后续轮次的紧急切机控制措施，直至系统稳定。

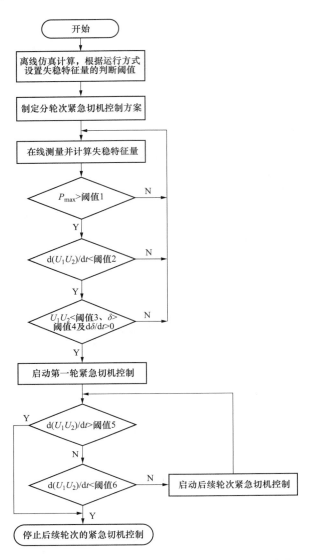

图 7-2 基于失稳特征量的追加控制判别及控制流程

8　基于响应的电网紧急控制系统总体方案

随着 WAMS 在电力系统的不断完善，对电网重要元件、控制资源、控制装置状态和行为等信息实现实时量测成为可能，利用这些量测信息，采取快速判稳技术，可实时评估电力系统的安全稳定性，判断存在失稳趋势时进行紧急控制措施类型和措施量的实时决策，实现直流调制、切机、切负荷等紧急控制功能，将电力系统由紧急状态控制到安全状态。

8.1　紧急控制系统总体架构

紧急控制系统的基本功能如表 8-1 所示，包括直流快速控制、紧急切机、紧急切负荷等，需要根据发生的稳定问题性质，进行控制措施的选择和协调。紧急控制系统的总体架构如图 8-1 所示，系统按照分层控制架构设计，配置控制总站，负责电网总体控制策略的优化协调；配置多直流协调控制主站，负责多回直流紧急控制措施的协调；配置紧急切机控制主站，负责切机控制措施的协调；配置抽蓄切泵控制主站，负责抽蓄切泵控制措施的协调；配置切负荷控制主站，负责切除负荷控制措施的协调。

表 8-1　　　　　　　　基于响应的电网紧急控制的主要控制措施

功能名称	功　能　描　述
直流快速控制	常规直流、特高压直流、柔性直流的功率紧急提升与回降，增强直流送受端电网在大功率冲击下的稳定性
紧急切机	全网切组合方案寻优，减少切机总量，降低控制代价，提升控制效果
抽蓄切泵	在系统发生功率缺额场景下，切除抽水状态机组，提高电网稳定性
紧急切负荷	在系统发生功率缺额场景下，切除部分负荷，提高电网稳定性

（1）控制总站。控制总站接收直流协调主站、紧急切机控制主站、抽蓄切泵控制主站、切负荷控制主站这些控制资源的实时信息，在监测到电网发生紧急状态时，根据稳定性质，采取调制直流、切机、切抽蓄电站中泵工况机组及切负荷措施。

（2）直流控制主站。正常运行时，直流控制主站接收各直流执行站的可提升/回降功率和直流双极功率信息，并将总可用提升/回降功率、直流双极运行功率信息上送控制总站；接收控制总站发送来的直流提升/回降容量命令，按照优先级顺序分配至各直流执行站。

（3）直流执行站。采集各极（阀组）换流变的三相电压、电流等模拟量；接收直流控保发送的非正常停运信号、直流控制模式、直流降压运行模式、直流可调制、直流换相失败、直流可提升档位等开关量信号；判断本站直流故障（含直流闭锁及功率突降），根据直

199

流运行模式计算直流双极功率损失量,并将功率损失量上送至直流协调总站并接收直流协调总站提升/回降直流功率量命令。

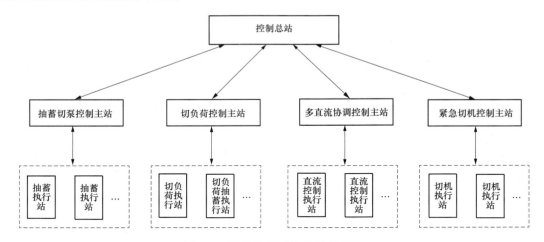

图 8-1　紧急控制系统的总体架构

（4）紧急切机控制主站。紧急切机控制主站接收各切机执行站的机组运行状态信息,并上送控制总站;接收控制总站发送来的切机容量命令,按照优先级顺序分配至各切机执行站。

（5）切机执行站。接收切机总站的切机命令。

（6）抽蓄切泵控制总站。抽蓄切泵控制总站接收各抽蓄切泵执行站的抽蓄机组运行状态信息,上送控制总站;接收控制总站发来的需切泵控制量,按照优先级顺序分配至各抽蓄执行站。

（7）抽蓄切泵执行站。监测出线及#1～#N 机组的运行情况;将本站#1～#N 机组有功功率（功率为正表示抽水,功率为负表示发电）、允许切除及优先级信息上送至抽蓄切泵控制总站,接收抽蓄切泵控制总站指定切机命令。

（8）切负荷控制主站。收集切负荷执行站采集的负荷信息,并转发给控制总站;根据控制总站的切负荷命令,分解给切负荷执行站。

（9）切负荷执行站。接收切负荷控制主站的切负荷命令。

为了获取当前一次系统运行状态和二次控制系统可控资源情况,需要借助 WAMS/PMU 量测系统,实现对包括电厂机组、直流线路、交流线路、枢纽站母线等一次系统元件实时测量,并与切机、切负荷、直流控保等二次控制装置进行信息交互。需要采集的信息包括:发电机的功角、转速、机端电压和功率等状态量,交直流线路功率,母线电压幅值和相角,切机控制装置所控制的当前可切机资源情况、切负荷控制装置所控制的当前可切负荷资源情况等。紧急控制系统的量测信息构成如图 8-2 所示。

整个控制系统响应时间中通信造成的延迟占比较大,高速可靠的数据通信对基于WAMS 的不稳定性预测与紧急控制系统是非常关键的。当前光纤通信方式由于其在抗干扰、抗气候影响和通信速率等方面的优势,其已成为目前电力系统站间通信的主要方式。国内电力系统正在建设的 WAMS 远程通信均采用光纤数据网,当前光纤通信条件能满足紧急控制子系统投入控制后阻止失稳的快速性要求。

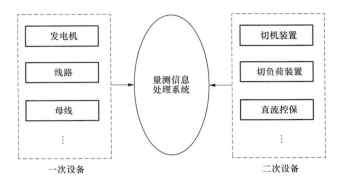

图 8-2　紧急控制系统的量测信息构成

8.2　紧急控制系统主要功能

　　紧急控制总站通过 WAMS 平台的高速通信网络将前置测量单元测得的一次、二次设备信息，周期性更新数据。切机、直流调制等控制主站接收并分解紧急控制总站的命令。切机执行站实时采集本地机组的功率、角速度和功角等，经通信网络上传到切机控制主站，并接受切机控制命令。直流执行站实时采集直流状态信息，经通信网络上传到直流控制主站，并接受直流调制命令。

8.2.1　控制总站的功能

　　作为系统不稳定性预测与紧急控制系统的核心，控制总站应具备数据汇总接收、数据预处理、紧急控制策略的制订与下达等基本功能。图 8-3 给出了控制总站的功能框图。

　　控制总站的不稳定性预测与紧急控制的计算功能主要是依靠其核心硬件实时数据平台来实现的。实时数据平台的主要功能是完成各子站系统数据的接收、数据规约的转换、数据再同步及数据的转存

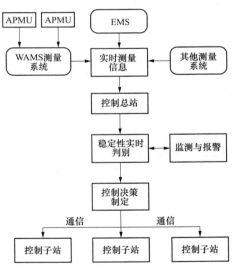

图 8-3　控制总站的功能框图

等。为了提高不稳定性预测的效率，除当前时刻的实测数据外，实时数据库还应储存一段时间的历史数据，这样，在不稳定性分析时就无需再去历史数据库中读取。

　　正常运行时，控制总站逐时读取 WAMS 实时数据库中的各发电厂状态信息及大扰动检出标志。如果没有大扰动发生，则读取下时段数据；若有大扰动发生，每一个新时段需要完成分群、等值计算、等值轨迹预测、稳定性判别，不稳定时需要启动控制措施的制定。因为没有矩阵、迭代等大规模的运算，一般的工作站运算能力可以满足要求。

控制总站紧急控制系统功能的软件流程，如图8-4所示，其主要由以下四个模块组成，即实时的信息采集模块、大扰动启动和计算复归模块、不稳定性预测模块、紧急控制措施的制定和下达模块。

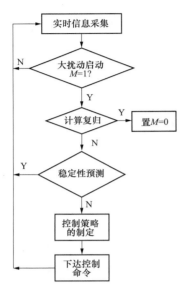

图8-4 控制总站软件流程图

（1）实时信息的采集模块。控制总站从WAMS系统实时信息中提取一次、二次设备的信息，如发电机功角、转子角速度、功率和惯性时间常数；负荷节点的功率、电压和频率；直流线路的传输功率和交流侧母线电压相角；大扰动检出标志，经综合判别决定是否转入紧急控制。

（2）大扰动启动和计算复归模块。通过设置特征量的突变，实现大扰动的启动判别，例如当系统中发生短路或无故障跳闸时，扰动点附近发电厂机的有功出力将会突然下降；而当继电保护装置动作，故障切除时，机组的有功出力会回升。由此，控制中心可以通过收到控制主站送来的大扰动检出信号与监测发电厂功率是否发生突变来启动控制系统。令M为大扰动信号，正常运行时，$M=0$，当检测到扰动时，置$M=1$。

（3）不稳定性预测模块。基于系统的实时响应信息，根据稳定性的判别方法对系统进行在线跟踪和实时判别，当判别出系统不稳定时，启动紧急控制策略的制定模块。

（4）紧急控制策略的制定与下达模块。

1）基于响应信息计算系统的控制量；

2）根据发电机、负荷、直流等控制对象的动态信息分配控制量；

3）将控制命令快速、可靠地发送到相应的控制主站。

8.2.2 控制主站的功能

控制主站可分为直流快速控制主站、紧急切机控制主站、抽蓄切泵控制主站、紧急切负荷控制主站四种类型。直流快速控制主站可以实现对所辖高压直流、特高压直流、柔性直流等的功率紧急提升与回降功能，使直流送受端电网在大功率冲击下的稳定性得以提高。紧急切机控制主站通过对全网切机组合方案进行寻优，达到减小切机总量，降低控制代价，提升控制效果的目标。抽蓄切泵控制主站在电网发生功率缺额时，切除抽水状态机组，减小常规安控切负荷量，减小经济损失，提高电网稳定性。紧急切负荷控制主站可在系统存在功率缺额时，实现精准切负荷和常规切负荷功能，提高电网稳定性。

只有纳入控制主站控制的发电厂、直流输电线路，才能受紧急控制系统的控制，已有的发电厂和可控直流输电线路都应接入控制主站。新建发电机厂投入运行的同时，控制主站同时予以控制。若WAMS系统提供的系统轨迹信息不健全，由缺省的轨迹信息主导的失稳模式由于不具有可观性，因而这种失稳模式不具有可控性，其他的失稳模式的可观性、可控性不受影响，但是失稳判别方法的快速性会有一定影响。发电厂切机控制主站汇集发电厂的各发电机电磁功率、机械功率、惯性（反应开机方式）、角速度和功角，直流线路需要测量直流输电线路交流侧的母线相角。控制主站检测本地附近有无大扰动发生，周期性送往控制总站。接受控制总站送来的控制命令，经大扰动检测启动、命令到达，确认控制命令有效后，根据本地的发电机、负荷和直流线路的运行情况，分配所切的控制量。

控制主站是基于 APMU 同步相量测量功能扩展的装置，具备本地信息的实时测量，实时判别附近是否有大扰动发生，并将测量与大扰动判别结果实时上传至控制总站，接收控制总站发来的控制命令。控制主站的软件流程如图 8-5 所示，其主要由两个模块组成，即信息采集与大扰动判别模块和控制命令确认与执行控制模块。

（1）信息采集与大扰动判别模块。控制主站周期式采集本地信息（发电厂和直流输电线路），并根据本周期输出功率、母线电压等电气量的变化，判别附近有无大扰动发生，将以上信息发送到控制总站。

（2）控制命令确认与执行控制模块。大扰动发生后，控制主站需要接收控制总站发来的控制命令，经本地有扰动的确认，分配、执行本地的控制命令。

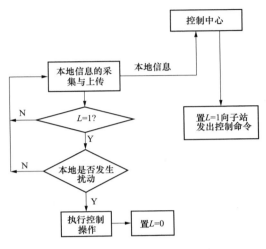

图 8-5　控制主站的软件流程图

8.3　紧急控制系统方案实例

本节以我国西南某水电汇集多直流外送系统 A 为实例，给出电网紧急控制系统框架方案。在目标水平年下，系统 A 装机容量约 120GW，其中水电装机占总装机约 70%，最大负荷为 47GW，大量电力通过多条交直流通道外送。系统 A 与主网联系如图 8-6 所示。

8.3.1　紧急控制系统功能结构

针对系统 A 在单相开关拒动等严重故障冲击下，送端局部水电机群功角失稳以及华北、华中机群间功角失稳风险，设计紧急控制系统如图 8-7 所示。

（1）控制总站。正常运行时，控制总站逐时段读取电网稳定量测系统中的联络线实时功率，各发电厂、变电站状态信息及大扰动检出标志。如果没有大扰动发生，则读取下时段数据。若有大扰动发生，每一个新时段需要完成分群、等值计算、等值轨迹预测、稳

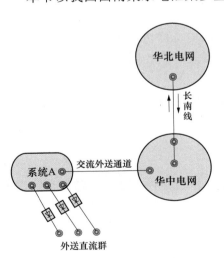

图 8-6　系统 A 与主网联系示意图

定性判别，不稳定时需要启动控制措施的制定，确定切机顺序及直流调制优先级，计算所

需切机总量及直流调制总量。

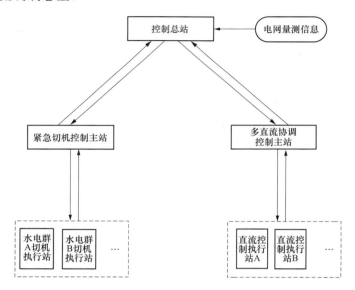

图 8-7 系统 A 紧急控制系统示意图

（2）电网量测信息。电网量测信息系统包括区域间联络线、变电站等各厂站信息。其中，联络线信息包括实时运行功率、开关位置信息、主变压器及串补运行状态等；变电站信息包括开关分相跳闸信号、主变压器及母线运行状态等。

（3）多直流协调控制主站。各直流协控主站接收直流控制执行站上送的直流运行方式、实时运行功率、故障信息、损失功率量等信息，并将其发送至控制总站，供总站做故障分析，制定控制措施；同时接收控制总站下达的直流调制命令，并发送给直流控制执行站。

（4）直流控制执行站。按直流协控主站发送的命令，完成直流功率提升或回降，并返回当前直流功率值等信息。

（5）紧急切机控制主站。各紧急切机控制主站接收水电机群切机执行站上送的实时机组出力、投停及允切状态、机组跳闸信号等信息，并将其发送至控制总站；同时接收控制总站下达的切机命令，并发送给水电机群切机执行站。

（6）水电机群切机执行站。按紧急切机控制主站发送的命令，切除相应水电机组，并返回相应机组信息。

8.3.2 措施量的协调优化

控制措施的制定采用计及网络安全约束的多资源紧急协控建模方法，对常规切除水电机组、直流调制等措施进行协调控制，实现以常规切机代价最小化来维持严重故障下，系统功角稳定的优化目标。

优化模型的目标函数如下：

$$\min P_{\text{Gcut}} = \min \left(P_{\text{Gcut0}} - \sum_{i=1}^{n} \alpha_i P_{\text{LD}i} \right) \tag{8-1}$$

式中：$\min P_{\text{Gcut}}$ 为常规切机安控量最小量；P_{Gcut0} 为仅采取常规切机安控，维持系统功角稳定的措施量；$P_{\text{LD}i}$ 为直流调制的措施量，α_i 为直流调制灵敏度，表示采取直流调制单位措施量可减少的常规切机量。

$$\alpha = \frac{\Delta P_{Gcut}}{\Delta P_{LD}} \tag{8-2}$$

式中：ΔP_{LD} 为故障后所采取直流调制措施量；ΔP_{Gcut} 为应用此措施减少的切机损失量。

需满足的约束条件包括：

（1）直流调制量约束：

$$P_{\text{LDmin}i} \leqslant P_{\text{LD}i} \leqslant P_{\text{LDmax}i} \tag{8-3}$$

直流运行不允许长期过负荷，功率紧急提升量一般按额定功率的 5%～10%，即 $P_{\text{LDmax}i} = (1.05\sim1.1) P_{\text{NLD}i}$。按实际运行情况，直流也存在功率运行下限约束，一般功率速降量约为在运功率的 10%，即 $P_{\text{LDmin}i} = 0.9 P_{\text{LD}i}$。

（2）长南线在静稳极限内的不等式约束：

$$S_0 - P_{Gcut}\frac{\text{d}S}{\text{d}P_{Gcut}} - P_{\text{LD}i}\frac{\text{d}S}{\text{d}P_{\text{LD}i}} < S_{\text{lim}} \tag{8-4}$$

式中：S_0 为发生严重故障后，长南线功率摆动峰值；$\dfrac{\text{d}S}{\text{d}P}$ 为各安控措施实施后长南线功率摆动峰值的改变量；S_{lim} 为长南线静稳极限。

（3）水电机组功角稳定的不等式约束：

$$\theta_{i0} - P_{Gcut}\frac{\text{d}\theta_i}{\text{d}P_{Gcut}} - P_{\text{LD}i}\frac{\text{d}\theta_i}{\text{d}P_{\text{LD}i}} < \theta_{i\text{max}} \tag{8-5}$$

式中：θ_{i0} 为发生严重故障后，各机组振荡过程中的最大功角，$\dfrac{\text{d}\theta_i}{\text{d}P}$ 为各安控措施实施后机组功角的改变量；$\theta_{i\text{max}}$ 为每台机组所允许的最大功角。

（4）其他约束：主要包括在协控动作后，系统 A 网内省间断面、直流近区线路等元件不超过热稳限额，电压不越限及其他网架应保证潮流、电压、频率、功角等都在运行要求范围内。

如式（8-2）中的直流调制灵敏度 α 为评估采取直流调制措施对系统安全稳定带来的贡献。

1）灵敏度大于 1 表示直流调制同样的功率量对于系统安全的恢复效果要大于切同样量的机组；反之，灵敏度小于 1 则表示直流调制的效果要小于切机的效果。

2）直流调制总量固定，按照各条直流的调制灵敏度由大到小的顺序依次安排直流调制，可得到最优的控制效果。

参 考 文 献

[1] 袁季修. 电力系统安全稳定控制 [M]. 北京：中国电力出版社，1996.

[2] 王梅义，吴竞昌，蒙定中. 大电网系统技术. 北京：水利电力出版社，1991.

[3] 肖世杰. 电网安全稳定控制应用技术 [M]. 北京：中国电力出版社，2011.

[4] 赵畹君. 高压直流输电工程技术. 北京：中国电力出版社，2004.

[5] 王锡凡，方万良，杜正春. 现代电力系统分析 [M]. 北京：科学出版社，2003.

[6] Prabha Kundur. 电力系统稳定与控制 [M]. 周孝信，宋永华，等，译. 北京：中国电力出版社，2001.

[7] 倪以信，陈寿孙，张宝霖. 动态电力系统的理论和分析 [M]. 北京：清华大学出版社，2002.

[8] 宋云亭，郑超，秦晓辉. 大电网结构规划. 北京：中国电力出版社，2013.

[9] 宋云亭，高峰，吉平，等. 大规模新能源发电与多直流送端电网协调运行技术. 北京：中国电力出版社，2016.

[10] 宋云亭，丁剑，唐晓骏，等. 电力系统新技术应用. 北京：中国电力出版社，2018.

[11] 张保会，尹项根，索南加乐，等. 电力系统继电保护 [M]. 北京：中国电力出版社，2005.

[12] 张保会，杨松浩，王怀远. 电力系统暂态稳定性闭环控制（一）——简单电力系统暂态不稳定判别原理 [J]. 电力自动化设备，2014，34（8）：1-6.

[13] 张保会，杨松浩，王怀远，马世英，等. 电力系统暂态稳定性闭环控制（二）——多机电力系统暂态不稳定判别方法 [J]. 电力自动化设备，2014，34（9）：1-6.

[14] 张保会，王怀远，杨松浩，马世英. 电力系统暂态稳定性闭环控制（五）——控制量的实时计算 [J]. 电力自动化设备，2014，34（12）：1-5.

[15] 张保会，王怀远，杨松浩. 电力系统暂态稳定性闭环控制（六）——控制地点的选择 [J]. 电力自动化设备，2015，35（1）：1-5.

[16] 张保会，王怀远，杨松浩. 电力系统暂态稳定性闭环控制（七）——实现方案与控制效果 [J]. 电力自动化设备，2015，35（2）：1-7.

[17] 魏大千，王波，刘涤尘，陈得治，等. 基于时序数据相关性挖掘的 WAMS/SCADA 数据融合方法 [J]. 高电压技术，2016，42（1）：315-320.

[18] 王亚俊，王波，唐飞，陈得治，等. 基于响应轨迹和核心向量机的电力系统在线暂态稳定评估 [J]. 中国电机工程学报，2014，34（19）：3178-3184.

[19] 邵雅宁，唐飞，王波，等. 具有多目标量化评估特性的无功电压双阶段分区方法 [J]. 中国电机工程学报，2014，34（22）：3768-3776.

[20] 汤涌. 电力系统安全稳定综合防御体系框架 [J]. 电网技术，2012，36（8）：1-5.

[21] 汤涌. 基于响应的电力系统广域安全稳定控制 [J]. 中国电机工程学报，2014，34（29）：5041-5050.

[22] 汤涌，易俊，孙华东，等. 基于功率电流变化关系的电压失稳判别方法 [J]. 中国电机工程学报，2010，30（28）：7-11.

[23] M. Yin, C. Y. Chung, K. P. Wong, Y. Xue, Y. Zou. An improved iterative method for assessment

of multi-swing transient stability limit. IEEE Trans. Power Syst., 2011, 26（4）: 2023–2030.

［24］汤涌，林伟芳，孙华东，等. 基于戴维南等值跟踪的电压失稳和功角失稳的判别方法［J］. 中国电机工程学报，2009，29（25）: 1-6.

［25］孙华东，汤涌，马世英. 电力系统稳定的定义与分类述评［J］. 电网技术，2006，30（17）: 31-35.

［26］薛禹胜. 建立中国南方电网的协调防御体系［J］. 电力系统自动化. 2005，29（24）: 3-5.

［27］张保会. 加强继电保护与紧急控制系统的研究提高互联电网安全防御能力［J］. 中国电机工程学报. 2004，24（7）: 1-6.

［28］高亮，金华峰，宗洪良，等. RCS-992A 系列分布式区域安全稳定控制装置［J］. 电力设备. 1999，5（5）: 73-76.

［29］徐泰山，许剑冰，鲍颜红，等. 互联电网预防控制和紧急控制在线预决策系统［J］. 电力系统自动化. 2006，30（7）: 1-4.

［30］张保会，钱国明，阎海山，等. 发电厂安全稳定紧急控制装置的研制——装置及实验［J］. 电力自动化设备. 2000，20（1）: 23-27.

［31］Stanton SE, Slivinsky C, Martin K, et al. Application of phasor measurements and partial energy analysis in stabilizing large disturbances［J］. IEEE Transactions on Power Systems. 1995，10（1）: 297-306.

［32］张保会，张毅刚，刘海涛. 基于本地量的振荡解列装置原理研究［J］. 中国电机工程学报. 2001，21（12）: 67-72.

［33］宗洪良，任祖怡，郑玉平，等. 基于 $u\cos\varphi$ 的失步解列装置［J］. 电力系统自动化. 2003，27（19）: 83-85.

［34］宗洪良，孙光辉，刘志，等. 大型电力系统失步解列装置的协调方案［J］. 电力系统自动化，2003，27（22）: 72-75.

［35］高鹏，王建全，周文平，等. 捕捉失步断面的实现方案及其仿真［J］. 电力系统自动化，2005，29（12）: 38-43.

［36］严登俊，鞠平，吴峰，等. 基于 GPS 时钟信号的发电机功角实时测量方法［J］. 电力系统自动化，2002，26（8）: 38-40.

［37］Ohura Y, Suzuki M, Yanagihashi K, et al. A predictive out-of-step protection system based on observation of the phase difference between substations［J］. IEEE Transactions on Power Delivery，1990，5（4）: 1695-1704.

［38］Morioka Y, Tomiyama K, Arima H, et al. System separation equipment to minimize power system instability using generator's angular-velocity measurements［J］. IEEE Transactions on Power Delivery. 1993，8（3）: 941-947.

［39］方勇杰，范又涛，陈永红，等. 在线预决策的暂态稳定控制系统［J］. 电力系统自动化，1999，23（1）: 8-11.

［40］鲍颜红，方勇杰，薛禹胜，等. 在线预决策紧急控制系统中的若干问题［J］. 电力系统自动化，2001，25（23）: 1-3.

［41］Centeno V, Ree J, Phadke AG, et al. Adaptive out-of-step relaying using phasor measurement techniques［J］. IEEE Computer Applications in Power，1993，6（4）: 12-17.

［42］Burnett RO, Jr., Butts MM, Cease TW, et al. Synchronized phasor measurements of a power system event［J］. IEEE Transactions on Power Systems，1994，9（3）：1643-1650.

［43］Murphy RJ. Disturbance recorders trigger detection and protection［J］. IEEE Computer Applications in Power，1996，9（1）：24-28.

［44］Faucon O，Dousset L. Coordinated defense plan protects against transient instabilities［J］. IEEE Computer Applications in Power，1997，10（3）：22-26.

［45］王兆家，岑宗浩，陈汉中. 华东电网多功能功角实时监测系统的开发及应用［J］. 电网技术，2002，26（08）：73-77.

［46］罗建裕，王小英，鲁庭瑞，等. 基于广域测量技术的电网实时动态监测系统应用［J］. 电力系统自动化，2003，27（24）：78-80.

［47］李丹，韩福坤，郭子明，等. 华北电网广域实时动态监测系统［J］. 电网技术，2004，28（23）：52-56.

［48］Rehtanz R，Bertsch J. Wide area measurement and protection system for emergency voltage stability control［C］. Proceedings of the IEEE PES Winter Meeting，2002，2：842-847.

［49］Rovnyak S，Chih-Wen L，Jin L，et al. Predicting future behavior of transient events rapidly enough to evaluate remedial control options in real-time［J］. IEEE Transactions on Power Systems，1995，10（3）：1195-1203.

［50］彭疆南，孙元章，程林. 基于受扰轨迹的紧急控制新方法［J］. 电力系统自动化，2002，26（21）：17-22.

［51］滕林，刘万顺，負志皓，等. 电力系统暂态稳定实时紧急控制的研究［J］. 中国电机工程学报，2003，23（1）：64-69.

［52］毛安家，郭志忠，张学松. 一种基于广域测量系统过程量测数据的快速暂态稳定预估方法［J］. 中国电机工程学报，2006，26（17）：38-43.

［53］徐泰山，牟宏，邱夕兆，等. 山东电网暂态低电压切负荷紧急控制的量化分析［J］. 电力系统自动化，1999，23（21）：9-11.

［54］穆钢，王仲鸿，韩英铎，等. 暂态稳定性的定量分析——轨迹分析法［J］. 中国电机工程学报，1993，13（3）：23-30.

［55］Liancheng W，Girgis AA. A new method for power system transient instability detection［J］. IEEE Transactions on Power Delivery，1997，12（3）：1082-1089.

［56］Chiang H-D，Wu FF，Varaiya PP. Foundations of direct methods for power system transeint stability ananlysis［J］. IEEE Transactions on Circuits and Systems，1987，34（2）：160-173.